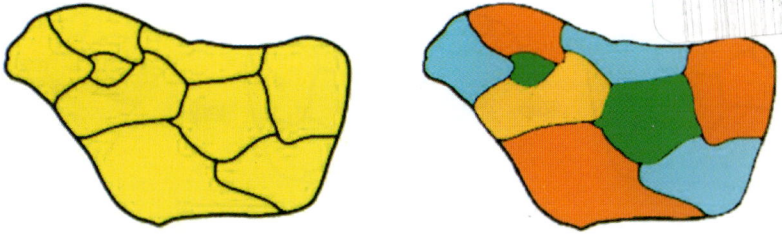

图 3-17　地图填色问题

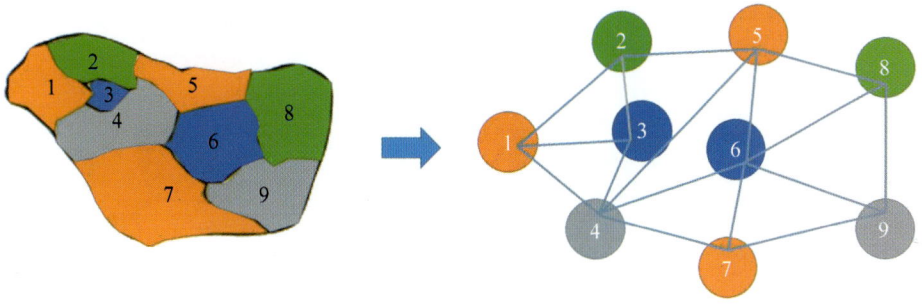

图 3-18　地图抽象成无向图

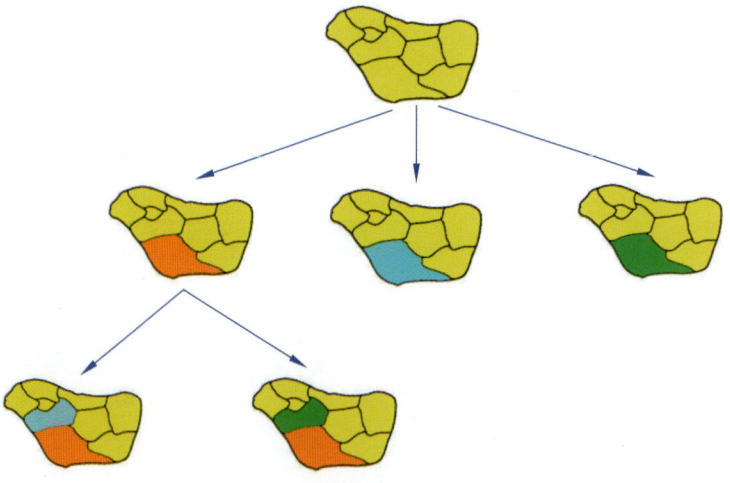

图 3-19　地图填色搜索树

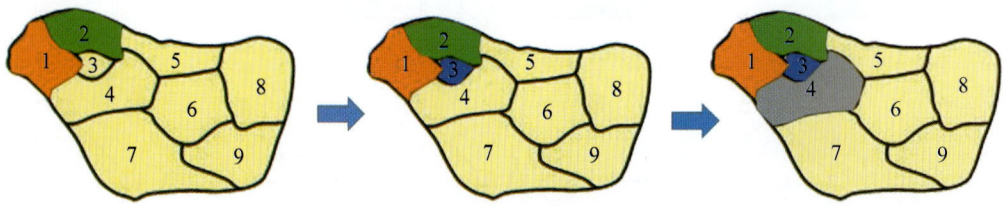

图 3-20　MRV 执行过程

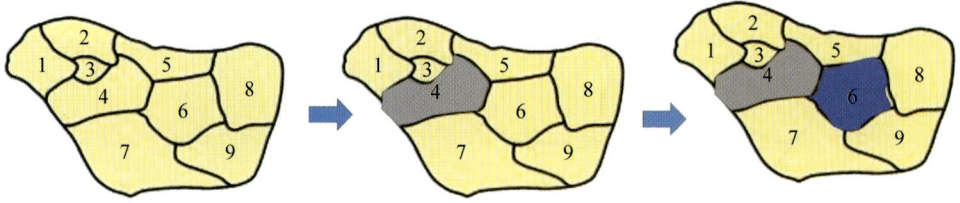

图 3-21　DH 策略示意图

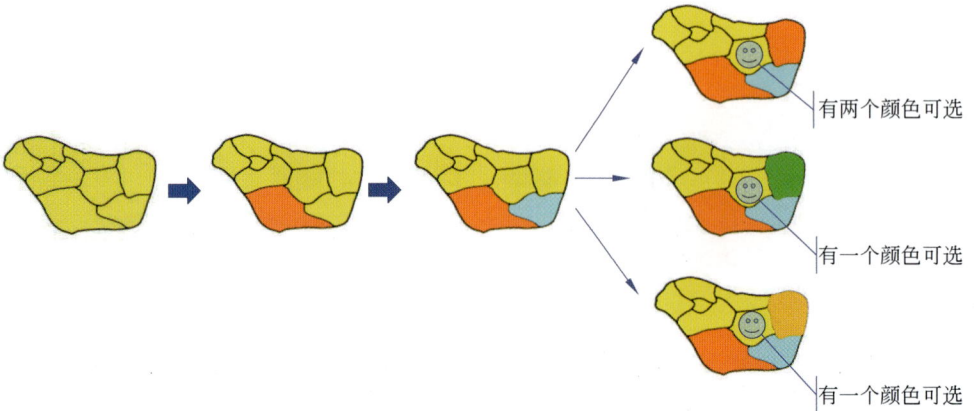

图 3-22　MCV 策略示意图

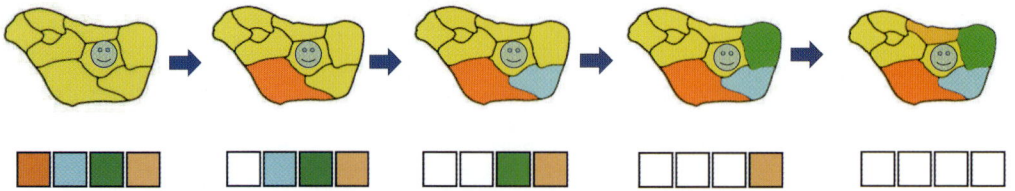

图 3-23　Forward Checking 策略示意图

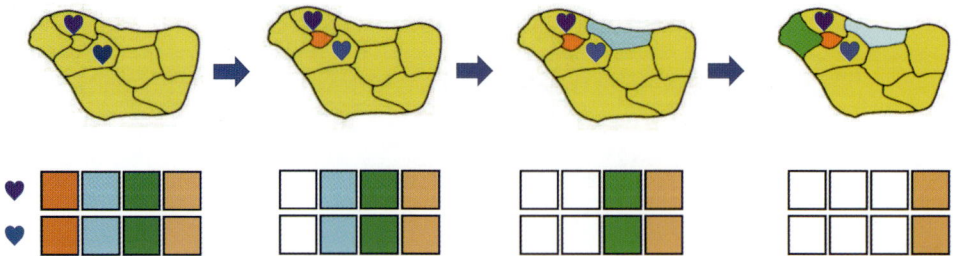

图 3-24　弧一致性策略示意图

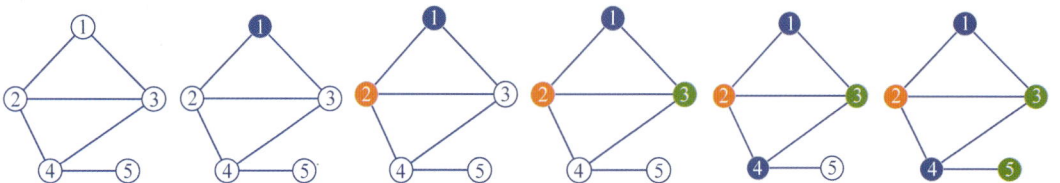

图 5-13　贪心法填色过程

面向数字化时代高等学校计算机系列教材

算法设计与分析
实践案例解析

杨烜 李炎然 吴定明 编著

清华大学出版社
北京

内 容 简 介

算法设计与分析是计算类专业的核心课程,学生在学习该课程时,普遍更容易理解理论,却常常无从下手解决一个实际问题。如何将理论知识应用到实践中解决实际问题?本书从计算思维培养的角度,将算法设计的思想利用通俗易懂的实例进行解释,提供大量实际问题、案例进行分析,希望学生能通过大量的实例分析建立一种有效的思维方式(计算思维),掌握求解问题的思路,进而提高解决实际问题的能力。

本书作为计算机专业的核心课程"算法设计与分析"的辅助教材,适用于计算机专业的高年级学生阅读,通过实践案例拓展眼界,提高实践能力。

图书在版编目(CIP)数据

算法设计与分析实践案例解析/杨烜,李炎然,吴定明编著. -- 北京:清华大学出版社,2025.8.
(面向数字化时代高等学校计算机系列教材). -- ISBN 978-7-302-69884-5

Ⅰ. TP301.6

中国国家版本馆 CIP 数据核字第 2025827AT5 号

责任编辑:苏东方
封面设计:刘 键
责任校对:刘惠林
责任印制:刘 菲

出版发行:清华大学出版社
　　　网　　　址:https://www.tup.com.cn,https://www.wqxuetang.com
　　　地　　　址:北京清华大学学研大厦 A 座　　　邮　　编:100084
　　　社 总 机:010-83470000　　　　　　　　　　邮　　购:010-62786544
　　　投稿与读者服务:010-62776969,c-service@tup.tsinghua.edu.cn
　　　质量反馈:010-62772015,zhiliang@tup.tsinghua.edu.cn
　　　课件下载:https://www.tup.com.cn,010-83470236
印 装 者:三河市天利华印刷装订有限公司
经　　销:全国新华书店
开　　本:185mm×260mm　　　印　张:13.25　　　插　页:1　　　字　数:327 千字
版　　次:2025 年 8 月第 1 版　　　　　　　　　　印　次:2025 年 8 月第 1 次印刷
定　　价:49.00 元

产品编号:105531-01

面向数字化时代高等学校计算机系列教材

编 委 会

前　言

虽然自己讲授"算法设计与分析"课程很多年了,但是一直没有想过写一本书。去年,应清华大学出版社邀约,萌生了写一本书的想法。为什么讲了这么多年课,直到现在才有写书的想法呢? 一个主要原因就是我越来越强烈地感觉到:学生虽然能够理解课堂讲授的理论知识,但是在解决实际问题时,他们似乎难以下手。

为什么会有这种现象呢? 我仔细思考之后,找到了一个关键的问题。"算法设计与分析"这门课程的理论是比较抽象的,虽然不难理解,但它就像天上的云一样,不容易落地。那么,如何能让理论知识落地,指引读者去解决实际问题呢? 这就好像踢足球,如果只是听别人讲如何踢足球,一般人都能听懂,但是听懂了并不代表自己会了,如果要会踢足球,还需要大量的练习。

对于"算法设计与分析"这门课程而言,掌握理论知识之后也需要大量练习,那么怎样练习呢? 就是在实际案例中去应用。但是在应用时需要注意,目标不能仅仅是解决某个问题,而要关注解决这个问题背后的思想方法。举一个简单的例子,假设我们要设计一个效率是 $O(\log n)$ 的算法求 x^n 的值,其中 x 和 n 都是已知的。如果仅从解决问题的角度,可以利用 n 的二进制表达逐位处理,也可以达到 $O(\log n)$ 的效率。但是如果读者想要练习算法设计思想,就要分析这个问题的结构,也就是 $x^n = x^{n/2} \times x^{n/2}$,从这个结构可以看出,原问题 x^n 和子问题 $x^{n/2}$ 是一样的,仅仅是问题的规模有所区别,这样就出现了分治法求解的算法设计思路了,即原问题被分解为两个子问题。如果定义函数 $F(n) = x^n$,然后简单地利用 $F(n) = F(n/2) \times F(n/2)$ 的思路写代码,就会导致效率达到 $O(n)$,而不是 $O(\log n)$,这个分析过程可以利用递归算法效率分析的方法推导出。这时,我们就能发现这里的核心问题是子问题求解了两次,如果能求解一次子问题,就可以达到 $O(\log n)$ 的算法效率。这样,算法优化的思想就清晰了,我们可以把子问题的解 $F(n/2)$ 存起来,并通过这个临时变量来计算 $F(n)$,而不是调用两次子问题求解,就可以提高算法效率。

上面这个简单的例子说明,算法设计与分析在实践的过程中,我们更需要关注的是如何分析问题的结构,原问题与子问题有什么关系? 什么样的算法设计策略适合解决这个问题? 又如何通过效率分析进一步优化算法? 而不是仅仅关注如何得到这个问题的解。所以,我想在这本书里表达的一个思想就是,希望各位读者在每个案例中关注算法设计的思想如何体现的、算法设计的思路是怎样的。如果能从这些角度去理解书中提供的案例,可能会对各位读者更有帮助。

本书基于 Thomas H.Cormen 等编写的著名教材《算法导论》中的部分内容,介绍了算法设计的基本策略,例如分治法、贪心法、动态规划等,同时简单介绍了算法效率分析中的渐进效率和摊还分析方法。由于这些内容在原著中都有表述,本书尽量从通俗易懂的角度对算法思想进行了解释,同时增加了回溯法的算法设计方法。本书收集了各种算法设计的案例,并且致力于把这些案例实现的思想解释清楚,让读者在多个案例里不断练习,逐渐建立计算思维的思维方式,从而在遇到一个实际问题时,能有一个下手的思路,通过分析问题的结构去寻找求解问题的方法。

写书实在是一个漫长而痛苦的过程,对于每个案例,我在梳理思路时同样感到吃力。然而,这也是一个快速提升的过程。由于本人能力有限,书中一些算法思想的表达只是个人的一些理解,难免有不准确的地方,请各位读者指正。

本书中的多个案例与求解算法来自 GeeksforGeeks 官网、斯坦福大学的 CS166:Advanced Data Structures 课程、杜克大学的 CPS 230:Design and Analysis of Algorithms 课程、麻省理工学院公开课资源的 Advanced Algorithms 课程的部分课件,在此表示衷心感谢。

本书由"深圳大学教材建设项目"资助。在本书的撰写过程中,两位参编老师李炎然、吴定明做了很多工作。其中,李炎然老师提供了大量的动态规划案例,这些案例都是李老师自己设计的。吴定明老师在图论方面提供了很多好的资料,拓宽了本书的案例深度和广度。深圳大学计算机与软件学院 2021 级学生曹婉楠,2022 级学生陈恺斌、陈碧晗、黄德海、黄雨欣参与了本书的资料整理,在此表示深深的感谢。同时,感谢深圳大学计算机与软件学院算法设计与分析课程组全体老师的支持!

杨　炬

2025 年 7 月

目　录 ◗

第1章 算法和计算思维

1.1 算法基本概念及效率分析

1.1.1 什么是算法

人们的生活中每天都被各种信息充斥着，信息需要处理，而信息处理就需要算法。事实上，每个人时时刻刻都接触到各种算法，例如，你饿了想点外卖，打开手机 App，它会自动推荐你可能喜欢的餐饮；当你点好外卖后，App 会告诉你到达时间；你收到外卖后，如果对外卖员或是外卖点评，它们会成为更多外卖服务提供算法处理的原始信息。

社交平台更是算法无处不在的地方，它会收集你的使用数据，包括你点的每个"赞"，看的每一条新闻或视频，你点击的每一个链接，你使用社交平台时所处的位置等，算法会根据这些信息为你推送大量平台认为你会喜欢的内容，让你在平台上流连忘返，顺便给你推送更多的广告。算法已经成为人们日常生活中不可或缺的一部分，它让人们的生活更轻松、更高效。

那么，什么是算法呢？一个正式的描述是，算法是用于解决问题或执行计算的过程，是一个指令序列，以一个或一些值作为输入，产生出一个或一组值作为输出，这个过程在某个特定的硬件环境下执行完成。可以通俗地将算法理解为一个计算机程序，这个程序能处理一些数据（输入），然后产生一些用户期望的结果（输出），这个程序的运行需要某种硬件环境支持，如图 1-1 所示。根据这个定义，算法需要满足五个性质。

（1）输入：有外部提供的数据作为算法的输入；

（2）输出：算法产生至少一个结果作为输出；

（3）确定性：组成算法的每条指令是清晰、无歧义的；

（4）有限性：算法中每条指令的执行次数是有限的，执行每条指令的时间也是有限的；

（5）可行性：算法是能够有效解决问题的。

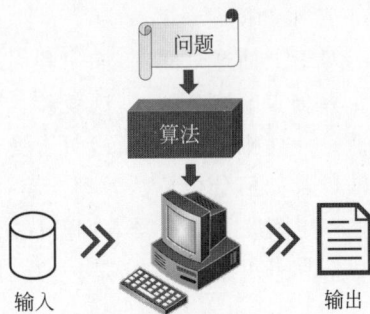

图 1-1 算法的概貌

对于正在找工作的同学而言，可能更关心面试过程中会碰到的算法题目。本节从腾讯公司的一个面试题说起：有 1000 瓶水，其中有一瓶有毒，小白鼠只要尝一点带毒的水，24 小时后就会死亡，现在的问题是，最少需要多少只小白鼠才能在 24 小时内鉴别出哪瓶水有毒？

这里给出一个求解算法,以 8 瓶水为例,对这 8 瓶水进行二进制编码,如图 1-2 所示。

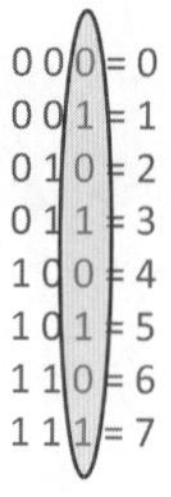

```
000 = 0
001 = 1
010 = 2
011 = 3
100 = 4
101 = 5
110 = 6
111 = 7
```

图 1-2 8 瓶水编码混合

针对二进制的每一位进行水混合,例如,对于最后一位,选择编码为 1 的瓶子的水进行混合,也就是 1、3、5、7 的 4 瓶水进行混合,这样得到第一瓶水,然后重复这个过程处理第二位和最高位,又分别得到两瓶水,一共得到三瓶水。找三只小白鼠分别喝下三瓶水,每只小白鼠有生和死两个状态,这样就会产生 8 种不同状态,分别对应 8 瓶水中的一瓶。举个例子,如果三只小白鼠的状态是"生、生、死",根据最后一只小白鼠是死的状态,可以判断只有 1、3、5、7 号水可能有毒,又根据第二只小白鼠的状态是生,则可以判断 2、3、6、7 号水是无毒的,也就是只有 1、5 号水可能有毒,再根据最高位小白鼠是生的状态,排除 5 号水有毒,最后可知,是 1 号水有毒。如果把"生"看成 0,"死"看成 1,那么"生、生、死"的二进制编码就是001,正好对应 1 号水的二进制编码。进一步地,对于 1000 瓶水,求解的思路是类似的,只是这时需要 10 只小白鼠。

对于这个面试题,读者可能很困惑的是:这个算法是怎么被想到的?毕竟依赖天才的求解方法不是好的方法,不需要天才的解题思路才是王道。下面来分析一下是什么样的思想方法能让大家接近问题的解。解题思路可以分为以下 3 步。

(1) 1000 的数量很大,可以把问题规模先缩小,例如,8 瓶水。当然,你也可以选择 10 瓶水,但是随着解题推进,就会发现 8 瓶更合适;

(2) 怎么才能在减少小白鼠数量的情况下解决 8 瓶水的问题呢?可以自然地联想到混合水,混合之后就可以减少小白鼠的数量。那么,怎么混合?可以对 8 瓶水进行编码,根据编码的位数进行混合。之所以用编码位数,是因为相对编码的大小,编码位数是比较少的。常用的编码是二进制编码,可以用三位二进制表示 8 瓶水,这样编码以及混合的方案就被确定了;

(3) 三位编码就需要 3 只小白鼠,一只小白鼠有生、死两种状态,那么会产生 8 种结果,对应 8 瓶水。这个问题似乎就被解出来了,再用一个例子验证一下,似乎是可行的。最后再考虑一下,这个问题其实就是 3-8 译码器的思想,那正确性就可以保证了。之后就可以求解1000 瓶水的问题。

对于上面这个问题,如何利用最少的小白鼠检验水,这是一个实际问题,用户需要设计一个算法求解这个问题,这就涉及算法设计,对设计好的算法进行性能评价就是算法分析。算法是计算机科学的基石,对于受过良好训练的计算机专业的学生而言,应该知道怎样设计算法以及如何分析算法效率。有一个简单的公式可以表达这个思想:"程序 = 数据结构 + 算法",也就是说算法是人们解决实际问题的手段,对计算机专业的学生尤为重要,算法可以使机器具有思维的能力,是一切机器智能的基础。

1.1.2 算法设计的基本过程

在设计算法时,大致的流程如图 1-3 所示。首先,读者需要对问题进行理解,搞清楚要解决的问题具体是什么,有什么要求,要达到什么目标;然后,选择合适的算法设计策略,以及辅助该算法的数据结构;最后,就是根据个人的能力设计算法,并判断或是证明算法的正确性,也就是能不能解决问题,如果发现有问题,重新选择算法策略再设计算法,直至确认正

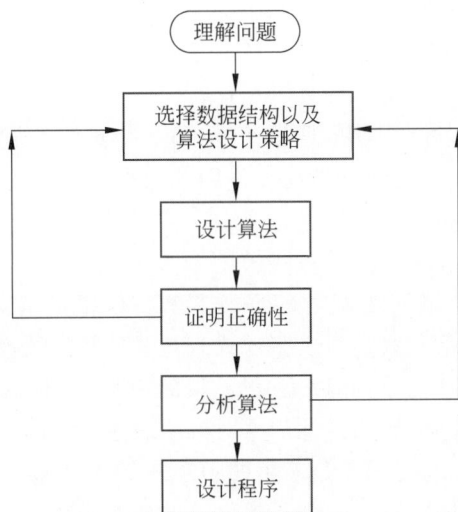

图 1-3　算法设计流程

确后,分析其性能,评估算法效率高不高,是不是很消耗计算机资源,例如,计算资源或者存储资源,如果效率不高,就重新设计再改进;如果效率满足要求了,那就可以进入最后的阶段——编写代码实现。

从图 1-3 的算法设计流程可以看出,算法设计是一个反复修正的过程,很难一次性设计出一个让人满意的算法。第一次可能会有个初步想法,后期需要反复修正;但也可能第一次的想法是有问题的,后期需要推倒重来。反复地尝试和修正,会让你离成功越来越近。

1.1.3　算法效率分析的基本方法

当用户设计好算法之后,需要判断算法的性能"好"还是"不好",这就是算法效率分析。算法效率分析是指对算法所需的时间和空间等资源进行预测,效率分析主要考虑两个问题,一个是时间效率,另一个是空间效率。其中,时间效率就是度量算法以多快的速度解决问题,空间效率指的是算法需要申请多大的空间来保证其执行。下面主要针对算法时间效率分析进行介绍。

算法效率分析的方法包括理论分析法和经验分析法,其中理论分析法是基于数学模型对算法效率进行估算,而经验分析法是针对那些难以建立数学模型的算法,利用算法在计算机上的执行情况来估计算法效率。例如,用户可以产生足够多的不同规模的随机数据作为输入,测试算法对这些不同规模的随机数据的运行时间,然后对这些数据进行统计分析,得出经验效率分析结果。

理论分析法根据算法的执行过程建立数学模型,利用模型分析算法效率。这类算法效率针对算法的执行过程可以分为非递归效率分析和递归效率分析,非递归效率分析是针对顺序执行的算法,这类方法主要分析算法执行的次数,例如,循环嵌套的次数、最内层循环中代码执行的次数等;而递归效率分析是针对递归执行的算法,这类效率分析要建立一个效率递推公式,然后通过数学方法求解效率公式。

下面先介绍渐进效率分析的概念以及效率分析的机器模型,再分别介绍一下递归算法与非递归算法的两种效率分析方法。

1. 渐进效率分析

算法效率分析一般采用渐进效率,其目的并不是估计一个非常准确的指令执行次数,而是当输入规模足够大时(趋于无穷),估计算法运行时间的增长量级。也就是说,从极限的角度,只关心算法运行时间随输入规模的增长速度,而不是具体的值,这么做的一个好处是能对大规模输入时的算法效率进行更好的比较。因此大规模输入时效率更好的算法,在小规模输入时不一定表现得更好。

那么,怎么衡量算法运行时间随输入规模的增长速度呢?一个比较简单的思路是关心算法运行时间的阶次,例如,输入规模为 n 时,如果算法效率是多项式的 n^a 形式,二阶 n^2 的算法就比三阶 n^3 的算法效率更高。对于多项式表达式的算法效率,阶次可以比较简明地刻画一个算法的效率,也可以作为不同算法进行比较的工具,同时,算法效率的低阶项和最高阶次项的常数系数都可以忽略,因为这些因素对效率表达式的阶次没有影响。

但是还有一些算法的执行时间不是简单的多项式的表达形式,渐进效率分析提供了一个有趣的思路来衡量它们的执行时间,就是提供一些参考函数,这些参考函数的增长速度是清晰的,其他算法的执行时间可以与这些参考函数进行比较,从而判断增长速度,这样就有了渐进效率常用的三个符号 O、Ω、θ。

渐进效率分析常用的参考函数包括 1、$\log n$、n、$n\log n$、n^2、n^3、2^n、$n!$,这些函数随输入规模的增长速度逐渐增大,其中,2^n 和 $n!$ 是增长速度非常快的函数,一般称为指数级增长的函数,如图 1-4 所示。如果算法效率达到指数级增长,就意味着是耗时非常大的算法。

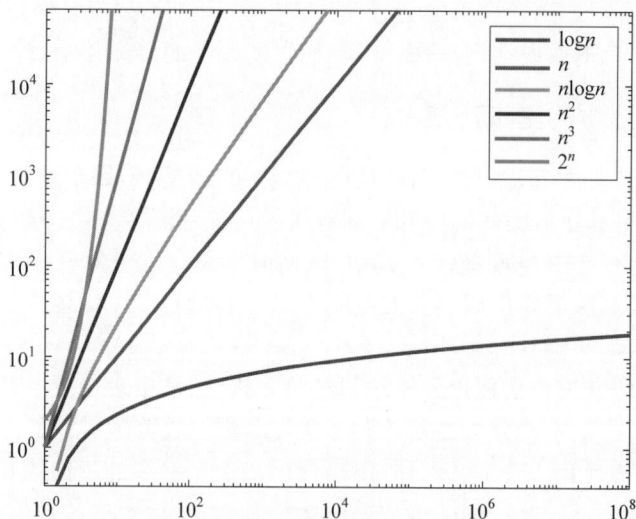

图 1-4　不同参考函数的增长速度

(1) 渐进上界“O”。

渐进上界符号 O 描述的是函数的上界,$O(g(n))=\{f(n):$ 存在正常量 c 和 n_0,使得对所有 $n \geqslant n_0$,有 $0 \leqslant f(n) \leqslant cg(n)\}$,其中,$g(n)$ 是参考函数。$O(g(n))$ 描述的是函数的集合,属于这个集合的函数具有共同的性质,就是在 n 足够大时($n \geqslant n_0$),这些函数的增长速度比 $cg(n)$ 慢($f(n) \leqslant cg(n)$),如图 1-5(a)所示。这里需要注意的是,c 只要是正的常数就可以了,c 可以大于 1,也可以小于 1;而 n 足够大这个条件是通过 $n \geqslant n_0$ 表达的,其中 n_0 是一个正数,也就是说 n 要大到一定程度。当这些条件都满足时,$cg(n) \geqslant f(n)$。渐进上界

符号 O 可用于描述算法在最坏情况下的运行时间,对算法效率有较好的参考价值。

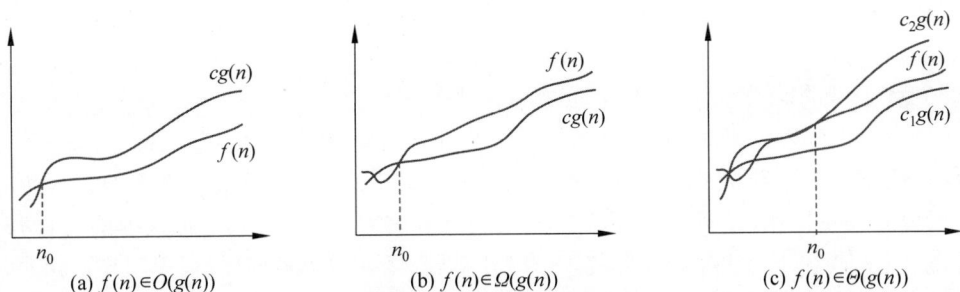

图 1-5　渐进效率的示意图

(a) $f(n) \in O(g(n))$　　(b) $f(n) \in \Omega(g(n))$　　(c) $f(n) \in \Theta(g(n))$

例如,对于函数 $f(n)=n^2+n$,如果选取参考函数 $g(n)=n^2$,可以令 $c=2$,当 $n \geqslant 1$ 时,即 $n_0=1$,满足 $cg(n)=2n^2 \geqslant n^2+n=f(n)$,可以判断 $n^2+n \in O(n^2)$;对于函数 $f(n)=200n^{1.9}$,选取参考函数 $g(n)=n^2$,令 $c=2$,当 $n \geqslant 100^{10}$ 时,即 $n_0=100^{10}$,满足 $2n^2 \geqslant 200n^{1.9}$,所以可以判断 $200n^{1.9} \in O(n^2)$。

从上面的例子可以看出,对于渐进效率而言,$f(n)$ 的表达式中的常数对渐进效率并没有影响,如果这个常数大,就可以用更大的 c 保证不等式成立。另外,$f(n)$ 的表达式中的低阶项对渐进效率的结论也没有影响,例如,n^2+n 中的低阶项 n,由于渐进效率考虑的是函数在 $n \to \infty$ 的情况,低阶项 n 的增长速度相对高阶项 n^2 是可以忽略不计的。所以,渐进效率更关注的是 $f(n)$ 的增长速度,而不关心 $f(n)$ 表达式中的常数系数以及阶次更低(或是增长速度更慢)的项。

(2) 渐进下界"Ω"。

渐进符号 Ω 给出了一个函数的下界,$\Omega(g(n))=\{f(n)$:存在正常量 c 和 n_0,使得对所有 $n \geqslant n_0$,有 $0 \leqslant cg(n) \leqslant f(n)\}$,其中,$g(n)$ 是参考函数,$\Omega(g(n))$ 描述的是函数的集合,属于这个集合的函数具有共同的性质,即当 n 足够大时,这些函数的增长速度比 $cg(n)$ 要快,如图 1-5(b)所示。c 和 n_0 的要求与前述一致。渐进下界符号 Ω 用于描述算法在最好情况下的运行时间,但是,大部分情况下算法最好的运行情况并不能提供较多有参考价值的信息,因此 $\Omega(g(n))$ 在很多算法效率分析资料中并不常见。

例如,对于函数 $f(n)=0.2n^{2.1}$,选取参考函数 $g(n)=n^2$,令 $c=0.2$,当 $n \geqslant 1$ 时,满足 $0.2n^2 \leqslant 0.2n^{2.1}$,所以可以判断 $0.2n^{2.1} \in \Omega(n^2)$;对于函数 $f(n)=n^2-1000n$,选取参考函数 $g(n)=n^2$,令 $c=0.5$,当 $n \geqslant 2000$ 时,满足 $0.5n^2 \leqslant n^2-1000n$,所以可以判断 $n^2-1000n \in \Omega(n^2)$。

(3) 渐进紧确界"θ"。

渐进紧确界符号 θ 给出了一个函数的上界和下界,$\theta(g(n))=\{f(n)$:存在正常量 c_1,c_2 和 n_0,使得对所有 $n \geqslant n_0$,有 $0 \leqslant c_1 g(n) \leqslant f(n) \leqslant c_2 g(n)\}$,其中,$g(n)$ 是参考函数,$\theta(g(n))$ 描述的函数具有共同的性质,即当 n 足够大时,这些函数的增长速度与 $g(n)$ 相当,如图 1-5(c)所示。当取一个较大的 c_2 时,$c_2 g(n)$ 就是 $f(n)$ 的上界;当取一个较小的 c_1 时,$c_1 g(n)$ 就是 $f(n)$ 的下界。也就是 $f(n)$ 和 $g(n)$ 的增长速度相当。n_0 的要求与前述一致。渐进紧确界符号 θ 可以描述算法的一个相对准确的运行效率,既不是最好的运行效率,也不是最坏的运行效率。但是,大部分情况下算法的准确运行情况很难得到,因此 $\theta(g(n))$ 在很多算法效率分析中也不常见。

例如,对于函数 $f(n)=0.5n^2-2n$,选取参考函数 $g(n)=n^2$,令 $c_1=0.25,c_2=0.5$,当 $n\geqslant 8$ 时,显然 $0.25n^2\leqslant 0.5n^2-2n\leqslant 0.5n^2$,所以可以判断 $0.5n^2-2n\in\theta(n^2)$。

2. 机器模型的假设

在进行算法效率分析时,需要对执行算法的机器模型进行假设。为了简化分析,算法效率分析一般采用的是随机访问模型(Random-Access Machine,RAM),该模型要求指令逐条执行,没有并发操作,每条指令所需时间均为常量,涉及的指令包括加法、减法、乘法、除法、取余、向下取整、向上取整、数据装入、存储、复制、条件与无条件转移、子程序调用与返回等。虽然在实际问题中,访问大规模数据时访存代价往往是不能回避的问题,但是为了简化效率分析,在这个机器模型中,不考虑内存层次的影响。另外,为了简化分析,也不区分不同指令执行的时间,统一按常规时间处理。

3. 非递归算法效率分析

非递归算法的效率分析主要是根据算法执行的顺序估计指令的执行次数,因为这类算法的执行是顺序的,一般利用循环控制多次执行,没有递归嵌套这种复杂的执行关系,所以效率分析相对比较简单。举一个插入排序的例子,插入排序的基本思想如图 1-6 所示,一个序列被分为了两部分,前面是排好序的有序部分,后面是未排序的无序部分,插入排序就是要把无序部分的元素在有序序列中找到一个位置插进去,保证前面序列的有序性。

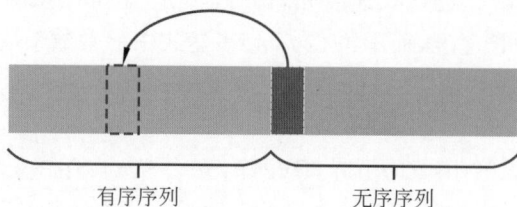

图 1-6　插入排序的基本思想

下面是插入排序的代码,这是一个非递归算法,可以看到算法执行需要两次循环,外重循环次数是 n 次(for 循环需要多一次判定才能退出),而内重循环的循环次数不确定。这时渐进效率分析的符号就可以发挥作用了,可以分别针对插入排序最坏、最好、平均效率给出这个算法的效率分析。

```
Insertion-Sort(A,n)
for j=2 to n
    key=A[j]
    i=j-1
    while i>0 and A[i]>key
        A[i+1]=A[i]
        i=i-1
        A[i+1]=key
```

这个插入排序算法执行时间的关键是内部循环的 while 语句执行次数,while 循环外面的代码执行时间影响的是算法效率的低阶项,在渐进效率中可以忽略,所以,只关注内层循环的执行次数。但是,while 语句的执行次数与数据有关,最好的情况是只执行一次就退出了,这时的算法就相当于一重循环,执行时间 $T_{\text{best}}(n)=\sum\limits_{j=1}^{n}1=n-1$。注意,在这个分析中, 循环内部的多条指令影响的仅仅是 1 前面的常数,从渐进效率的角度讲,这些常数并不影响渐进效率的结果,所以累计和的项用 1 表示,而没有具体表明是多少条指令。

对于最坏的情况,内部循环 while 的执行次数是 j,此时算法执行时间 $T_{\text{worst}}(n)=\sum\limits_{j=2}^{n}j=n(n+1)/2-1$。对于平均的情况,要从概率意义上估计 while 的执行次数,同样地,为了简化分析,假设 while 语句的执行次数是一个随机变量 x,这个随机变量 x 服从均匀分布,也就是等概率地取值 $1,2,\cdots,j$,这时 while 语句的平均执行次数就是随机变量 x 的期望 $\text{E}(x)=(1+2+\cdots+j)/j=(j+1)/2$。相应地,算法执行时间 $T_{\text{avg}}(n)=\sum\limits_{j=2}^{n}\dfrac{j+1}{2}=(n+4)(n-1)/4$。按照渐进效率的符号表达,可以得到插入排序算法的效率 $T_{\text{best}}(n)\in\Omega(n)$,$T_{\text{worst}}(n)\in O(n^2)$,$T_{\text{avg}}(n)\in\theta(n^2)$。

在非递归算法效率分析时,平均效率分析是比较困难的,因为很多情况难以估计某个代码的执行次数的分布以及期望,所以很多情况下,用户更愿意去分析算法最坏情况下的效率,因为这个效率往往具有一定的参考价值,所以在很多算法效率分析的结果中常常会看到渐进符号 O。

再看一个例子,假设有一个 n 个元素的数组,需要判断该数组中每个元素是否都是唯一的,如果有任意两个元素相同,则返回 false,否则返回 true。算法伪代码如下所示。

```
UniqueElements(A,n)
for i=0 to n-2
    for j=i+1 to n-1
        if A[i]=A[j] return false
return true
```

这个算法的执行次数与数据密切相关,如果一开始就碰到 $A[0]=A[1]$,那么算法就退出了,如果所有元素都是唯一的,没有重复元素,那么算法就要遍历所有元素之间的两两组合,这时算法效率就是最差的。可以得到 $T_{\text{best}}(n)=1\in\Omega(1)$,$T_{\text{worst}}(n)=\sum\limits_{i=0}^{n-2}\sum\limits_{j=i+1}^{n-1}1=\dfrac{(n-1)n}{2}\in O(n^2)$。

4. 递归算法效率分析

对于递归算法,其执行过程存在递归嵌套,所以从代码层面很难直接得到其算法效率。例如,归并排序的算法如下所示。

```
Merge-Sort(A,p,r)
if p<r
    q=⌊(p+r)/2⌋
    Merge-Sort(A,p,q)
    Merge-Sort(A,q+1,r)
    Merge(A,p,q,r)
```

其中，Merge-Sort 这个函数是嵌套调用的，Merge 函数的功能是将两个有序数组进行合并，得到一个新的有序数组。Merge 函数的执行过程如图 1-7 所示，假设 B 和 C 是两个有序序列，先比较 $B[0]$ 和 $C[0]$ 大小，其中小的元素放到临时数组 Temp 中，没有放到 Temp 中的数据保持不变，另一个数组取下一个元素，继续比较，重复上述过程，直至其中一个数组中的所有元素都访问完，另一个数组的剩余元素复制到 Temp 的末尾，这样 Temp 就是合并了序列 B 和序列 C 的有序序列，可以看出 Merge 函数的执行效率是 $O(n)$。

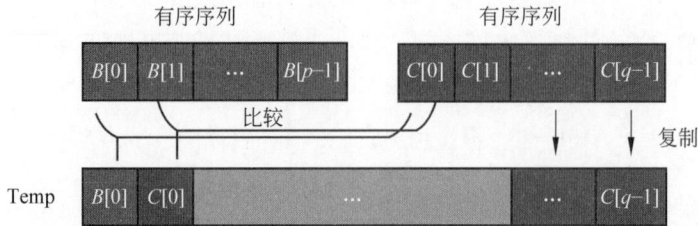

图 1-7　两个有序序列的合并过程

以 8 个元素的执行过程为例，$A=[8,3,2,9,7,1,5,4]$，解释一下归并排序算法的执行过程，如图 1-8 所示，其中箭头表示执行过程，图中省略了参数 p 和 r。可以看到 Merge-Sort 这个函数多次被调用。

这个算法执行时间如何分析呢？这里需要引入效率递推式这个概念，假设 $T(n)$ 表示数据规模为 n 时的算法效率，效率递推式就是要描述不同规模算法效率之间的关系，进而通过数学方法得到 $T(n)$ 的表达式。

根据归并排序的代码结构，可以看到数据规模为 n 的算法执行时间是由数据规模为 $n/2$ 的两个归并排序的执行时间，再加上一个 Merge 函数构成的，这样就得到效率递推式为

$$T(n)=\begin{cases}2T\left(\dfrac{n}{2}\right)+n, & n>1 \\ 1, & n=1\end{cases} \tag{1-1}$$

式(1-1)是一个递推式，有多种方法可以求解，包括代入法、递归树法、主定理法。下面分别介绍这三种方法的求解过程。

(1) 代入法。

代入法求解过程就是按照递推式逐层展开，如下式所示。

$$\begin{aligned}T(n)&=2T\left(\frac{n}{2}\right)+n\\&=2\left[2T\left(\frac{n}{4}\right)+\frac{n}{2}\right]+n\\&=2^2T\left(\frac{n}{4}\right)+n+n\\&=\vdots\\&=2^kT(1)+\underbrace{n+\cdots+n}_{k}\\&=2^k+kn\\&\in O(n\log n)\end{aligned}$$

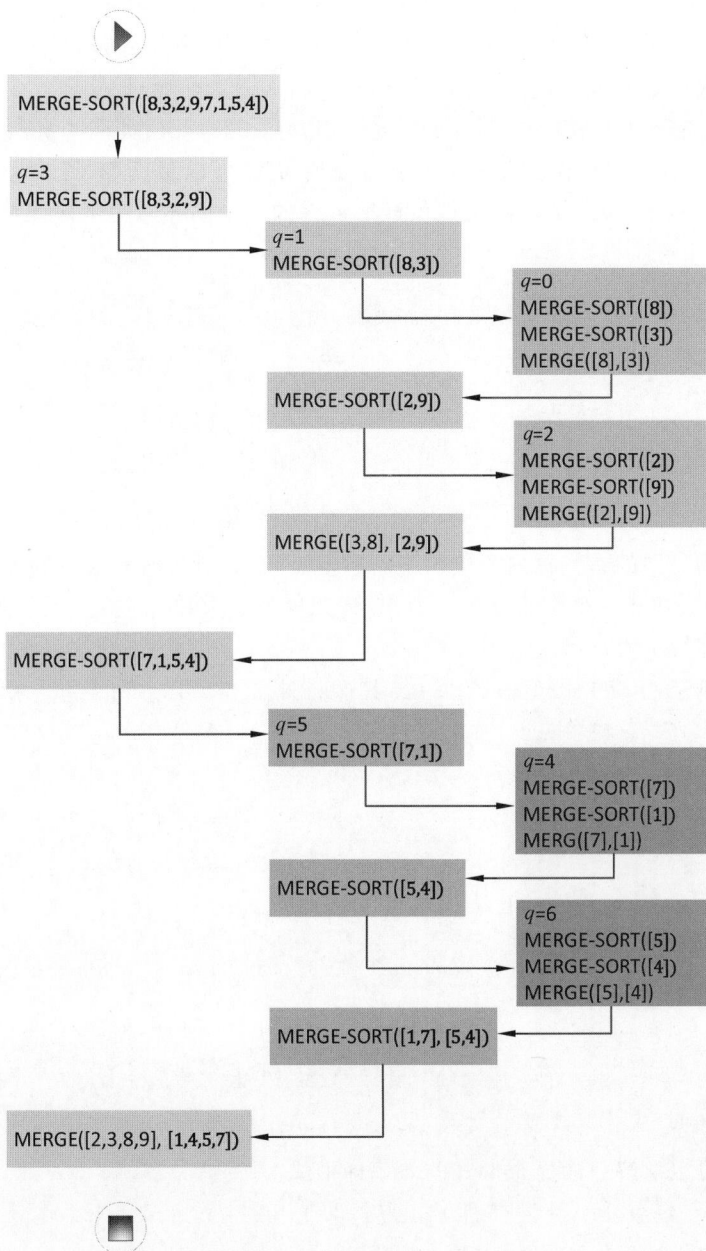

图 1-8　归并排序算法执行过程

（2）递归树法。

递归树法是通过构造一棵树来描述效率递推式中各子问题的合并效率，进而估计算法效率的显示表达式。

假设效率递推式是 $T(n) = aT(n/b) + f(n)$，这个公式表明规模为 n 的问题被分解为规模为 n/b 的子问题，子问题一共求解了 a 次，合并子问题的解得到原问题的解的合并代价是 $f(n)$。递归树中每一层扩展都是一次问题的分解，例如，原问题的规模是 n，这个就对应递归树中的根节点，原问题被分解为 a 个子问题，就对应这个根节点的 a 个分支，每个分

支的子问题规模是 n/b。注意,递归树中每个节点是合并代价 $f(n)$,也就是根节点是 $f(n)$,a 个分支的子节点是 $f(n/b)$。按照这个分解方式构造递归树,最后的叶子节点就是分解的最小规模问题的求解代价。

例如,效率递推式 $T(n)=2T(n/2)+n$,$T(1)=1$ 的递归树如图 1-9 所示,需要说明的是,这棵树假设 $n=2^k$,这样才能保证每层分解时 n 都可以被 2 整除。那么,如果不满足 $n=2^k$ 会怎样呢? 有一个平滑定理可以保证 $n=2^k$ 的结论同样适用于 $n\neq2^k$ 的情况。

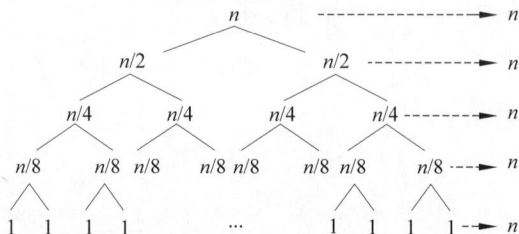

图 1-9　$T(1)=1$ 的递归树

在递归树的每层的右侧标出当前层中所有节点的和,再将所有层总的操作次数相加,就是最后 $T(n)$ 的表达式。从图 1-9 可以看出,递归树每层求和都是 n,树的层数是 $\log n+1$,所以算法效率 $T(n)\in O(n\log n)$。

再举一个例子,$T(n)=2T(n/2)+n^2$,其递归树如图 1-10 所示,纵向求和可得:

$$T(n)=\sum_{i=0}^{\log n}\frac{n^2}{2^i}\in O(n^2)$$

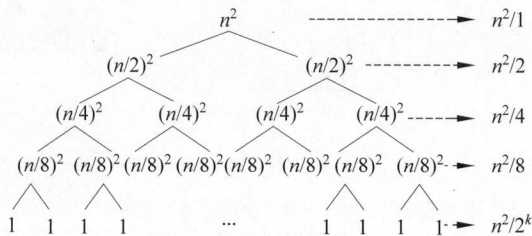

图 1-10　$T(n)=2T(n/2)+n^2$ 的递归树

（3）主定理法。

主定理法可以求解下面这个形式的效率递推式:

$$T(n)=aT(n/b)+f(n)$$

其中,$a\geqslant1$ 和 $b>1$ 是两个常数,$f(n)$ 是一个渐进非负函数,也就是当 n 趋于无穷时,$f(n)$ 是非负的。如果 n/b 不是整数,则对 n/b 取整。主定理法可解包含三种类型 $f(n)$ 的递归式 $T(n)$。

$$T(n)=\begin{cases}\theta(n^{\log_b a}), & f(n)\in O(n^{\log_b a-\varepsilon}), & \varepsilon>0\\ \theta(n^{\log_b a}\log^{k+1}n), & f(n)\in O(n^{\log_b a}\log^k n), & k\in Z\\ \theta(f(n)), & f(n)\in\Omega(n^{\log_b a+\varepsilon}), & \varepsilon>0\end{cases}$$

且存在 $c<1$,当 n 充分大时,满足 $af(n/b)\leqslant cf(n)$。

例如,效率递推式为

$$T(n)=2T\left(\frac{n}{2}\right)+n$$

其中，$a=2$，$b=2$，$f(n)=n$，构造幂函数 $n^{\log_b a}=n^{\log_2 2}=n$，对于一个非常小的 $\varepsilon>0$，可以看到 $f(n)=n\notin O(n^{\log_b a-\varepsilon})$，因为 n 的阶次等于 1，而 $\log_b a-\varepsilon$ 是一个比 1 小的数；同时，$f(n)=n\notin\Omega(n^{\log_b a+\varepsilon})$；当 $k=0$ 时，$f(n)=n\in O(n^{\log_b a}\log^k n)$，可以得到 $T(n)\in\theta(n^{\log_b a}\log^{k+1}n)=\theta(n\log n)$。

从主定理的使用过程可以看出，效率公式求解是比较简单的，这是主定理法的优点。其缺点是适用的情况有限。例如，$T(n)=2T(n/2)+n/\lg n$，$a=2$，$b=2$，$f(n)=n/\lg n$，构造幂函数 $n^{\log_b a}=n^{\log_2 2}=n$，可以判断出 $f(n)=n/\lg n\notin\Omega(n^{\log_b a+\varepsilon})$，$n/\lg n\notin(n^{\log_b a}\log^k n)$，那么再判断是否有 $n/\lg n\in O(n^{\log_b a-\varepsilon})$，如果满足，则有 $\exists c$，

$$n/\lg n\leqslant cn^{\log_b a-\varepsilon}=cn^{1-\varepsilon}$$

可以推出 $n^\varepsilon\leqslant c\lg n$，也就是 $\varepsilon\leqslant\dfrac{\lg c+\lg\lg n}{\lg n}$。从这个表达式可以看出，当 $n\to\infty$ 时，$\varepsilon\to 0$，这就意味着 $n^{\log_b a}$ 不是多项式意义上大于 $n/\lg n$，所以不能判断 $n/\lg n\in O(n^{\log_b a-\varepsilon})$。此时，主定理的三种情况都不适用于这个效率递推式。但是，递归树法就可以求解这个效率递推式，这也说明了递归树法的优点，就是能适用于较复杂的效率递推情况。

1.2　算法与计算思维

在进行算法设计时，用户不仅仅需要掌握算法设计的策略，更重要的是掌握一种全新的思维方式，也就是计算思维（Computing Thinking，CT）。计算思维是信息处理时的有效思维方式，不仅是从事计算机相关领域的技术人员应有的，而是跨越各个学科领域、信息处理和人工智能时代最基本的思维方式。

计算思维是运用计算机科学的基本理念，是一种解决问题的思考方式，而不是具体的学科知识，它以计算机可以有效执行的方式提出问题，并表达其解决方案的思维过程，也是一种解决问题、设计系统和理解人类行为的方法，借鉴了计算机科学的基本概念。这种思考方式在算法设计中广泛使用。计算思维强调将问题分解为更小的、可处理的部分，其主要特征包括以下 7 部分。

（1）问题分解（Decomposition）：将复杂的问题分解为更简单、更容易处理的子问题，通过子问题求解使得原问题更容易被解决。例如，归并排序就是把原始序列的排序问题转换为两个子序列排序，子序列中元素个数更少，更容易被求解，特别是最小的子问题，可以直接被解出。

（2）抽象（Abstraction）：通过抽象将问题的关键方面抽取出来，忽略不必要的细节。这有助于简化问题，使其更易于被处理。例如，小白鼠的问题就通过编码的方式对所有水瓶进行抽象，用户就不必再关心水瓶本身情况，让整个问题显得更清晰，关注点更突出。

（3）模式识别与建模（Pattern Recognition and Model Building）：对问题进行理解，利用模型对问题进行描述，以便更好地寻求解决方案。例如，对递归算法求解算法效率时，就构造了效率递推式，这个递推式就是对效率分析问题的建模，可以更方便地求解。

（4）关注点分离（Separation of Concerns）：关注点分离是日常生活中的常用思维方式，其思想是先将复杂问题做合理的分解，再分别关注分解的不同侧面（关注点），最后综合不同侧面的结果，整合成原问题的解决方案。关注点分离是计算思维最重要的特征之一，也是计

算科学和软件工程常用的方法论原则。例如,分治法的分而治之的策略,就是把原问题分解,然后通过各部分进行组合处理。

(5)算法设计(Algorithm Design):设计指令序列或是步骤以解决特定的问题,也就是算法设计阶段。

(6)算法改进(Debugging):根据算法执行结果发现问题,并进行改进,以保证算法执行的正确性。

(7)优化(Optimization):根据算法执行效率,不断改进算法,使算法效率更高。

计算思维本质上是从算法设计与分析的过程中提炼出来的,其主要特征涉及算法设计与分析过程中的各个层面,例如,问题分解是将原问题分解为子问题,这个特征体现在算法设计策略中的分治法、动态规划、贪心法中。归并排序就是利用分治法设计的,它将原数组排序问题分解成两个子数组的排序问题,然后把两个排好序的子数组进行合并,得到原数组的排序结果,这个过程中两个子数组排序其实嵌套了原问题的求解思路,也就是继续利用这种分解的方法解决,而最小的子问题求解比较简单,进而使原问题得到解决。

抽象是计算思维的重要特征,它可以将问题和概念简化为更高层次的概括过程,帮助用户深入理解问题;可以将算法设计过程中的数据和操作步骤简化为数学模型或可执行的抽象指令序列的形式,帮助用户更好地理解算法的特点,辅助效率分析;也可以辅助定义代码实现过程中清晰的接口和数据结构,将不同部分的功能分离,隐藏内部实现细节,利于系统修改或升级。

模式识别与建模在算法设计过程中主要是对问题进行数学描述,以便更好地寻求解决方案。例如,在动态规划的算法设计中,用户需要定义解决子问题的代价函数,然后分析原问题求解的代价函数与子问题求解的代价函数之间的关系,这种关系是通过动态规划方程进行描述的,这个过程就是模式识别与建模,是算法设计与分析过程中对问题及其求解进行描述的重要环节。

算法设计、算法改进与算法优化就是本章前面介绍的算法设计与分析的几个步骤,这里不再赘述。总之,计算思维作为一种思维方式,来自计算机科学领域,但不局限于计算机领域,而是一种通用的思考方式,可以帮助人们更好地、更有条理地分析和解决问题,提高问题解决的效率和质量。

第2章 分 治 法

‖ 2.1 分治法概述

分治法是一类经典的算法设计策略,其思想是将一个问题分解为与原问题相似但规模更小的若干子问题,递归地求解这些子问题,然后将这些子问题的解合并起来构成原问题的解。分治法主要包括三个步骤。

(1) Divide(分解):将原问题划分为若干子问题;

(2) Conquer(求解):通过递归的方式求解这些子问题;若子问题足够小,就直接求解;

(3) Combine(组合):将子问题的解合并成原问题的解。

图 2-1 是一个二分分治法的示意图,其中原问题被分解为两个子问题,它们的求解是利用递归调用实现的,通过一个合并操作把两个子问题的解合并,得到原问题的解。在这个过程中,分解一般比较简单,只要把原问题分解成更小的部分就可以了,需要注意,一般情况下原问题是均分的,而且子问题之间不重叠。用户不需要纠结子问题是怎么被解出来的,只要利用递归调用就可以了,递归时需要注意参数传递。子问题的解的合并过程一般是分治法

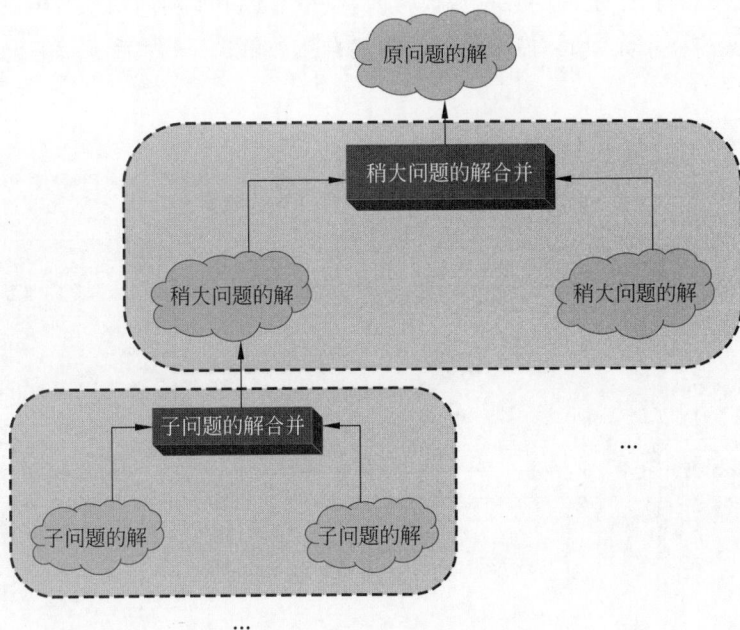

图 2-1 二分分治法的示意图

的关键,合并效率对分治法的最终算法效率影响很大。

在理解分治法的三个步骤时,很多同学会困惑于两个子问题是如何求解的?既然原问题还没有解出来,子问题又是如何利用原问题的求解方案得出的呢?这里有一个比较重要的思维方式:分治法其实给出的是某个特定规模数据的求解方案,这个方案是一个嵌套的递归求解方案,也就是原问题规模的求解依赖小规模的子问题求解,但是原问题求解并不关心小规模的子问题如何解出来的,而是关心原问题的解与子问题的解之间的关系,也就是层间关系。这个层间关系只涉及一层关系,就是大问题与其分解的小问题之间的关系。至于更小的问题,可以继续利用这种层间关系分解。那么,子问题到底是怎么解出来的?其实很简单,既然某个规模问题的求解方案(层间关系)已经有了,那么子问题的求解也可以套用同一个求解方案(层间关系),也就是需要更小的子问题求解,而更小子问题的求解还是套用的这个求解方案。什么时候才能结束呢?当子问题足够小了,可以直接解出来了,也就不用再套用这个递归求解方案了,直接利用得到的求解方案合并出大问题的解,继续再合并,可以得到更大问题的解,直至原问题的解。从这个过程就可以看出来,分治法之所以关心的是大问题和小问题的解之间的关系,就是因为分治法更关注的是大问题的解与小问题的解之间的层间关系,只要这种层间关系是明确的,就可以不断嵌套,也就意味着可以不断用小问题的解得到大问题的解,最后得到原问题的解。

归并排序是一个典型的分治法求解的例子,下面这个归并排序的伪代码中清晰地体现了子问题划分、子问题求解、子问题解合并三个步骤。需要特别注意的是,子问题求解调用的函数就是原问题的函数,也就是说,子问题套用了原问题的求解方案,按照递归的调用方式完成原问题求解。为了说明这个过程,图 2-2 给出了 8 个数据排序的分解过程和合并过程,分为两个层次,这两个层次的数据规模不同,但是都套用了相同的求解方案,当分解得到的最小子问题只有一个元素时,最小的子问题就自然被解出了,然后不断解合并,就可以得到原问题的解。

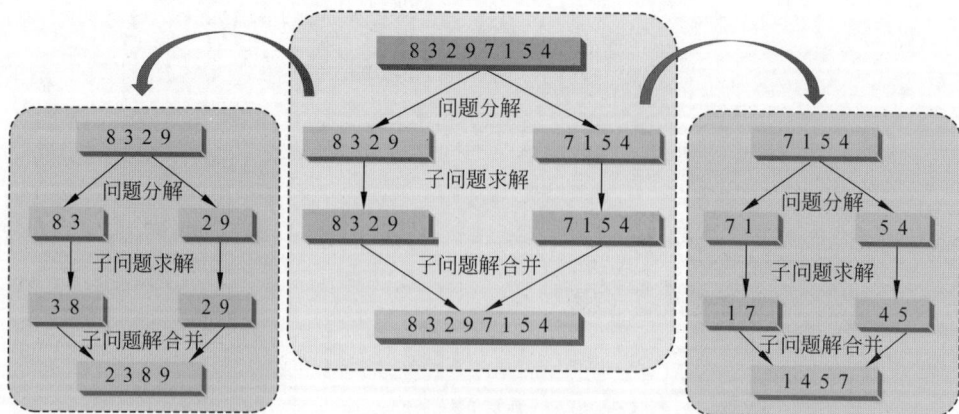

图 2-2 归并排序算法的求解过程示意图

```
Merge-Sort (A, p, r)
if p < r
    q =⌊(p+r)/2⌋              //子问题分解
    Merge-Sort (A, p, q)      //求解第一个子问题
    Merge-Sort (A, q+1, r)    //求解第二个子问题
    Merge (A, p, q, r)        //合并子问题的解
```

‖ 2.2　分治法中的计算思维

计算思维是一种问题解决机制,它将人脑的判断力和直觉与计算机的运算能力、速度和准确性相结合。计算思维是一种分析能力,它可以使人掌握复杂而微妙的想法。针对复杂而微妙的问题,可以使用计算步骤和模型寻找和实施解决方案。分治法的核心思想是将原问题分解成若干子问题,通过递归的方式解决子问题后,再合并子问题得到原问题的解,这种算法设计策略与计算思维之间存在着密不可分的关系,是计算思维的一种典型体现。

(1) 问题分解与抽象:计算思维强调对问题的层层分解和抽象。问题的分解是一种常见的思考方式,它有助于提炼出问题的主要结构,使得问题更易于被理解和解决。用户厘清问题的主要结构之后,就可以进行抽象,便于后期处理。分治法正是通过将大问题分解成小问题的方式来提炼问题的结构,然后再抽象描述大问题的解与子问题的解之间的关系,并通过层次化处理这些子问题,最终得到整体问题的解。分治法的这种问题分解和抽象的思想方法使得整体问题的解决变得更加清晰和可行。

(2) 递归思维:分治法通常采用递归的方式解决子问题。递归是计算思维中的一种重要思维方式,它允许在解决一个问题的同时套用相同的算法来解决该问题的子问题。这种递归的思维方式有助于简化问题的表达和求解。分治法将原问题分解为更小的子问题,每个子问题都采用了与原问题相同的求解方案,这种递归的使用也与计算思维的递归思维相契合。

(3) 关注点分离:关注点分离是对复杂问题做分解,再关注分解的各个侧面,最后综合各个侧面的情况得到整体的解决方案。在分治法中,需要对原问题进行分析,然后对子问题求解,分治法注重子问题的解如何合并,通过将子问题的解决方案合并,最终得到原问题的解决方案,这就是关注点分离特征的体现。

(4) 算法评估与优化:分治法要求对每个子问题设计有效的算法,这可以通过对算法效率进行评估,然后再进行改进和优化。在计算思维中,一个重要特征就是对求解方案进行评估和优化,分治法通过将问题分解成独立求解的子问题,为算法的设计提供了方便,同时通过优化改进提高算法效率,正是计算思维的特征体现。

因此,分治法体现了计算思维中对问题分解、递归思维、关注点分离以及算法设计与优化的重要原则。通过应用分治法,用户能够更加高效、清晰地解决复杂的计算问题,这与计算思维的核心思想相契合。

2.3 分治法的实践案例

2.3.1 求第 k 个数

1. 问题描述

给定两个大小分别为 m 和 n 的已排序数组,找出两个数组由小到大合并后的数组中的第 k 个数。例如,

```
arr1: 1 4 8 10
arr2: 2 3 6 7 9
k=5
```

求解:两个有序序列合并后为 1 2 3 4 6 7 8 9 10,则第 5 个数是 6。

2. 求解方法一:蛮力法

(1) 算法原理。

由于两个数组本身都是有序的,可以将两个数组合并成一个有序数组,然后第 k 个元素就是这个问题的解。在这个过程中,如何将两个有序数组合并为一个新的有序数组是问题的关键。

可以从 arr1 的头和 arr2 的头开始逐一比较,如果 arr1[1]≤arr[2],就把 arr1[1]放到一个新的数组 arr 的第一个位置,然后比较 arr1[2]和 arr2[1],这个过程和前面的比较过程是一样的,只需重复进行;如果 arr1[1]≥arr[2],就把 arr2[1]放到一个新数组 arr 的第一个位置,然后比较 arr1[1]和 arr2[2],这个过程和前面的比较过程也是一样的,只需重复进行。

下面用两个指针描述这个实现过程。定义两个指针 i 和 j 分别指向 arr1 和 arr2 的头,并对两个指针指向的元素进行比较,将较小的数放入新数组 arr 中,该指针加 1,开始下一个循环,重复该操作直至一个数组中的元素被全部放入新数组 arr 中。完成该步骤后将还有剩余元素的数组中的元素依次放入新数组 arr 内。由于 arr1 和 arr2 都是有序的,这个存放过程可以保证所有数据在新数组中是有序的,如图 2-3 所示。

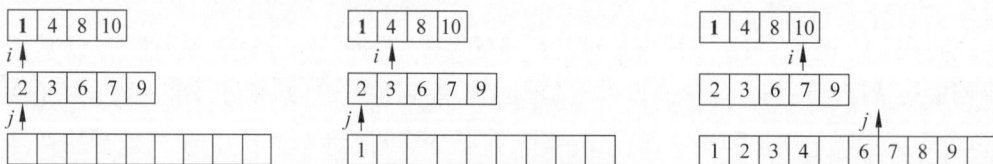

图 2-3 两个有序数组的合并过程

伪代码如下所示。

```
Two Pointers
Input. 有序数组 arr1 和 arr2,k 的值
Output. 合并后有序数组的第 k 个元素
Method.
1    i=0,j=0,d=0
2    while i<m&&j<n
```

```
3        If arr1[i]<arr2[j]
4            sorted1[d++]=arr1[i++]
5        else
6            sorted1[d++]=arr2[j++]
7    while i<m
8        sorted[d++]=arr1[i++]
9    while j<n
10       sorted[d++]=arr2[j++]
11   return sorted[k-1]
```

（2）复杂度。

时间复杂度：由于需要遍历完两个数组，所以该算法的时间复杂度为 $O(\max(n,m))$。

空间复杂度：需要一个新数组放下合并的两个数组，所以空间复杂度为 $O(n+m)$。

（3）优化。

这里只需要求出第 k 个数，其实并不需要一个完整的新数组，而只需要记录下来当前准备存到新数组中的数字即可，这样在空间上可以节省为 1 个数据，同时时间上也不需要把两个数组遍历完，只需要遍历到第 k 个数即可停止。

时间复杂度：因为只需要遍历到第 k 个数算法就停止了，时间复杂度为 $O(k)$。

空间复杂度：只需要一个记录当前已经处理了多少个数的计数器，空间复杂度为 $O(1)$。

3. 求解方法二：分治法

（1）算法原理。

利用分治法解决这个问题，"分"的思想比较简单，就是把两个数组各自分成两半，通过中间数据的比较去缩短其中一个数组的长度，这样原问题就变小了，而另一个数组保持原有大小。这个分治法的思想类似二分查找：通过排除一定不是答案的搜索范围来不断缩小数组大小，从而提高算法效率。

对于数组 arr1 和 arr2，把两个数组都分为两部分，定义 mid1、mid2 分别指向两个数组的中间位置，下面对于可能出现的情况进行分类讨论。

① 若 $k\leqslant mid1+mid2$：这个情况下只能说第 k 个数一定在两个数组的混合结果的左半部分，但是不能说第 k 个数一定在两个数组的各自左半部分，举个反例，如果 arr1 非常短，arr2 非常长，即使 $k\leqslant mid1+mid2$，第 k 个数仍然会大于 arr1 的所有元素。所以，要再分情况分析。

* arr1[mid1]≥arr2[mid2]：说明第 k 个数肯定会在 arr1 的左半部分，而 arr2 是不确定的，下一次的搜索应该在 arr1 的左半部分、arr2 的全部范围，搜索排序第 k 的数。以 arr1＝{1,3,7,8}，arr2＝{-1,1,2,5,10}，$k=3$ 为例，如图 2-4（a）所示，此时 mid1＝2，mid2＝3（数组下标以 1 开始），则 mid1＋mid2≥3，arr1[mid1]≥arr2[mid2]，那么 arr1 的右半部分{7,8}不可能成为答案，这部分需要排除在下次的搜索范围之外。

* arr1[mid1]<arr2[mid2]：这个情况与上一个情况正好相反，说明第 k 个数肯定会在 arr2 的左半部分，而 arr1 是不确定的，下一次的搜索应该在 arr2 的左半部分、arr1 的全部范围，搜索排序第 k 的数。以图 2-4（b）为例，假设 $k=3$，此时 mid1＋mid2≥3，那

么 arr2 的右半部分{7,9}都不可能成为答案。

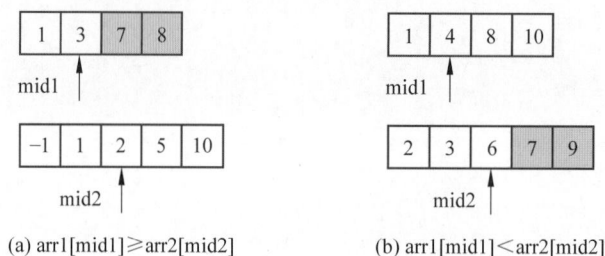

(a) arr1[mid1]≥arr2[mid2]

(b) arr1[mid1]<arr2[mid2]

图 2-4 $k \leqslant$ mid1＋mid2 的两种情况

② 若 $k >$ mid1＋mid2：这个情况下可以肯定的是，第 k 个数一定是在 arr1 和 arr2 混合后的右半边，但不确定的是第 k 个数是越过哪个数组的中点。这时有下面两种情况要分析。

- arr1[mid1]＞arr2[mid2]：假设 arr1 和 arr2 按大小合并后的数组为 arr，在 $k >$ mid1＋mid2 的情况下，如果 arr1[mid1]＞arr2[mid2]，说明 arr2[mid2]一定小于第 k 个数。这时，可以在下一次的搜索中排除 arr2 的左侧，留下右侧，同时在 arr1 的全范围内搜索，但是需要注意，这次搜索的是第 $k -$ mid2 大的数，而不是第 k 个数，因为 arr2[1～mid2]之间的 mid2 个数必然小于第 k 个数，这些数可以不用考虑了。过程如图 2-5 所示。

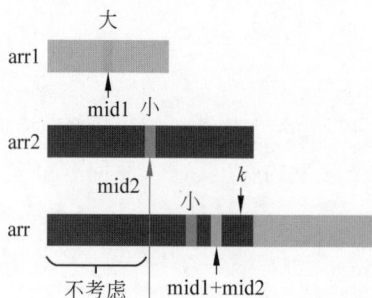

图 2-5 $k >$ mid1＋mid2 时，arr1[mid1]＞arr2[mid2]的情况

以 arr1＝{1,3,7,8}，arr2＝{−1,1,2,5,10}，$k=6$ 为例，如图 2-6(a)所示，此时 mid1＋mid2＝4＜6，那么 arr2 的左半部分{−1,1,2}不可能成为答案。

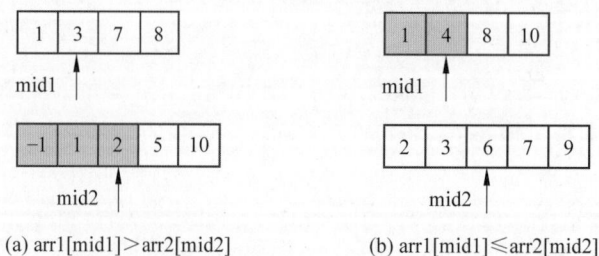

(a) arr1[mid1]＞arr2[mid2]

(b) arr1[mid1]≤arr2[mid2]

图 2-6 $k >$ mid1＋mid2 的示例

- arr1[mid1]≤arr2[mid2]：这个情况和前面的情况是对偶的，可以在下一次搜索中除去 arr1 的左侧，留下右侧，而在 arr2 全范围搜索。但是需要注意，这次搜索的是第

k－mid1 大的数,而不是第 k 个数,因为 arr1[1~mid1]之间的 mid1 个数必然小于第 k 个数,可以不用考虑了。

以图 2-6(b)为例,假设 $k=6$,此时 mid1＋mid2＝5＜6,那么 arr1 的左半部分{1,4}不可能成为答案。

无论是哪一种情况,下一次的搜索都是在更小规模的数据中进行的,总有其中一个数组缩短一半。那么递归的终点便是其中一个数组缩小到长度为 0,若 arr1 长度为 0,那么返回 arr2[mid2];若 arr2 长度为 0,那么返回 arr1[mid1]。

(2) 伪代码。

```
DivideAndConquer
Input. 有序数组 arr1 和 arr2,k 的值
Output. 合并后有序数组的第 k 个元素
Method.
int getKth(s1, e1, s2, e2, k)    //s1,e1 是 arr1 的起始、结束下标,s2,e2 是 arr2 的起始、
                                 //结束下标
1    mid1=(s1+e1)/2,mid2=(s2+e2)/2                //计算中点
2    len1=mid1-s1+1,len2=mid2-s2+1,sum=len1+len2 //计算长度
3    if(s1>e1)    len1=0                          //其中的一个数组长度已经为 0
4    if(s2>e2)    len2=0
5    if(k<sum)                                    //情况①
6        if(len2!=0&&(len1=0||arr1[mid1]<arr2[mid2]))
7            return getKth(s1,e1,s2,mid2-1,k)
8        else
9            return getKth(s1,mid1-1,s2,e2,k)
10   else                                         //情况②
11       if(k==sum)                               //问题结束
12           If(len1==0) return arr2[mid2]
13           else if(len2==0) return arr1[mid1]
14       if(len1!=0&&(len2==0||arr1[mid1]<arr2[mid2]))
15           return getKth(mid1+1,e1,s2,e2,k-len1)
16       else
17           return getKth(s1,e1,mid2+1,e2,k-len2)
```

(3) 算法复杂度。

时间复杂度:最差的情况需要同时二分两个数组,每个数组二分的效率是 $O(\log n)$ 和 $O(\log m)$,故时间复杂度为 $O(\log n＋\log m)$。

空间复杂度:因为不需要新的存储空间,故空间复杂度为 $O(1)$。

(4) 优化。

注意到,这里并不需要对整个数组进行二分,因为 arr1 只有前 k 个数据需要考虑,同时 arr2 也只有前 k 个数据需要考虑,所以只需要对两个数组的前 k 个元素进行二分即可。

时间复杂度:$O(\log k)$。

空间复杂度:$O(1)$。

4. 求解方法三：小顶堆

（1）算法原理。

构建一个小顶堆，将两个数组的所有元素放入小顶堆中，堆顶的元素是两个数组中的最小元素。然后逐次弹出堆顶元素，再对堆进行调整，这些元素分别是最小、次小的元素。因此，只需要弹出 k 个元素，就可以得到第 k 小的元素。这个算法的思想类似堆排序的前 k 次过程。需要说明的是，这个算法并不高效，因为建堆需要代价，建堆代价就是 $O(n+m)$，这个代价已经和有序数据合并算法的效率相同了，而每次弹出元素还需要代价，整体算法效率并不高。

（2）伪代码。

```
Min-heap
Input. 有序数组 arr1 和 arr2
Output. 合并后有序数组的第 k 个元素
Method.
1   priority_queue Heap
2   for i=0 to m-1
3       heap.push(arr1[i])
4   for i=0 to n-1
5       heap.push(arr2[i])
6   for i=1 to k-1
7       heap.pop()
8   return Heap.top()
```

（3）算法复杂度。

时间复杂度：创建一个 $n+m$ 个元素的小顶堆的时间复杂度为 $O(n+m)$，而从堆中弹出一个元素的时间复杂度也为 $O(\log(n+m))$，共需要弹出 k 个数，故总时间复杂度为 $O((n+m)+k\log(n+m))$。

空间复杂度：需要一个堆存入 $n+m$ 个数，故空间复杂度为 $O(n+m)$。

5. 求解方法四：取值范围二分法

（1）算法原理。

沿用二分法的思路，但并不是对数组元素的个数进行二分，而是对数组元素的值进行二分。假设二分范围的左端点为 1，右端点为两个数组中元素的最大值 max_value，也就是两个有序数组最后一个元素的最大值。这样就建立了一个二分数列，其范围是 [1, max_value]。在这个范围内，根据左端点和右端点计算 mid，分别在两个数组找出第一个大于当前的 mid 的位置 tmp1 和 tmp2，如果两个位置的和 tmp1+tmp2>k，说明当前的二分值太大，需要减小，则更新二分范围的右端点；否则，更新左端点。

以图 2-7 的二分示例为例（坐标下标从 0 开始），设 k 为 5，二分的左端点 $l=1$，右端点为两个数组的最大值 max_value=10，mid=$\lfloor(1+10)/2\rfloor$=5，在两个数组中分别找第一个大于 5 的元素位置 tmp1 和 tmp2，分别是 8 和 6（8 是 arr1 的第一个大于 5 的数，6 是 arr2 的第一个大于 5 的数），如图 2-7(a)所示，这两个数的位置之和为 2+2<k=5，说明这个 mid 值小了，此时更新左端点为 l=mid+1=6；重复计算 mid=(6+10)/2=8，二分的位置如图 2-7(b)所示，位置之和为 3+4=7>k=5，说明 mid 值大了，要调小，则更新右端点

$r=\text{mid}-1=7$；重新计算 $\text{mid}=\lfloor(6+7)/2\rfloor=6$，二分的位置如图 2-7(c)所示，位置之和为 $2+3=k$，更新右端点 $r=\text{mid}-1=5$，此时 $l>r$，结束二分过程，返回第 k 个元素的值就是 $\text{mid}=6$。

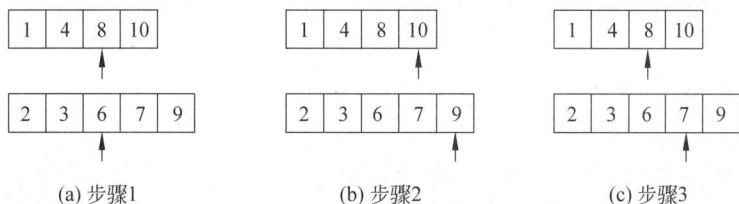

| 1 | 4 | 8 | 10 |　　| 1 | 4 | 8 | 10 |　　| 1 | 4 | 8 | 10 |

| 2 | 3 | 6 | 7 | 9 |　| 2 | 3 | 6 | 7 | 9 |　| 2 | 3 | 6 | 7 | 9 |

(a) 步骤1　　　　　　　(b) 步骤2　　　　　　　(c) 步骤3

图 2-7　二分示例

（2）伪代码。

```
Binary search for the answer
Input. 有序数组 arr1 和 arr2
Output. 合并后有序数组的第 k 个元素
Method.
1    l=1, r=max_value              //max_value 为输入数据最大值, n 和 m 是两个数组的长度
2    ans=INF                       //INF 为正无穷
3    while l≤r
4        mid = (l+r)/2
5        idx1 = findidx(arr1,mid)  //找到第 1 个大于 k 的 arr1 元素的下标
6        idx2 = findidx(arr2,mid)  //找到第 1 个大于 k 的 arr2 元素的下标
7            if idx1+idx2≥k
8                ans=min(ans,mid)
9                r=mid-1
10           else
11               l=mid+1
12   return ans
```

（3）算法复杂度。

时间复杂度：设输入数组中元素的可能最大值为 max_value，二分答案的复杂度为 $O(\log(\text{max\_value}))$，两个 findidx 的复杂度为 $O(\log n+\log m)$，故总时间复杂度为 $O(\log(\text{max\_value})\log(n\times m))$。

空间复杂度：需要一个 ans 维护 mid 的最小值，空间复杂度为 $O(1)$。

2.3.2　粉刷问题

1. 问题描述

给定 N 块木板以及 K 位画家，每块木板的长度已知，每位画家需要 1 个单位的时间来绘制 1 个单位长度的木板，任何画家只能绘制板的连续部分，如图 2-8 所示，$a1$ 有一块木板，$a2$ 有三块木板，$a3$ 有两块木板。画家可以连续粉刷（$a1,a2,a3$），不可以只粉刷（$a1$，$a3$），因为 $a1$，$a3$ 中间隔了一个 $a2$ 的木板。求解在这个约束下，绘制所有木板的最短时间。也就是说，将数组连续分为 K 组，并找到 K 个数组和，这些数组和的最大值就是这个划分的粉刷代价,用户需要求解一个划分,使得这个代价最小。

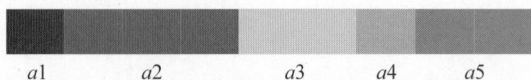

图 2-8　一个粉刷问题的示例

输入:$N=4,a=\{10,20,30,40\},K=2$。

输出:60。

解释:由于只有 2 位画家,可以想象将这 4 块板切成两部分,然后计算每部分所花的最长时间,就是这种划分的代价。可以有三种划分方式,如图 2-9 所示,在情况三中,可以将前 3 块板分给画家 1($\{10,20,30\}$),时间就是数组和 60,最后一块板 40 分给画家 2($\{40\}$),时间是该数组和 40。这两个数组和中选最大的时间,因此总时间是 60,这种划分获得的是三种情况中的最小值,也就是最优解。

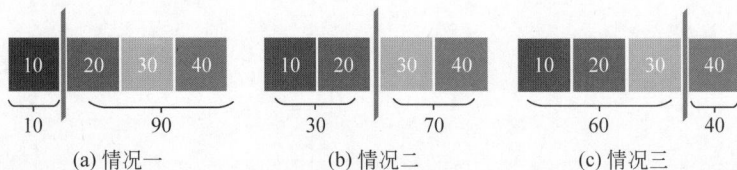

图 2-9　三种划分

2. 求解方法:分治法

(1) 算法原理。

采用二分法的思想求解该问题,这里需要解决的核心问题是对什么进行二分。常见的二分法是对数组的下标进行二分,但是这里需要求解的是划分的子数组的和,要求划分的数组和比较均匀,这个最优的数组和是求解的目标,所以,这里二分的对象是数组和,而不是数组下标,二分的结果就是最优数组和。

利用一个例子来讲解这个过程,假设 $a=\{1,2,3,4,5,6,7,8,9\},k=3$。要求将这 9 块木板分成连续的三份,求出最优划分,该划分得到的最大数组和是所有划分中最小的。

下面考虑两种极端的情况。

① 当画家数与 N(木板数)相等时,一位画家分配到一块木板,此时的最短时间即为一位画家画完长度最长的画板所用的时间,也是所有情况中所用时间最少的,如图 2-10 所示。对于该样例,二分的最小值 lo$=9$,因为 9 是该数组中的最大值,也就是最长的木板,一个画家粉刷它需要的时间最长。

② 当画家数只有一位时,需要一个人绘制所有木板,所用时间为所有木板的总和,此时只有一个划分,最优时间为所有数组元素和,二分的最大值 hi$=45$,如图 2-11 所示。

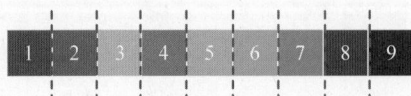

图 2-10　9 个划分

图 2-11　一个划分

因此,二分法所得的结果只会处于这两种情况之间。lo 为最短时间,hi 为最长时间,令 mid＝(lo＋hi)/2,此样例中,mid＝27。下面需要判断 mid 这个值如果作为最佳划分结果,是否是一个可行的划分方案,也就是判断此时绘制完所有木板所需要的画家数量是否符合 $k=3$ 的要求。

因为每位画家最多可以画 27 个单位,因此当长度的和超过 27 时,就需要一位新的画家,在此位置切开,然后在下一个位置再重新求和,判断是否还有画家能用到。可以看到,这种情况下只需 2 位画家即可完成,这说明 mid＝27 这个值估计大了,用不了 3 个画家,这时就缩小右边界的值 hi＝mid,如图 2-12 所示。

此时,mid＝(9＋27)/2＝18,画完木板需要三位画家,与给定画家数量相同,但 lo 不等于 hi,说明 mid 还是大了,因此还需要调整 hi＝mid＝18,如图 2-13 所示重复以上步骤。

图 2-12　mid＝27 的划分　　　　　图 2-13　mid＝18 的划分

此时,mid＝(9＋18)/2＝13,画完木板需要四位画家,与给定画家数量不符合,说明 mid 小了,则令 lo＝mid＋1,如图 2-14 所示重复以上步骤。

图 2-14　mid＝13 的划分

此时,mid＝(14＋18)/2＝16,画完木板需要四位画家,与给定画家数量不符合,说明 mid 小了,则令 lo＝mid＋1,重复以上步骤。直到最后 lo＝hi,此时的 lo 就是最优的数组和,相应的划分策略及时分配方案。

(2) 伪代码。

```
DivideAndConquer
Input. 木板长度数组 arr[]
       画家人数 k
Output. 最少完成时间
Method.
Function partition(arr, n, k)          //计算最短时间
1  lo = getMax(arr)                    //获得 arr 中的最大值
2  hi = getSum(arr)                    //获得 arr 中所有元素的总和
3  while(lo<hi)                        //当 lo 不等于 hi 时,一直进行以下步骤
   mid = lo + (hi - lo) / 2
   requiredPainters =numberOfPainters(arr, n, mid);   //求所需画家数量
   if(requiredPainters <= k)
       hi = mid
   else
       lo = mid + 1
4  return lo
```

```
Function numberOfPainters(arr, n, maxLen)    //计算给定最大绘制长度所需要的画家数
1  total = 0
2  numPainters = 1
3  for i from 0 to n-1
     total = total + arr[i]
     if(total > maxLen)
         total = arr[i]
         numPainters = numPainters + 1
4  return numPainters                         //返回所需画家数
```

（3）复杂度分析。

时间复杂度：由于采用了二分法，假设所有元素和为 M，则二分效率是 $O(\log M)$，每次二分之后的判断过程效率是 $O(n)$，所以总效率是 $O(n\log M)$。

空间复杂度：由于没有使用新的空间，空间复杂度为 $O(1)$。

2.3.3 棋盘覆盖问题

给定一个 $n \times n$ 的棋盘如图 2-15(a)所示，其中 $n = 2^k (k \geqslant 1)$，棋盘中缺少一个方格（大小为 1×1），要用 L 形骨牌覆盖给定的棋盘，且任何 2 个 L 形骨牌不得重叠覆盖。L 形骨牌是一个 2×2 的方格缺少一个 1×1 的单元格，可以任意翻转，有 4 种形态，如图 2-15(b)所示。

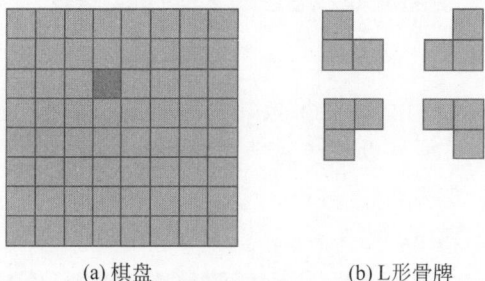

(a)棋盘   (b)L形骨牌

图 2-15　棋盘覆盖问题

1. 求解方法：分治法

（1）算法原理。

以 8×8 的棋盘中缺失第 3 行第 4 列的方格为例，如图 2-16(a)所示，将棋盘中缺少的方格进行特殊标记，然后把大棋盘均分为 4 个小棋盘，如图 2-16(b)所示，这样就完成了划分。

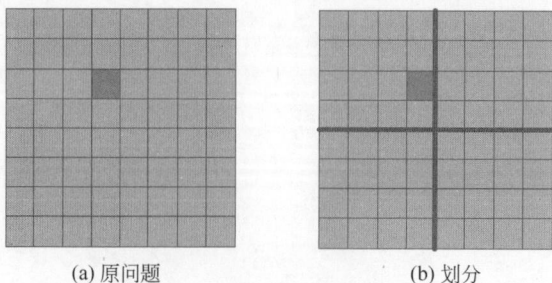

(a)原问题   (b)划分

图 2-16　8×8 的棋盘覆盖问题

划分之后产生了 4 个小棋盘,可以注意到,4 个小棋盘是不相同的,左上角的小棋盘有占位的方格,但是其他 3 个小棋盘没有占位。这时,4 个分解出来的子问题并不是同样的问题,而分治法希望所有子问题都是相同的问题,因此,这里的解决思路是:创造出 4 个一样的问题。这时,L 形骨牌就可以发挥作用了,通过骨牌的摆放,可以让其他 3 个空白的小棋盘出现占位。具体操作方法如下所示。

对于每个小棋盘,若不存在被标记的方格,用同一个标志进行标记,标记规则为:

(a) 左上的小棋盘在右下的方格标记;

(b) 右上的小棋盘在左下的方格标记;

(c) 左下的小棋盘在右上的方格标记;

(d) 右下的小棋盘在左上的方格标记。

上面这个处理方法的思想其实很简单:在划分的中心位置放置一个 L 形骨牌,这个骨牌正好覆盖了 3 个空白的小棋盘的一个位置,小棋盘处理完后,3 个空白小棋盘就都有一个占位的方格,如图 2-17(a)所示。这时可以看到,4 个小棋盘的情况完全相同,而且具有与原问题一模一样的特点,下面就可以将每个小棋盘当作大棋盘重复上述操作,如图 2-17(b)所示。

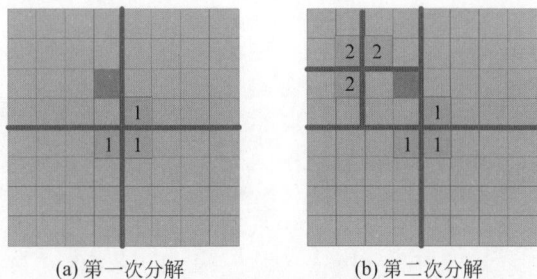

(a) 第一次分解　　　　　　　(b) 第二次分解

图 2-17　8×8 的棋盘覆盖问题第一次、第二次分解

当棋盘大小为 2×2 时,即为最小子问题。此时正好有一个缺失的方格,其余 3 个方位的小棋盘可以用一个骨牌覆盖,这样 4 个方格都会被填满,最小子问题的 4 种求解情况如图 2-18(a)所示。这个情况就是分治法将问题分解到最小时出现的情况,是非常容易求解的。8×8 的棋盘被 21 个 L 形骨牌填满的情况如图 2-18(b)所示。

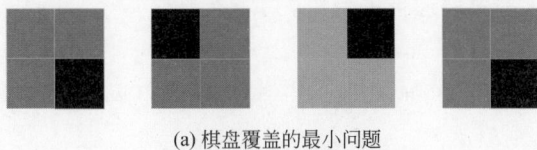

(a) 棋盘覆盖的最小问题

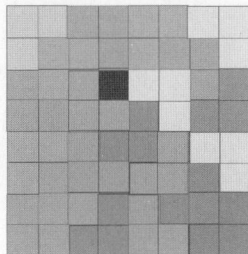

(b) 8×8 的棋盘覆盖问题的解

图 2-18　8×8 的棋盘覆盖问题

（2）伪代码。

```
DivideAndConquer
Input.tr,tc,dr,dc,n.            //(tr,tc)是棋盘的左上角坐标,(dr,dc)是特殊方块的位置,
                               //n 棋盘大小
Output.   棋盘覆盖结果
Method.
void ChessBoard(tr, tc, dr, dc, n)
1    if(n==0)          return ;
2    t = tile++;               //骨牌标注的数字
3    n = n/2;
4    if(dr<tr+n&&dc<tc+n)      ChessBoard(tr,tc,dr,dc,n);     //求解左上角棋盘
5    else                      //无特殊方格则覆盖并标记
6        Board[tr+n-1][tc+n-1] = tile;
7        ChessBoard(tr,tc,tr+n-1,tc+n-1,n);                   //求解左上角棋盘
8    if(dr<tr+n&&dc>=tc+n)     ChessBoard(tr,tc+n,dr,dc,n);   //求解右上角棋盘
9    else                      //无特殊方格则覆盖并标记
10       Board[tr+n-1][tc+n] = tile;
11       ChessBoard(tr,tc+n,tr+n-1,tc+n,n);                   //求解右上角棋盘
12   if(dr>=tr+n&&dc<tc+n)     ChessBoard(tr+n,tc,dr,dc,n);   //求解左下角棋盘
13   else                      //无特殊方格则覆盖并标记
14       Board[tr+n][tc+n-1] = tile;
15       ChessBoard(tr+n,tc,tr+n,tc+n-1,n);                   //求解左下角棋盘
16   if(dr>=tr+n&&dc>=tc+n)    ChessBoard(tr+n,tc+n,dr,dc,n); //求解右下角棋盘
17   else                      //无特殊方格则覆盖并标记
18       Board[tr+n][tc+n] = tile;
19       ChessBoard(tr+n,tc+n,tr+n,tc+n,n);                   //求解右下角棋盘
```

（3）复杂度分析。

（a）时间复杂度：$O(n^2)$。

由于一个问题被分解为 4 个子问题,每个子问题的规模是原问题的一半（注意,不是 1/4）,因此上述递归算法的效率递推关系可表示为

$$T(n) = 4T(n/2) + C$$

其中,C 为常数,可以用主定理求解,由于合并代价 $C \in O(n^{\log_2 4 - \varepsilon})$,属于主定理中的第一种情况,因此,时间复杂度为 $\theta(n^2)$。

（b）空间复杂度：$O(n^2)$。

因为需要记录覆盖棋盘的骨牌类型和位置,需要 $2^{k-1} \times 2^{k-1}$ 个骨牌,所以总的空间复杂度是 $O(n^2)$。

（4）数学归纳法证明分治算法的有效性。

设输入棋盘的大小为 $2^k \times 2^k$,其中 $k \geqslant 1$。

基本情况：已知问题可以在 $k=1$ 时解决,这时,有一个 2×2 的正方形,缺失一个单元格,该问题可解。

归纳假设：假设棋盘覆盖问题在 $k-1$ 时可以解,下面需要证明棋盘覆盖问题在取 k 时

也可以求解。

证明：对于 k 规模的问题，假设左上角缺失一个方格，可以将 $2^k \times 2^k$ 尺寸的棋盘分解为 4 个尺寸为 $2^{k-1} \times 2^{k-1}$ 的子棋盘，在中间放置一个 L 形骨牌，如图 2-19 所示。由于已经能求解 $k-1$ 规模的棋盘问题，因此可以解出整个棋盘。其他位置缺失方格的情况可以类似求解。得证。

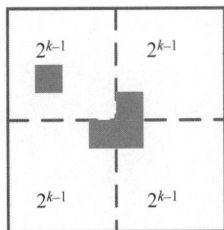

图 2-19 $2^k \times 2^k$ 尺寸棋盘问题求解

2.3.4 数组的反转计数

给定一个数组，如图 2-20 所示，如果 $a[i] > a[j]$，同时 $i < j$，这两个元素 $a[i]$ 和 $a[j]$ 形成反转。数组的反转计数问题是求数组中存在反转关系的个数，如果数组是排序好的，则反转计数为 0，但如果数组按相反顺序排序，则反转计数为最大值。

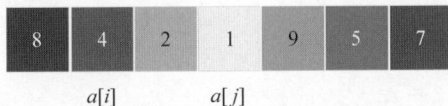

图 2-20 数组反转计数问题

输入：a[]={8,4,2,1}。

输出：6。

说明：给定数组中有 6 个反转：(8,4),(4,2),(8,2),(8,1),(4,1),(2,1)。

1. 求解方法一：蛮力法

（1）算法原理。

蛮力法的思想很简单，就是调查每个数据后面还有多少数据和它有反转关系，也就是小于它，如果小于该元素，则反转计数加一；然后再看下一个数据，如图 2-21 所示。8 后面三个元素比 8 小，然后 4 后面两个元素比 4 小，2 后面 1 个元素比 2 小，所以反转计数是 6。

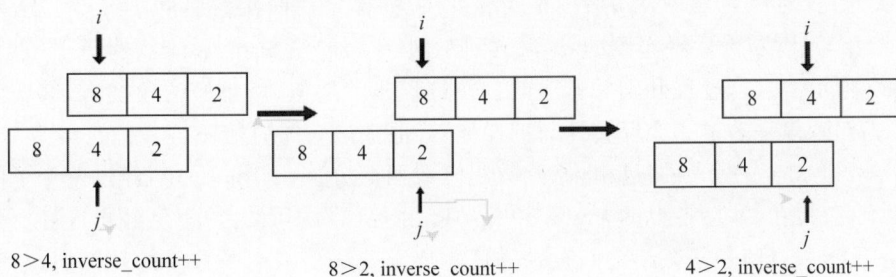

图 2-21 蛮力法

（2）伪代码。

```
Brute Force
Input.  无序数组 arr
Output.  反转计数
Method.
    1    Inverse_count = 0
    2    for i = 1 to n
    3        for j = i + 1 to n
    4            if  arr[i] > arr[j]
    5                Inverse_count ++
    6    return  Inverse_count
```

（3）算法复杂度。

时间复杂度：由于从头到尾遍历数组，对于每个元素又需要遍历后面所有元素，所以蛮力法的时间复杂度是 $O(n^2)$。

空间复杂度：由于不需要新的空间，只需要记录反转的次数，所以空间复杂度是 $O(1)$。

2. 求解方法二：分治法

（1）算法原理。

分治法解决该问题的思路是把数组分成左右两半，假设通过子问题求解得到左右两部分各自的反转计数值，分别是 inv_L 和 inv_R，需要说明的是，在求解反转计数的过程中，可以顺便把需要反转的数据交换位置，保证处理后的数据是有序状态。剩下需要考虑的问题就是处于左右两边的数据之间存在的反转次数，记为 inv_C，和前面的操作类似，在做这个操作时，也顺便把左右两侧存在反转关系的数据进行交换，保证整个大数组是有序的。这个操作是合并部分的主要工作，那么总的反转计数就是 inv_L＋inv_R＋inv_C。

下面看一下分治法的实现细节。将数组均分为两部分，得到数组中间位置 mid。对左右两部分的子数组求各自的 inv_R 和 inv_L，求解过程是通过递归调用完成的，这部分不用过多关注，主要需要关注的是最小问题如何求解。类似于归并排序，划分的最小子问题只有一个数，inv_L＝0 或是 inv_R＝0。

合并部分是这个算法的关键部分，在进行合并操作时，需要注意的一个问题就是左右子数组都是排好序的，这个特点要充分利用。合并主要解决的问题是确认还有多少数据反转，如果左侧的元素 $a[i]$ 大于右侧的元素 $a[j]$，因为左侧已经在子问题求解时排序完成，那么可以确认的是，左侧元素中从 $a[i]$ 到 $a[\text{mid}]$ 的所有元素都比右侧的 $a[j]$ 大，这就存在 $\text{mid}-i$ 次反转计数，然后将左侧的 $a[j]$ 放到左侧 $a[i]$ 的位置，然后继续遍历下一个元素，如图 2-22 所示。这个过程和归并排序的合并过程非常类似，从排序的角度看，其实就是归并排序的合并，但是多了一个反转计数的操作，其他都是一样的处理。

图 2-22 给出了一个示例过程，原始数组分成两部分{8,4}和{2,1}，经过两个子问题求解，得到了{8,4}和{2,1}各自的 inv_L 和 inv_R，并且{8,4}和{2,1}都已经排序好，得到{4,8}和{1,2}，然后看两个子数组之间存在的反转情况。从第一个子数组的 4 开始，与第二个子数组的 1 相互比较，因为 4＞1，4 之后的数字都与 1 是反转关系，所以反转次数是 2。把 1 放到临时数组 temp，确保 temp 中的元素都是有序的。然后处理 2（因为 1 已经放到 temp

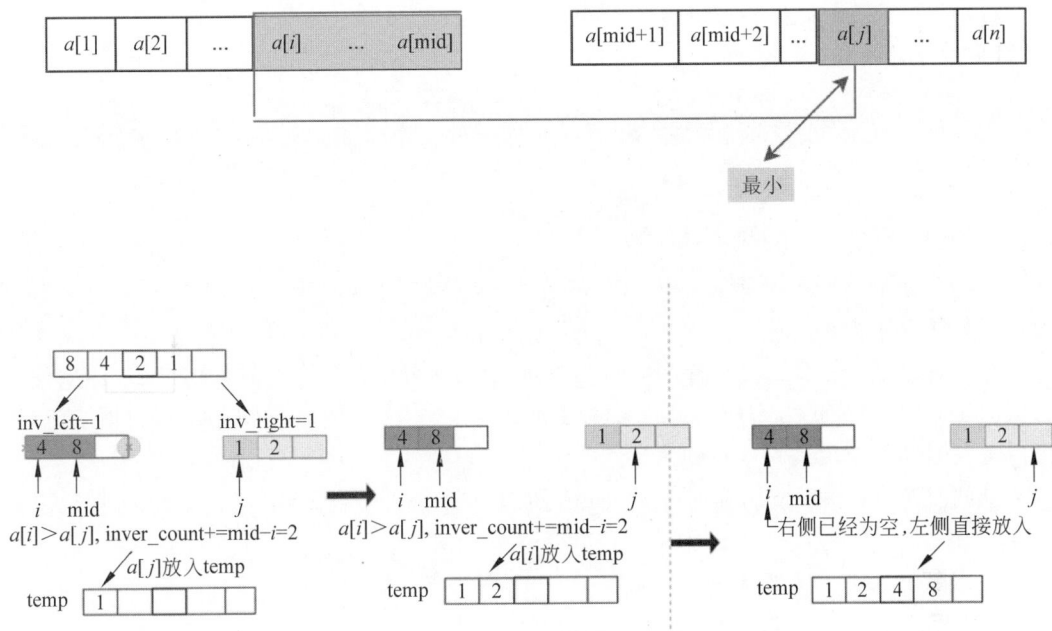

图 2-22　合并过程

中,所以接下来处理第二个子数组),因为 4>2,4 后面的数字都与 2 是反转关系,所以反转次数是 2。把 2 放到临时数组 temp,由于第二个子数组为空,所以把第一个子数组剩下的元素复制到 temp 中,得到排序结果 temp。

（2）伪代码。

```
Merge_Sort
Input.  无序数组 arr
Output.  反转计数
Method.
int Merge_sort(arr, temp, l, r)
1    mid,inv_count = 0
2    if r > l
3        mid = (r + l) >> 1
4    inv_count += Merge_sort(arr, temp, l, mid)
5    inv_count += Merge_sort(arr, temp, mid + 1, r)
6    inv_count += Merge(arr, temp, l, mid + 1, r)
7    return inv_count

int Merge(arr, temp, l, mid, r)
8    i = l,j =mid,k = l,inv_count = 0
9    while i <= mid - 1 && j <= r
10       if arr[i] <= arr[j]
11           temp[k ++] = arr[i ++]
12       else
13           temp[k ++] = arr[j ++]
```

```
14          inv_count = inv_count + (mid - i)
15   while i <= mid - 1
16          temp[k++] = arr[i++]
17   while j <= r
18          temp[k++] = arr[j++]
19   for i = l ~ r
20     arr[i] = temp[i];
21   return inv_count;
```

（3）算法复杂度。

时间复杂度：分治法在求解这个问题时，将原问题分解为两个问题，合并操作需要遍历两侧的子数组，其代价为 $O(n)$，所以效率递推式是 $T(n)=2T(n/2)+O(n)$，根据主定理，可以得到时间复杂度是 $O(n\log n)$。

空间复杂度：由于使用临时变量 temp 数组存放中间的合并结果，所以空间复杂度是 $O(n)$。

3. 求解方法三：堆排序＋二分法

（1）算法原理。

这个算法的思路是利用堆排序，在排序的过程中，不断发现需要反转的次数，然后累计得到总反转次数。先看一个例子，$A=\{1,20,6,4,5\}$，假设还有一个数组 x，记录的是当前已经排序好数据的下标，注意这个下标是不断增加的，而不是一次性排好的。下面按照堆排序依次处理 A 中的数据。

首先，最小的数据是"1"，"1"在原数组的下标是 0，"1"是当前唯一排好的数据，那么"1"的下标 0 要放到 x 中，即 x 的第 0 个位置，需要反转的次数是"0－0＝0"。

其次，再看第 2 小的数"4"，"4"在原数组的下标是 3，而"4"的下标 3 放在 x 中第 1 的位置（3 比 0 大），这就说明目前比"4"小的只有一个数，因为"4"原来是 3 的位置，前面有 1 个数比"4"小，所以排序需要反转的次数是"3－1＝2"。

然后，再看第 3 小的数"5"，"5"在原数组的下标是 4，而"5"的下标 4 在 x 中第 2 的位置（4 比 3 和 0 大），这就说明目前比"5"小的数有两个，那么"5"需要反转的次数是"4－2＝2"。

接着，再看第 4 小的数"6"，"6"在原数组的下标是 2，而"6"的下标 2 在 x 中第 1 的位置（2 比 0 大），这就说明比"6"小的数只有一个，那么"6"需要反转的次数是"2－1＝1"。

最后，"20"在原数组的下标是 1，而"20"的下标 1 放在 x 中第 1 的位置（注意原来"6"的下标被推到 x 的后面了），这就说明比"20"小的数只有一个，那么"20"需要反转的次数是"1－1＝0"。

总结上面这个过程，就是把反转次数的计算结合到堆排序过程中了，累计的是每次排好一个当前数据需要反转的次数。为了得到这个反转次数，需要知道已经排好的数据中有几个比当前数据小，这就是 x 定义的目的。为什么 x 要按照从小到大的顺序存放下标？原因就是说明当前数据前面有几个比它小的，这样，这个反转次数是当前数据在原数组的位置减去当前能够明确比它小的数据个数（它的原数组下标在 x 中存放的位置）得到的。

为了实现上面这个过程，可以设计一个小堆顶，这个堆顶就是当前最小的元素，但是同时还要把当前元素在原数组中的下标记下来，将来存放在 x 中，所以堆中元素包括两个属性,一个是数据大小,另一个是在原始数组中的下标。如图 2-23 所示,$A=\{1,20,6,4,5\}$的初始堆状态如图 2-23(a)所示,这里最小元素"1"已经放在堆顶了,右侧是其在原始数组中的下标。"1"弹出后如图 2-23(b)所示,"1"的下标 0 放到 x 中,计算"1"的反转次数是"$0-0$";然后"4"弹出如图 2-23(c)所示,"4"的下标 3 放到 x 中,计算"4"的反转次数是"$3-1$";然后"5"弹出如图 2-23(d)所示,"5"的下标 4 放到 x 中,计算"5"的反转次数是"$4-2$";依次进行,直至堆为空。

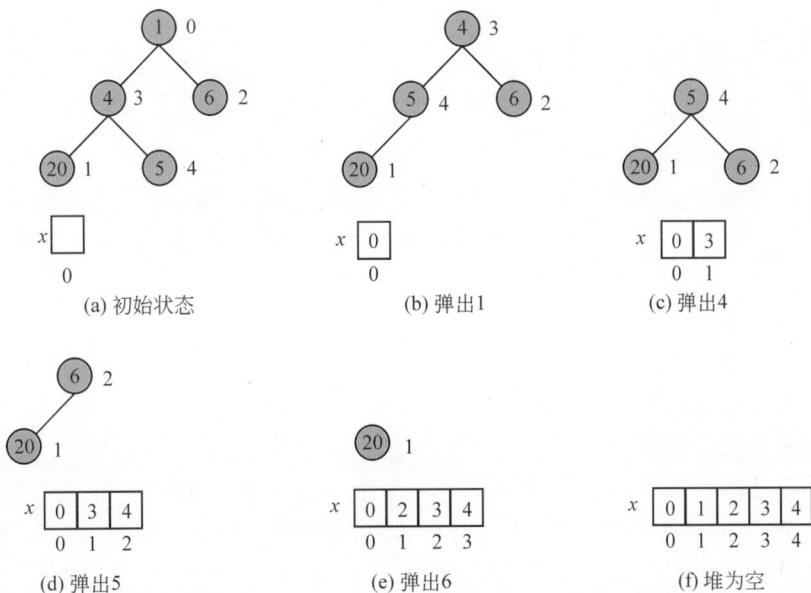

图 2-23 计数过程

需要说明的是,为了快速找到 x 中需要插入的位置,可以采用二分法快速查找,这就是为什么这个方法的名称里有二分法的原因。

(2)伪代码。

```
Heap_Sort + Bisection
Input.  无序数组 arr
Output. 反转计数
Method.
1    N = arr.size()
2    if N == 1
3      return 0
4    inv_count = 0
5    for i = 1~n
6          Heap.push(make_pair(arr[i], i))        //元素及下标入堆
7    while!Heap.empty()
8       (v, i) = (Heap.top().first, Heap.top().second)
9       Heap.pop()
10      Pos = upper_bound (x.begin(), x.end(), i) - x.begin()
                                      //找到下标 i 在 x 中的位置
11      inv_count += i - Pos
```

```
12      x.insert (upper_bound (x.begin(), x.end(), i), i) //x存储下标
13      return inv_count
```

（3）复杂度分析。

时间复杂度：由于这里采用了堆排序，每次堆调整的效率是 $O(\log n)$，考虑到二分查找的效率也是 $O(\log n)$，所以算法的时间复杂度是 $O(n\log n)$。

空间复杂度：由于使用了堆的数据结构，存储空间是 $O(n)$。

2.3.5　天际线问题

假设有 n 个城市，这些城市在二维图上是一个个矩形，给定这些矩形的 3 个信息：左端点、右端点、高度，且给定的城市已经按照左端点从小到大排序。城市的"天际线"是从远处看该城市中所有建筑物形成的轮廓的外部轮廓，天际线问题就是要求出这些城市的"天际线"，即求出图 2-24 中所有黑点的坐标，也就是建筑物轮廓高度变化时的点坐标。下面采用分治法求解。

（1）算法原理。

利用分治法解决该问题，"分"的思路是把给定的建筑按左端点的横坐标分为左右两半，通过分别求解左右两边的天际线把原问题分为两个相同的子问题，最后通过合并两个子问题的天际线来解决原问题。

下面的论述都以图 2-25 的数据为样例，5 个建筑的左端点横坐标、右端点横坐标、建筑物高度分别是 $[2,9,10]$、$[3,7,15]$、$[5,12,12]$、$[15,20,10]$、$[19,24,8]$。注意，所有建筑物的左端点横坐标已经从小到大排序完成。

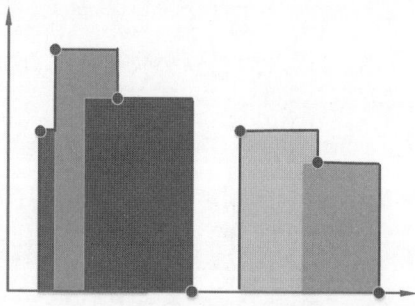

图 2-24　天际线问题

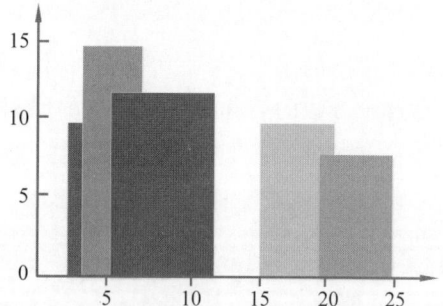

图 2-25　天际线样例问题

首先，将整体分为左右两个区域。以给定的建筑物的左端点排序结果，取中间建筑物为分界点，分为左右两个区域的子问题进行求解，如图 2-26 所示。

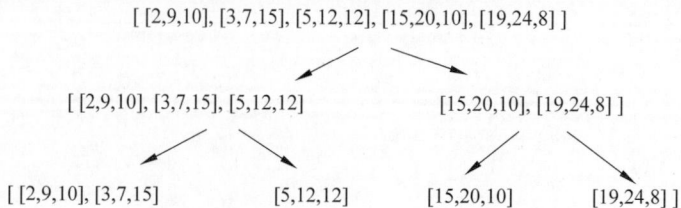

图 2-26　建筑物的二分方案

递归地求解左右两个区域建筑物的天际线,这两个子问题的求解与原问题完全一致,区别仅是处理的数据不同。重点是需要清楚最小规模的子问题是如何求解的,最小规模子问题的解是整个问题递归结束的条件。

最小规模的子问题是:当前只有一个建筑。那么直接返回这个建筑的轮廓,也就是该建筑的左上角点和右下角点,以图 2-27(a)中建筑为例,那么返回[2,10],[9,0]两个坐标点即可。这里需要解释一下,对于一个建筑物,其右端点不是高度变化点,所以不是天际线需要的点,而其右下角的点是天际线需要的点。

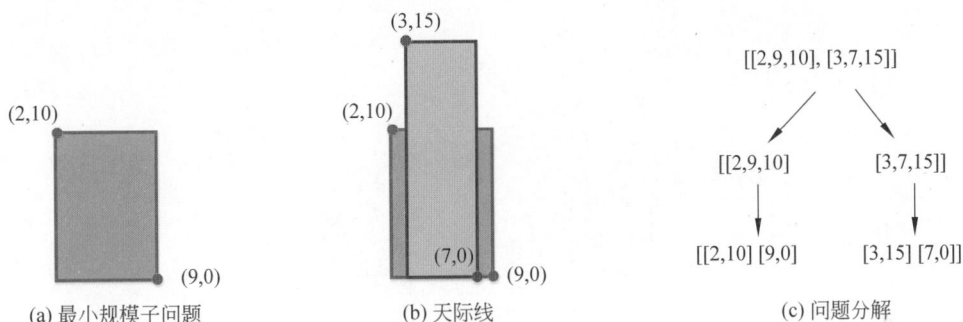

图 2-27 最小规模子问题、天际线与问题分解样例

假设两个子问题已经求解,也就是已经得到了分开的两个子区域建筑物的天际线,接下来的步骤就是将两个天际线合并成一个新的天际线。左右两侧的天际线在合并时情况比较复杂,由于按左端点排序,对最小子问题求解时会加入其右端点,这就导致并不是所有左侧天际线横坐标都小于右侧天际线。如图 2-27(b)所示,左侧区域的天际线坐标是 [2,10]和[9,0],右侧区域的天际线坐标是[3,15]和[7,0],合并之后就出现右侧天际线中[3,15]的横坐标 3 小于左侧边际线的横坐标 9。

假设有一条线扫描左右两个区域已知的天际线坐标,若扫描线触碰到高度更改的点,就检测它属于左侧天际线还是右侧天际线,并记录这个高度变化的横坐标和相应的高度(注意,高度就是天际线坐标的纵坐标),作为合并的天际线的新坐标。

下面描述该算法流程。假设 Lside 和 Rside 分别指向左右天际线的最左侧点的横坐标,Lh 和 Rh 是左右天际线的最左侧点对应的高度,上一次记录下来的天际线坐标的当前高度是 maxh,那么就有下面几种情况出现。

① Lside<Rside:说明左侧天际线是当前需要考虑的,那么就观察左侧高度 Lh 和前面天际线的高度 maxh 是否有变化。

- 如果有变化,就更新 maxh=Lh,记录新的天际线点(Lside,Lh),然后左侧的 Lside 向后移动一个点,如图 2-28(a)所示;
- 如果没有变化,maxh 保持不变,左侧的 Lside 向后移动一个点,跳过这个左侧天际线的点。

② Lside>Rside:说明右侧天际线位置在左侧天际线的左边,右侧天际线是否要考虑取决于 Rh 与 Lh 哪个更高。

- Rh>Lh,说明右侧天际线更高,观察右侧高度 Rh 和前面天际线的高度是否有变化,如果有变化,如图 2-28(b)所示,就更新 maxh=Rh,记录新的天际线点(Lside,Rh),

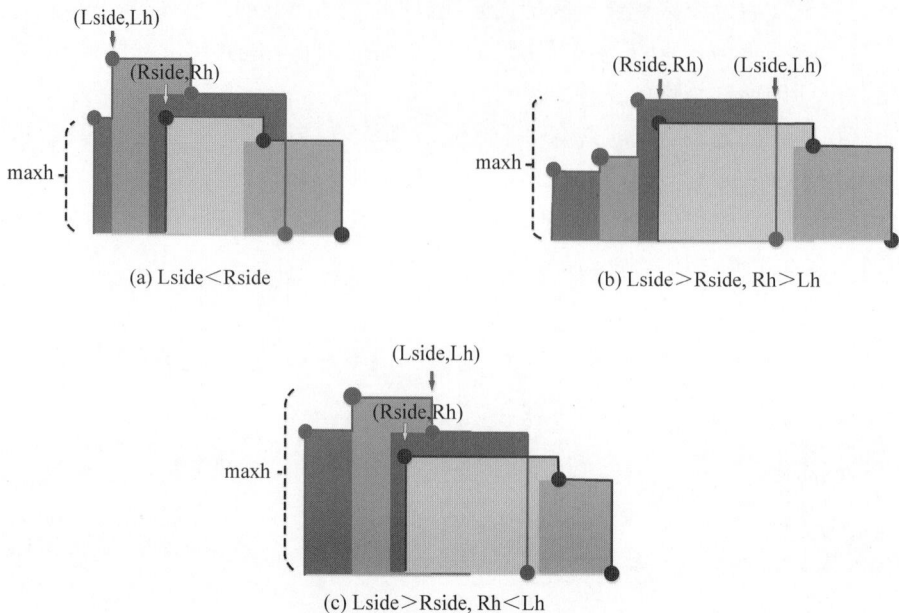

(a) Lside＜Rside

(b) Lside＞Rside, Rh＞Lh

(c) Lside＞Rside, Rh＜Lh

图 2-28　扫描线判断天际线的更新

注意横坐标用的是左侧天际线的横坐标 Lside,高度用的是右侧天际线的高度。然后右侧的 Rside 向后移动一个点;

- Rh＜Lh,说明左侧天际线更高,则右侧天际线的点没有作用,直接跳过,观察左侧高度 Lh 和前面天际线的高度是否有变化,如果有变化,就更新 maxh＝Lh,记录新的天际线点(Lside,Lh),然后左侧的 Lside 向后移动一个点,如图 2-28(c)所示。

③ Lside＝Rside:说明左右天际线横坐标重合,这时选择两个高度 Rh 和 Lh 的最高值 max(Rh,Lh),判断它与前一个天际线高度是否一致,如果不一致,就更新 maxh＝max(Rh,Lh),记录新的天际线点(Lside,max(Rh,Lh)),相应地更新 Lside 或是 Rside(谁的高度高,就更新谁)。

以左侧天际线[2,10]、[3,15]、[7,13]、[12,0],右侧天际线[5,10]、[8,8]、[15,0]为例描述该合并过程,当前扫描线是虚线,初始化:maxh＝0,hl＝0,hr＝0。

① 第一次。

如图 2-29(a)所示,左侧天际线指向[2,10],Lside＝2,Lh＝10,右侧天际线指向[5,10],Rside＝5,Rh＝10,此时 maxh 初值为 0。因为 Lside＜Rside,同时高度有变化,则更新 maxh＝10,将[2,10]加入天际线坐标,Lside 向右侧移动。

② 第二次。

如图 2-29(b)所示,左侧天际线指向[3,15],Lside＝3,Lh＝15,右侧天际线指向[5,10],Rside＝5,Rh＝10,此时 maxh＝10。因为 Lside＜Rside,同时高度出现变化,更新 maxh＝15,将[3,15]加入天际线坐标,Lside 向右侧移动。

③ 第三次。

如图 2-29(c)所示,左侧天际线指向[7,13],Lside＝7,Lh＝13,右侧天际线指向[5,10],Rside＝5,Rh＝10,此时 Lside＞Rside,Lh＞Rh,说明右侧天际线的点没有作用,同时高度有

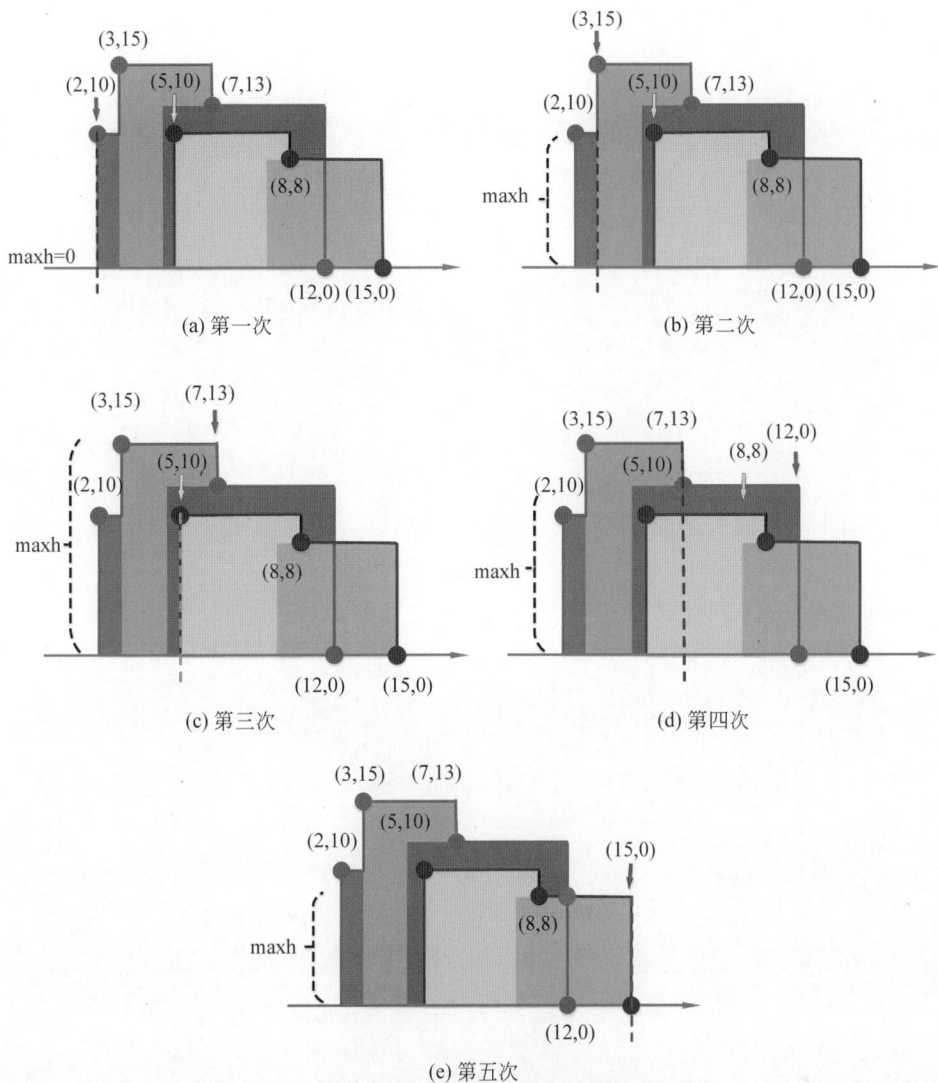

(a) 第一次

(b) 第二次

(c) 第三次

(d) 第四次

(e) 第五次

图 2-29　天际线问题样例过程

变化,则更新 maxh=13,将[7,13]加入天际线坐标,Lside 向右侧移动,注意,这时右侧天际线的点(5,10)要跳过去,也就是 Rside 也要右移。

④ 第四次。

如图 2-29(d)所示,左侧天际线指向[12,0],Lside=12,Lh=0,右侧天际线指向[8,8],Rside=8,Rh=8,此时 maxh=13。因为 Lside＞Rside,同时 Lh＞Rh,而且高度出现变化,此时更新 maxh=8,将[12,8]加入合并天际线坐标,Lside 已经到了结尾,不再变化,而 Rside 都向右侧移动。

⑤ 第五次。

如图 2-29(e)所示,左侧天际线已经扫描结束,右侧天际线指向[15,0],Rside=15,Rh=0,此时 maxh=8,高度出现变化,更新 maxh=0,将[15,0]加入合并天际线坐标,算法结束。

（2）伪代码。

```
Divide of DivideAndConquer.
Input. 建筑物坐标
Output. 天际线坐标集合
Method.
getSkyline(Buildings,left,right)        //left,right 是左右区域建筑物的左端点横坐标
1   if(left==right)                      //最小子问题
2     Res.push_back(Building[left][0],Building[left][2]) //Res 记录结果,
      //Building[left][0]是天际线点横坐标,Building[left][2]是天际线点纵坐标
3     Res.push_back(Building[left][1],0)    //天际线第二个点坐标
4     return Res
5   Mid=(left+right)/2                   //划分
6   Bl=getSkyline(Buildings,left,mid)    //Bl 和 Br 分别为左右天际线结果
7   Br=getSkyline(Buildings,mid+1,right)
8   return Merge(Bl,Br) //合并左右天际线 Bl 和 Br 分别为左区域和右区域的递归结果
```

```
Merge(Bl,Br)
1   i=0,j=0,hl=0,hr=0,maxh=0            //初始化
2   while(i<Bl.size()&&j<Br.size())
3     minSide=min(Bl[i][0],Br[i][0])
4     if(Bl[i][0]<Br[j][0])             //Lside<Rside 的情况
5       hl=Bl[i++][1]
6     else if(Bl[i][0]>Br[j][0])        //Lside>Rside 的情况
7       hr=Br[j++][1]
8     else                              //Lside=Rside 的情况
9       hl=Bl[i++][1]
10      hr=Br[j++][1]
11    new_maxh=max(hl,hr)
12    if(new_maxh!=maxh)
13      Res.push_back(x,new_maxh)
14      maxh=new_maxh                   //更新高度
15    while(i<Bl.size())               //复制剩下的左侧天际线坐标
16      Res.push_back(Bl[i++])
17    while(j<Br.size())               //复制剩下的右侧天际线坐标
18      Res.push_back(Br[j++])
19    return Res;
```

（3）复杂度分析。

时间复杂度：设建筑物的数量为 n，这个问题被划分为两个子问题，两个子问题的解合并需要遍历所有天际线的点，也就是合并代价是 $O(n)$。分治法效率递推式是 $T(n)=2T(n/2)+O(n)$，所以时间复杂度为 $O(n\log n)$。

空间复杂度：由于只需要存在左右天际线的坐标，所以空间复杂度是 $O(n)$。

2.3.6 凸包问题

在二维平面中，凸多边形是一个区域，在这个区域中将任意两点连成一条线，这条线上

的所有点都在这个区域内。给定二维平面上的一组点,能够包含这个点集的凸多边形有很多,其中最小的凸多边形就是凸包,如图 2-30 所示。通俗的理解是用皮筋捆绑点集的边缘,皮筋轮廓所包含的区域就是凸包,这些固定皮筋的点就是极点。极点之间有顺序关系,相邻的极点连成一条线段,这些线段就构成了凸包的轮廓。

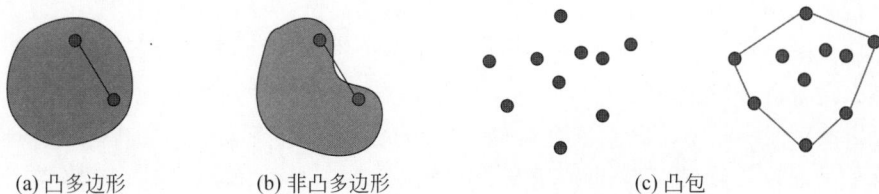

(a) 凸多边形　　　　(b) 非凸多边形　　　　　(c) 凸包

图 2-30　凸多边形、非凸多边形与凸包

1. 求解方法一:蛮力法

(1) 算法原理。

对于一个 n 个点的集合,假设有两个点 P 和 N,如果集合中的所有其他点都位于 PN 连线 L 的同一侧时,如图 2-31 所示,则 P 和 N 是凸包的极点,L 就是该集合凸包的一条边界线。求凸包问题的算法核心就是找出所有这些边界线。那么,怎么找到所有的边界线呢?蛮力法的思路就是枚举每一对点,判断这一对点的连线是不是边界线,所有满足条件的线段就构成了该凸包的边界。

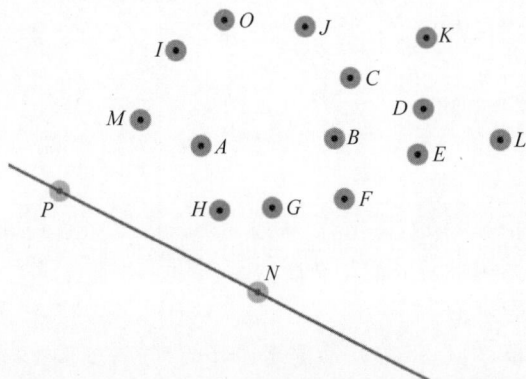

图 2-31　蛮力法

在上面的蛮力法中,一个关键的问题是如何判断所有点在一条直线 L 的一侧。可以采用一个简单的方法。假设 P 和 N 的坐标分别是 (x_1,y_1) 和 (x_2,y_2),对于第三个点 C,其坐标为 (x_3,y_3),如图 2-32 所示。

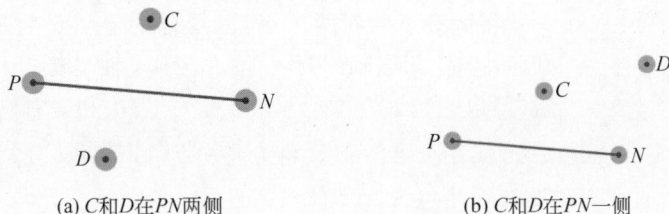

(a) C 和 D 在 PN 两侧　　　　　　(b) C 和 D 在 PN 一侧

图 2-32　点在直线一侧和两侧的情况

计算下面行列式：

$$\begin{vmatrix} x_1 & y_1 & 1 \\ x_2 & y_2 & 1 \\ x_3 & y_3 & 1 \end{vmatrix} = x_1 y_2 + x_3 y_1 + x_2 y_3 - x_3 y_2 - x_2 y_1 - x_1 y_3 \tag{2-1}$$

当该行列式结果为正时，说明点 C 在直线 L 的某一侧；当结果为负时，点 C 在直线 PN 的另一侧。也就是说，可以根据三个点坐标的行列式的符号，判断第三个点与直线 PN 的关系。那么这个方法可以进一步推广到其他所有点，判断其他所有点与直线 PN 的关系，这样就可以判断是不是所有其他点都在直线 PN 的一侧。也就是，如果其他所有点代入行列式的符号是一致的，那就都在直线 PN 的一侧，点 P 和点 N 就构成相邻的极点。

（2）伪代码。

```
Brute Force
Input. 二维平面的点集 Point.
Output. 凸包的极点集合
Method.
1  for i = 1 to n
2    for j = i + 1 to n
3      Direction = dire(Point[i],Point[j],Point[m])     //m不等于i,j的其他点下标
4      fl = 1
5      for k = 1 to n and k≠i,j
6        if dire(Point[i],Point[j],Point[k]) != Direction
7          fl = 0;
8          break;
9      if (fl)    Insert(Point[i],Point[j])
```

（3）复杂度分析。

时间复杂度：由于遍历了所有点组合，构成 $n(n-1)/2$ 条直线，而判断所有其他点是否在一侧的复杂度是 $O(n)$，因此总时间复杂度为 $O(n^3)$。

2. 求解方法二：分治法①

蛮力法的思路很简单，但是存在大量重复计算的判断，如图 2-33 所示的情况中，如果 P_3 和 P_4 位于直线 PN 的两侧，那么 P 和 N 也会位于过 P_3 和 P_4 的直线的两侧，而蛮力法是不区分这两种情况的。

为了提高凸包的计算效率，核心思想是避免计算不可能是边界线的情况。下面就是一种分治法的思路。

（1）算法原理。

将所有点分为两个点集，划分的方法是将所有点的横坐标升序排序，若 x 轴坐标相同，按照 y 轴坐标升序排序。排好序

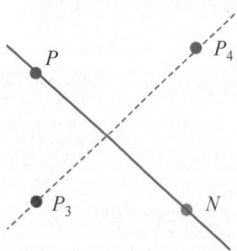

图 2-33　重复计算的情况

后，可以找到最左侧的点 $\min\_x$（点 H）和最右侧的点 $\max\_x$（点 G），连接两点，形成一条线段 L，如图 2-34 所示，将点集分为上下两部分，上面的点集需要求上凸包 S1，下面的点集需要求下凸包 S2。

求解两个子问题，就是针对上下两部分的点集，各自求解上凸包 S1 和下凸包 S2。对于上面的点集，采用式（2-1）中的行列式计算 S1 中所有点距离直线 L 的距离，也就是行列式

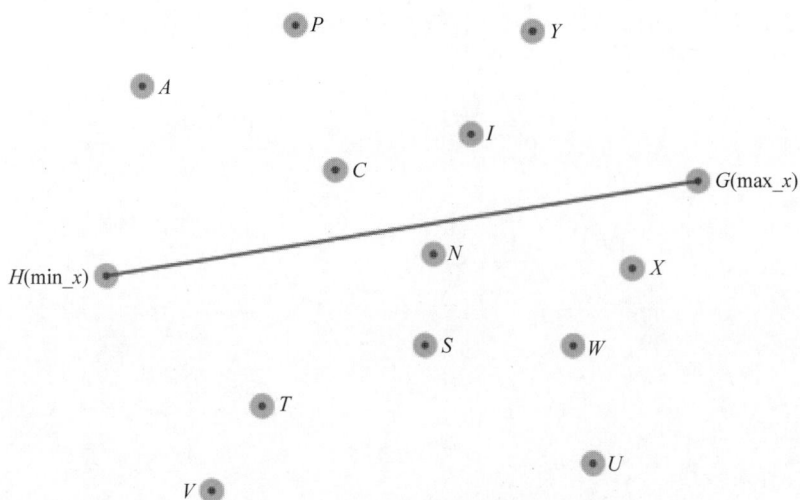

图 2-34　找到分界线 HG

的绝对值，找到最远的点 P，连接 $\mathrm{min\_}x$ 与 P、P 与 $\mathrm{max\_}x$，形成三角形，如图 2-35 所示。

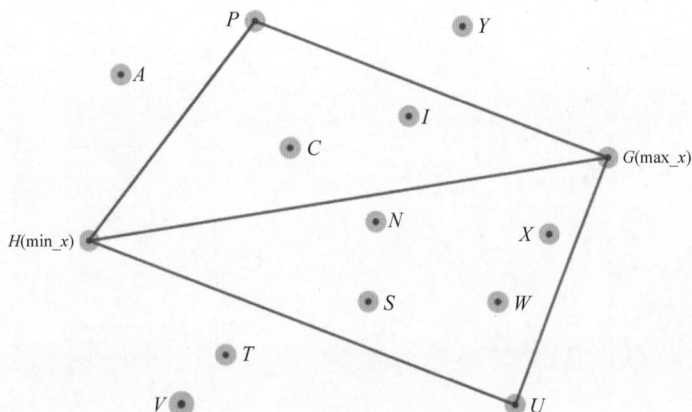

图 2-35　上下三角形

找出 S1 中所有在直线（$\mathrm{min\_}x$，P）左边的点，这些点中一定有构成上凸包中左半部分边界的顶点，然后找出（P，$\mathrm{max\_}x$）所有右侧的点，再重复上述过程，如图 2-36 所示。下半部分点集中寻找下凸包 S2 的方法是类似的。这个过程之所以高效是，当找到 P 点时，构成的三角形内的点都被排除了，不需要再考虑，只需要考虑三角形之外的点，而三角形之外的

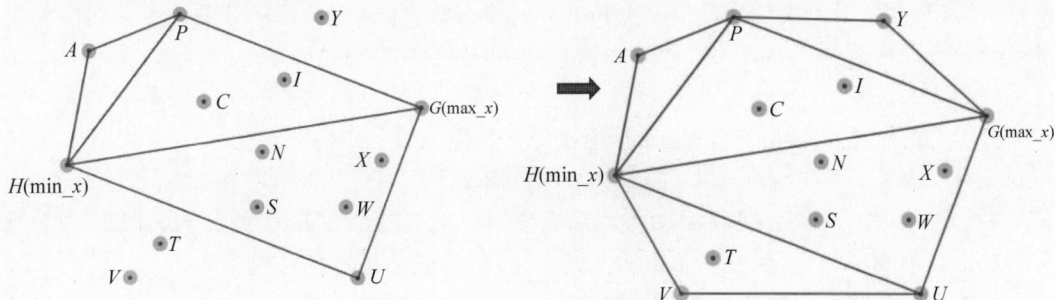

图 2-36　迭代构建凸包

点的寻找过程重复了前面的求解过程,其实是更小规模问题的求解。可以想象,最小的子问题就是一个三角形,这是最小规模问题的凸包。

合并的过程很简单,就是把上下凸包的极点合并起来,即为凸包中的极点。

（2）伪代码。

```
Divide And Conquer
Input.  排序好的点集合 S
Output. 凸包中的极点
Method.
QuickHull(S)
1    ConvexHull = {}
2    ConvexHull.insert (p1, p2)            //p1 和 p2 是 S 中最左侧和最右侧的点
3    Get_Point (S, p1, p2, 1)
4    Get_Point (S, p1, p2, 0)
5    return ConvexHull

function Get_Point (Sk, p1, p2, side)
6    ind = -1, max_dist = 0
7    for i=1 to Sk.size()
8        dist = line_dist (p1, p2, Sk[i])   //计算垂直距离
9    if side && dist > 0 || !side && dist < 0   //找上下子集
10            newS.push (Sk[i])
11            If abs( dist ) > max_dist
12            ind = i, max_dist = dist
13    if ind == -1 return                  //没有找到新的点,p1 和 p2 就是极点
14    else
15        Get_Point(newS, p1, Sk[ind], side)  //Sk[ind]与p1连线一侧子问题求解
16        Get_Point(newS, Sk[ind], p2, side)  //Sk[ind]与p2连线一侧子问题求解
17        ConvexHull.insert (Sk[ind])
```

（3）复杂度分析。

时间复杂度：由于对所有点不断进行二分,而每次找到最远点的复杂度是 $O(n)$,所以效率递推式是 $T(n)=2T(n/2)+n$,总时间复杂度为 $O(n\log n)$。分治法相比于蛮力法的效率明显提升,其核心思想是避免了很多没有必要的计算,从而有效提高了效率。

3. 求解方法三：分治法②

前面的分治法关注问题如何分解,通过对子问题不断划分,得到所有极点。这个方法的核心是问题分解,而不关注合并。下面再介绍一个分治法,这个分治法的关注点在如何利用子问题的解进行合并。

（1）算法原理。

将所有的点按 x 轴坐标升序排列,用横坐标是中位数的点将点集分成左右两个子集 A 和 B。

两个子点集的凸包求解利用递归调用完成,得到 A 的凸包和 B 的凸包,如图 2-37 所示。对于最小的子问题,就是三个点构成的三角形,这就是最小的凸包。

关键的问题就是如何合并两个凸包。凸包合并就是要找到两个凸包最上面的切线和最下面的切线,确定最终的凸包范围。这里需要说明的是,上切线并不是 A 的最高点和 B 的

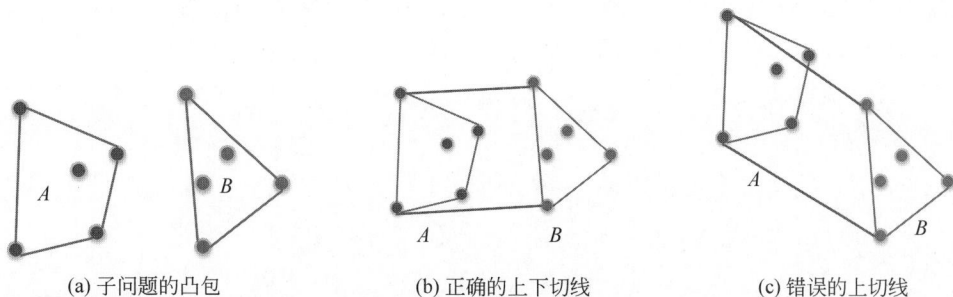

(a) 子问题的凸包　　　　　(b) 正确的上下切线　　　　　(c) 错误的上切线

图 2-37　子问题的凸包

最高点的连接线,反例如图 2-37(c)所示。

怎样才能找到正确的上下切线呢?以下切线为例,介绍一个求解方法。对 A 和 B 中的极点按顺序编号,极点的编号从 A 和 B 的最下面的极点开始,编号顺序都是按逆时针进行。然后,把 A 集合最右边的点和 B 集合最左边的点连成一条线,如果这条线不是 A 和 B 的下切线,则:

① 如果不是 A 的下切线,则固定 B 的点,按逆时针旋转方向移动到 A 的下一个凸包上的点;

② 如果不是 B 的下切线,则固定 A 的点,按顺时针旋转方向移动到 B 的下一个凸包上的点。

如图 2-38 所示,连接 A 最右边的点 2 和 B 最左边的点 4,由于线段(2,4)不是 B 的下切线,这时先固定 A 的点不动,调整 B 的点 4,按顺时针调整,则 4 调整为 5,此时(2,5)是 B 的下切线,但不是 A 的下切线。此时固定 B 的点,调整 A 的点 2,按逆时针调整,则 2 调整为 1,而(1,5)不是 A 的下切线。继续调整 A 的点,直至调整到(0,5),(0,5)是 A 的下切线,而不是 B 的下切线。按上面的方法再调整 B 的点,直至调整为(0,0),此时(0,0)是 A 和 B 的下切线,调整完成。上切线也是类似的调整过程,这里不再赘述。

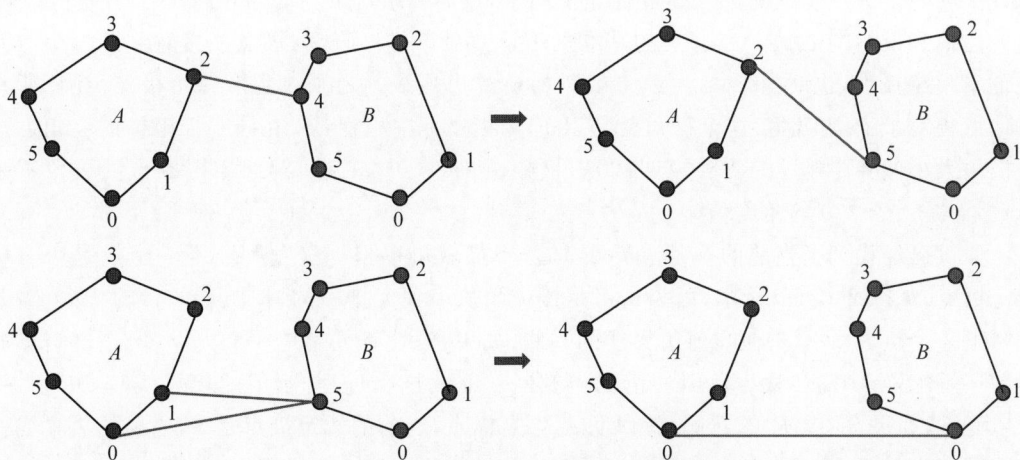

图 2-38　寻找上下切线

这里需要讨论一下判断下切线的效率,假设当前连线是(2,4),如果点 2 固定,就判断 B 的点 4 的两个相邻点 3 和点 5,如果它们相对于连线(2,4)的行列式符号不同,就说明(2,4)

不是 B 的下切线。这个判断下切线的过程就是计算两次行列式,判断效率是 $O(1)$。

可以看出,极点编号的目的就是方便用户找到相邻极点。当找到上下切线后,需要重新编号,得到新凸包的极点编号。

(2)伪代码。

```
Input. 两个凸包的极点 A 和 B
Output. 合并后的凸包
Method.
1   ind_tangent_line(A, B)
2   Sort_Retrograde(A), Sort_ascend(B)    //极点编号
3   a = A.rightmost(), b = B.leftmost()
4   while   ! is_tangent_line_AB(a, b)
5       while ! is_tangent_line_A(a, b)
6           a --
7       while ! is_tangent_line_B(a, b)
8           b ++
```

(3)复杂度分析。

时间复杂度:由于合并部分扫描凸包的极点,而每一次判断是否是上切线或是下切线的效率是 $O(1)$,所以效率递推式是 $T(n) = 2T(n/2) + O(n)$,根据主定理时间复杂度为 $O(n\log n)$。

空间复杂度:需要存储找到的极点,所以空间复杂度是 $O(n)$。

4. 求解方法四:Graham Scan 扫描线法

(1)算法原理。

Graham Scan 扫描线法不同于分治法的思路,该方法只是利用了凸包问题的特点,就是从凸包的一个极点出发,按照逆时针方向访问所有极点,每个相邻极点都构成一条边界线。该方法的一个优点是判断极点的过程非常简单,下面介绍这个算法的思路。

先找到最左端(例如 x 最小)的基准点 P,这个点可以确认为极点。接着判断哪个点是 P 的下一个极点,也就是下一个极点与 P 构成的边界线。为了找到下一个极点,计算所有其他点相对于 P 的极角,这个极角就是以 P 为极坐标中心,与 P 在同一极坐标的夹角。按照极角大小做降序排序。需要说明的是,极角范围是 $[0°, 360°)$,第四象限的点的极角不是负数,而是大于 270 的角度值。

假设已经找到了当前的一条边界线 PQ,下面就可以根据极角判断下一个点是否有可能是极点,如图 2-39(a)所示,因为这里是按极角从小到大排序的,按照逆时针的方向,需要判断下一个点 R 是不是在当前边界线的左侧,如果是,就有可能是一个极点,但是这个点 R 目前还不能确认,需要根据后面的情况再判断。继续这个过程,当前的边界线是 QR,下一个点是 S,如果 S 在 QR 的右侧,就说明 R 不是极点,当前的暂定极点是 S,当前的边界线就改成了 QS,这个过程可以不断重复下去,遍历所有点。在这个过程中,判断 R 在 PQ 的左侧还是右侧是很简单的,代入行列式公式就可以得到。

为了实现上述过程,可以使用两个栈 T 和 S,其中,T 存放找到的极点,包括暂定的极点,S 存放剩余的点,注意 S 的栈顶是剩余的点中极角最小的点。将 P 和极角最小的点 Q

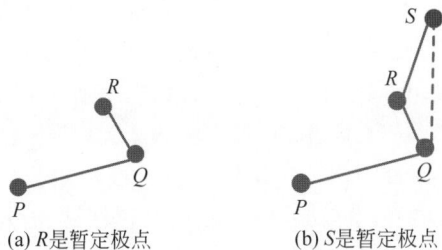

(a) R是暂定极点　　　　　(b) S是暂定极点

图 2-39　极点寻找过程

加入栈 T，因为 Q 是暂定的极点。

下面从栈 S 中弹出下一个点 R，由于 R 在当前边界线 PQ 的左侧，R 入栈 T 暂存，当前边界线是 QR。也就是栈 T 顶的两个元素组成的线段；继续从栈 S 中弹出下一个点 S，由于 S 在边界线 QR 的右侧，此时判断 R 不是极点，从栈 T 中弹出，把 S 压入栈 T，当前边界线是 QS；继续从栈 S 中弹出点 T，判断 T 在当前边界线 QS 的左侧，则 T 暂时入栈 T，当前边界线是 ST；重复这个过程，最后栈 T 中存储的就是所有极点，同时这些极点弹出的顺序就是顺时针方向的极点顺序，过程如图 2-40 所示。

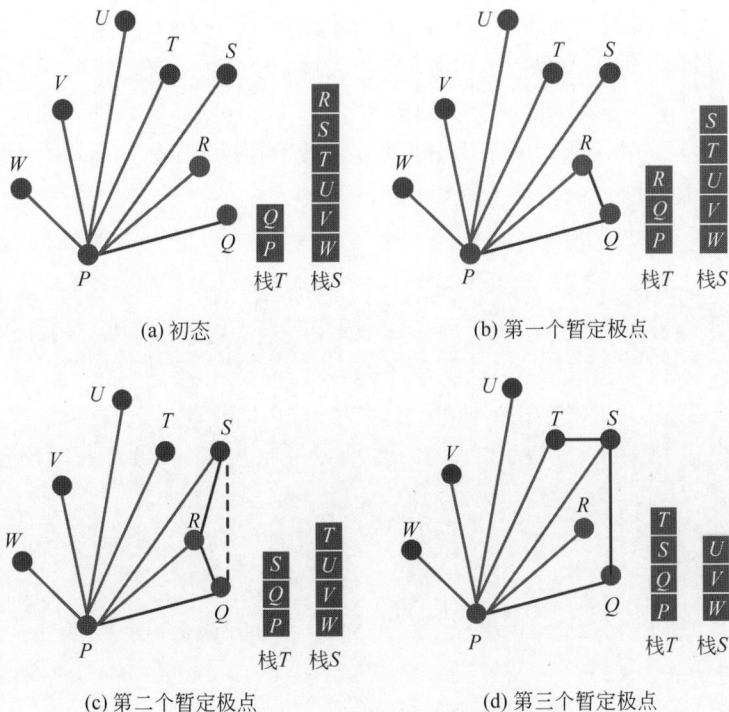

(a) 初态　　　　　　　　　(b) 第一个暂定极点

(c) 第二个暂定极点　　　　(d) 第三个暂定极点

图 2-40　Graham Scan 扫描线法求解过程

（2）算法正确性。

Graham Scan 过程就是一个不断引入点的过程。每当用户得到第 k 个点时，算法所得到的就是前 k 个点对应的"最好的凸包"。因此当 $k=n$ 时得到的是整体的凸包。

基本情况：证明 $k=3$ 时得到的是当前点集 $L=\{1,2,3\}$ 中的边界边，根据预处理的方式，点 3 相较于点 1 的极角一定小于点 2，因此点 3 一定在边 1→2 的左侧，因此边 2→3 会得到保留。对于三个点来说,任意两条边一定都是边界边,2→3 也是一条边界边。

归纳假设:假设已经处理到第 k 个点,得到的是前点集 $L=\{1,2,3,\cdots,k\}$ 中"最好的凸包"。根据算法处理方式,接下来证明从 $L'=\{1,2,3,\cdots,k,k+1\}$ 得到的结果是否也是正确的。

预处理的方式是对 2 到 n 的所有点,相较于点 1 按极角排序,因此下一个要处理的点 $k+1$ 一定出现在线 1→k 的左侧,也就是图 2-41 中灰色区域和黑色区域(这里假设 $k=7$)。

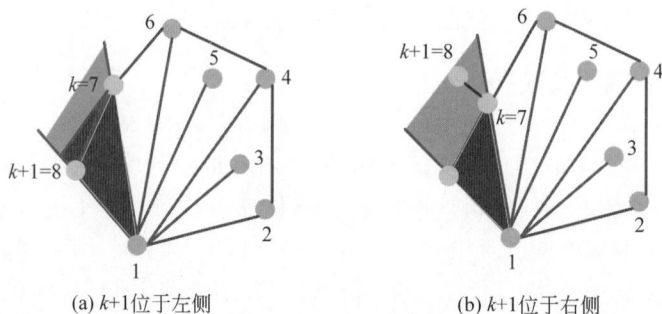

(a) $k+1$ 位于左侧   (b) $k+1$ 位于右侧

图 2-41 第 k 个点的情况

根据目前归纳的最后一条极边 $k-1$→k(例如图中 6→7 的边)来划分,点 $k+1$ 可能出现的区域又分为两块,即该边界边的左侧(黑色区域)和右侧(灰色区域)。左侧的情况很简单(图 2-41(a)),点 $k+1$ 显然是一个新的极点。Graham Scan 要做的正是暂时接纳边 k→$k+1$,拓展了一个新的边界边。再看 $k+1$ 落在右侧的情况,如图 2-41(b)所示,算法要做的是丢弃点 k,也就是判断点 7 不可能是极点。

(3)伪代码。

```
Input. 按极角排序好的 n 个点,P 是初始极点,Q 是最小极角的点
Output. 凸包中的极点
Method.
Scan(P, Q, T)        //S 和 T 是两个栈,T 存放极点和暂定极点,S 存放其他点
1  T.push(P), T.push(Q)
2  while !T.empty()
3        if To_Left(T[1], T[0], S[0])
4              T.push(S.pop())
5        else
6              T.pop()
```

(4)复杂度分析。

时间复杂度:主要是需要对所有点的极角排序,时间复杂度为 $O(n\log n)$。

空间复杂度:需要两个栈存在极点和剩余点,所以空间复杂度是 $O(n)$。

第3章 回 溯 法

‖ 3.1 回溯法概述

有时候,人们在生活中会碰到一些具有离散状态的问题,例如 n 皇后问题,n 皇后问题是在 $n \times n$ 格的棋盘上放置彼此不受攻击的 n 个皇后。按照国际象棋的规则,皇后可以攻击与之处在同一行或同一列或同一斜线上的棋子。也就是说,n 皇后问题等价于求解在 $n \times n$ 格的棋盘上放置 n 个皇后的棋盘状态,要求任何 2 个皇后都不能放在同一行或是同一列或是同一斜线上。n 皇后问题求解结果就是一个摆放皇后的棋盘状态,这个状态是离散的,所以 n 皇后问题是离散状态问题。

又如装箱问题,假设 n 个集装箱要装上 2 艘载重量分别为 c_1 和 c_2 的轮船,每个集装箱的重量为 w_i,且所有集装箱重量总和小于两艘船的总载重量,装箱问题就是要确定一个装载方案,要求这个装载方案能把所有选中的集装箱装上这 2 艘轮船。如果不能,也要给出装载方案不存在的结论。由于装载方案就是说明每个集装箱装到哪艘船上,其状态是离散的,因此,装箱问题也是离散状态问题。

对于离散状态问题的求解,回溯法是一种通用的求解方法。回溯法的本质是试探法,就是对各种状态组合进行试探,判断哪个组合是可行的或是最优的。这也就解释了为什么回溯法能求解的问题是离散状态的,因为离散状态可以进行组合,回溯法就是在试探各种组合的可行性以及优劣。怎样才能有序地进行试探呢?回溯法会构造一棵状态搜索树,按选优条件在这棵搜索树中进行搜索,以找到符合要求的目标状态。如果探索到某一个节点时,发现已经不可能找到目标了,就退回上一个状态,寻找新的状态重新搜索。这种走不通就退回再向下搜索的方法称为回溯法,而满足回溯条件的某个状态的节点称为"回溯点",如图 3-1 所示。

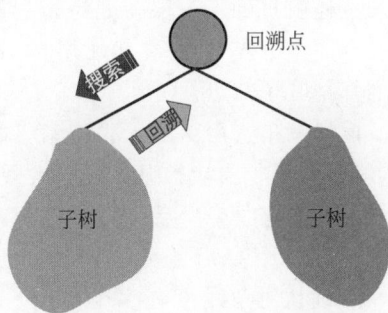

图 3-1　回溯法搜索示意图

回溯法的核心思想是把一个离散状态问题的所有状态有序地组织起来,然后再进行搜索。什么是有序的状态组织?就是构造一棵状态搜索树,这棵树中的节点是这个问题可能出现的各种状态,然后通过定义父子关系把不同状态连接起来,这样就构成了一棵树。因为这个问题可能出现的所有状态都挂在树上,所以这棵树就是状态搜索树,只要能遍历这棵树,就能找到需要的状态。

按照上述思想,回溯法核心需要解决四个问题。

(1) 状态的定义,把问题的状态表达为计算机可以处理的数据结构;

(2) 父子关系的定义,定义哪些状态之间具有父子关系,这是构建树结构的关键;

(3) 确定搜索策略,在状态搜索树中寻找需要的目标状态,对于回溯法而言,一般都采用深度优先搜索(Depth-First Search,DFS);

(4) 剪枝策略,就是制定一些策略,把一些不可能找到目标状态的树枝剪掉,以提高搜索的效率。

以 n 皇后问题为例,定义状态节点 $X=<x_1,x_2,\cdots,x_n>,x_i\in\{1,2,\cdots,n\}$,其中,$x_i$ 表示第 i 行皇后摆放的位置。例如,对于 4 皇后问题,$<2,4,3,1>$ 和 $<1,4,2,3>$ 分别表示图 3-2 中两个棋盘的状态节点。下面,确定哪些状态节点之间具有父子关系。这里采用一个简单的策略,依次放置皇后,第一行皇后放置之后再放置第二行,直到第四行。第一行皇后的放置状态是第二行皇后放置状态的父节点,第二行皇后放置状态是第三行皇后放置状态的父节点,也就是第 i 行皇后摆放的位置状态是第 $i+1$ 行皇后摆放的位置的父节点,这样父子关系就确定了。需要说明的是,父子关系并不是固定的,可以根据问题的需要自行设定,关键是要让算法方便处理。

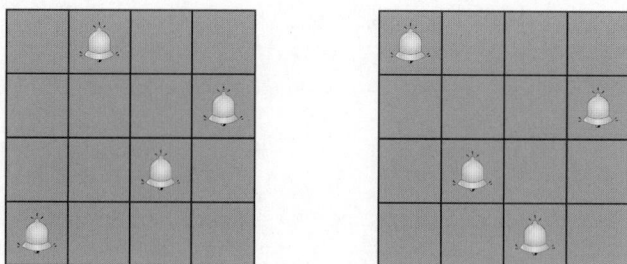

图 3-2   4 皇后问题的两个状态

这样就得到了一棵高度为 n 的搜索树,第 0 层有 4 个分支节点,构成 4 棵子树,每棵子树又有 4 个分支节点;在第 1 层有 16 个分支节点,构成 16 棵子树;在第 3 层,有 4^4 个节点,它们都是叶子节点。

搜索策略选用深度优先搜索,同时,可以利用非法状态的判断来减少搜索的树枝。那么,怎么判断非法状态呢? 根据 4 皇后问题的约束条件,同一行、同一列只能有一个皇后,对角线也只能有一个皇后,而这里是一行一行地放置皇后,每行只放一个皇后,所以不用担心同一行有多个皇后。可以用 $x_i\neq x_j,i\neq j$ 确认同一列没有多个皇后;用 $|x_i-x_j|\neq|i-j|$ 确认对角线没有多个皇后。经过非法状态节点剪枝之后的 4 皇后状态搜索树如图 3-3 所示,右下角是目标节点。

由于回溯法采用了深度优先搜索,所以实现的伪代码有一个基本的通用架构,下面是回溯法的通用伪代码。

```
void backtrack (int t)                    //从搜索树的第 t 层开始搜索
{
    if (t>n) output(x);                   //如果搜索层数达到最大,输出结果
    else                                  //否则继续搜索
        for (int i=f(n,t);i<=g(n,t);i++)  //当前节点下面可以扩展出多个节点
```

```
{                      //f(n,t)是第一个扩展节点,g(n,t)是最后一个扩展节点
    x[t]=h(i);//h(i)是当前扩展的节点
    if (constraint(t)&&bound(t)) backtrack(t+1);
    //constraint(t)判断当前节点是否合法,bound(t)检查当前节点是否需要剪枝
    }
}
```

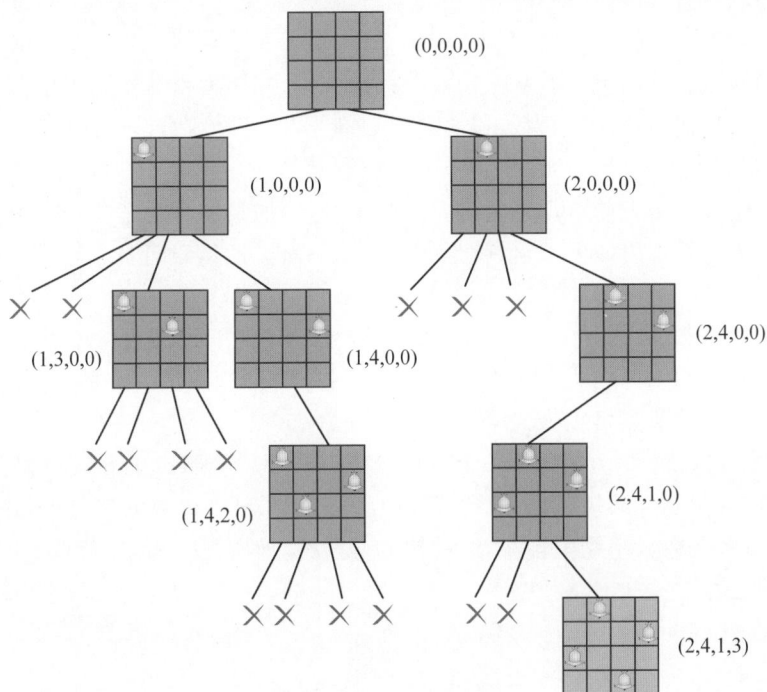

图 3-3　4 皇后状态搜索树

按照上述通用回溯法,可以写出 n 皇后问题的回溯法伪代码如下所示,其中,Place(int k) 相当于通用代码中的 constraint(t),如果是第一个扩展节点 $f(n,t)$ 就是 1,如果是最后一个扩展节点 $g(n,t)$ 就是 n。

```
bool Place(int k)                      //检查前 k 行是否合法,也是检查当前节点是否合法
{
  for (int j=1;j<k;j++)                //逐行检查
    if ((abs(k-j)==abs(x[j]-x[k]))||(x[j]==x[k]))     //如果在对角线或是在同一列
        return false;
  return true;                         //前面所有行检查完都是合法的,则返回 true
}
void Backtrack(int t)                  //对第 t 行进行搜索
{
  if (t>n) sum++;                      //当层数大于 n 时,统计解个数,结束
  else
    for (int i=1;i<=n;i++) {           //遍历 n 个扩展节点
```

```
        x[t]=i;                        //更新当前节点
        if (Place(t)) Backtrack(t+1);  //如果可以放置,继续搜索下一行
    }
}
```

‖ 3.2 剪枝

　　回溯法的核心思想是把所有状态构成一棵搜索树,利用搜索算法在树中搜索目标状态,这个过程本质上是蛮力法,例如,4 皇后问题的搜索节点个数是 $O(4^4)$。为了提高回溯法效率,剪枝是回溯法中必不可少的操作。

　　剪枝的关键是判断当前节点是否需要展开子节点,如果展开的子节点中不可能有解,这个节点下面的子树就不用搜索了,也就是剪枝了。下面以子集和问题为例,看一下剪枝操作是如何进行的。

　　给定 n 个正整数 $w_1,w_2,\cdots,w_n$,一个正整数 S,子集和问题就是要找出所有子集,使其和等于 S。例如,$n=3,w_1=3,w_2=4,w_3=5,w_4=6,S=13$,满足要求的子集合为 $\{3,4,6\}$。求解这个问题的状态节点可以定义为一个向量 $<x_1,x_2,\cdots,x_n>$,$x_i\in\{0,1\}$,当 $x_i=0$ 时表示第 i 个数不选,$x_i=1$ 时表示第 i 个数要选中。从第一个数开始,依次确定第 i 个数是否选中,这棵搜索树是二叉树,第 i 个数的选中状态是第 $i+1$ 个数的父节点,这样搜索树就建立起来了,对所有数从小到大排序,然后构造搜索树,如图 3-4 所示,节点中的数值就是选中的集合元素之和。

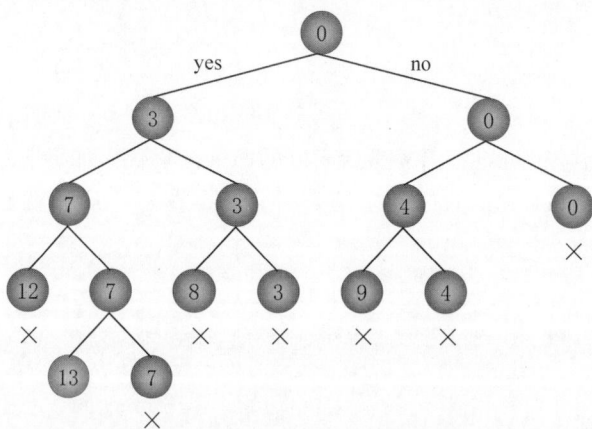

图 3-4　子集和问题的二叉搜索树

　　在上述搜索树中,标注"×"的节点就是剪枝的节点,因为其子树中不可能有解。为什么这么判断呢? 例如,对于最左侧的当前累加和为 12 的节点,这个节点的下一个数为 6,如果加上 6,就会大于 13;如果不加 6,仍是 12,这个 12 节点和前一节点面临的是同一个问题,就是还要再加一个新数,而这个数只会比 6 更大,仍然没有搜索价值。所以,节点 12 就需要删掉了。而树中最右侧的累加和为 0 的节点,这个节点下面只剩下 5 和 6 两个数,这两个数加起来只有 11,和 0 相加之后仍然小于 13,所以也没有搜索价值。

综上所述,如果满足以下两个情况之一,节点就要剪枝:

(1) 当前累加和加上剩余所有数之和都小于 S;

(2) 当前累加和加下一个数之和大于 S。

以上两个条件中,满足任何一个都会导致无法找到解,可以剪枝不再搜索。下面用数学符号表达,定义两个符号:

weightSoFar = 当前解的和

totalPossibleLeft = 剩下从第 $i+1$ 到第 n 个元素的和(当前是第 i 层)

如果一个节点满足下面条件之一,就是需要剪枝的:

$$weightSoFar + totalPossibleLeft < S$$
$$weightSoFar + w_{i+1} > S$$

3.3 回溯法与寻优问题

回溯法也可以用于解决寻优问题。寻优问题就是在解空间中不但要找到解,还要找到最好的解。先介绍寻优问题的几个概念,对于一个需要寻找解的问题而言,找到的解有三种类型:可行解、满意解、最优解,其中可行解是满足约束条件的解,可行解一般都比较多,是解空间中比较容易找到的解;满意解是可行解中比较好的解,但是不能保证是最好的,满意解也比较多,相对比较容易找到;最优解是使目标函数取极值(极大或极小)的可行解,最优解一般数量较少,只有少数几个甚至 1 个,寻找难度一般都比较大。寻优问题的目标一般是寻找最优解,但是由于最优解寻找难度很大,很多寻优问题会转而寻找满意解,以降低搜索难度。

回溯法在求解寻优问题时,一般需要评价已搜索到的解的优劣,在搜索的过程中不断更新最优解,直至搜索结束。以装箱问题为例,n 个集装箱要装上两艘船,两艘船的载重量分别为 c_1 和 c_2,每个集装箱的重量为 w_i,且满足:

$$\sum_{i=1}^{n} w_i \leqslant c_1 + c_2 \tag{3-1}$$

装箱问题要找一个最优的装载方案,尽可能将重量更大的集装箱装上这两艘轮船。

下面介绍回溯法求解这个问题的思路。构造搜索树,树中状态节点可以定义为一个向量 $<x_1, x_2, \cdots, x_n>$,$x_i \in \{0,1\}$,当 $x_i = 0$ 时表示第 i 个集装箱不装上船,$x_i = 1$ 时表示第 i 个集装箱需要装船。可以证明,如果一个装载问题有解,则采用下面的策略可得到最优装载方案:

(1) 将第一艘轮船尽可能装满;

(2) 将剩余的集装箱装上第二艘轮船。

所以,问题就转换为将第一艘船尽可能装满。

从第一个集装箱开始,依次确定第 i 个集装箱是否装船,所以这棵搜索树是二叉树,第 i 个集装箱的状态是第 $i+1$ 个集装箱状态的父节点,如图 3-5 所示。

在这棵搜索树中搜索时,不仅要找到符合要求的可行解,还要找到最优解,这时就要评估当前搜索到的解的优劣。记当前最优载重量为 bestw,第 $j+1$ 层的节点 z 处的装载重量 cw 为

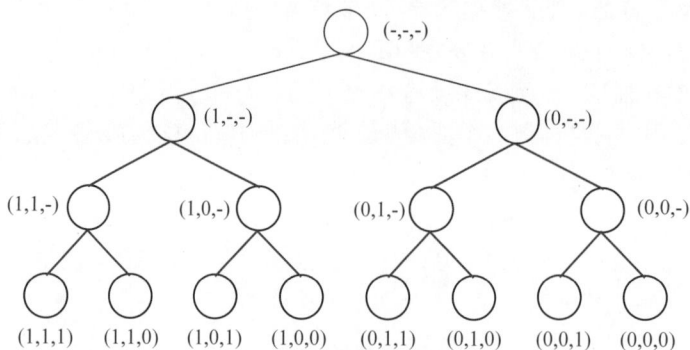

图 3-5　3 个集装箱的搜索树

$$cw = \sum_{i=1}^{j} w_i x_i \tag{3-2}$$

只要 cw＞bestw,就说明找到了更好的解,此时更新 bestw 为更大的装载重量 cw。为了提高搜索效率,需要对搜索树进行剪枝,如果 cw＞c_1(装满)时,以节点 z 为根的子树中所有节点都不满足约束条件,该子树中的解均为不可行解,这时就不用访问 z 的子树。记剩余集装箱的重量 r 为

$$r = \sum_{i=j+1}^{n} w_i \tag{3-3}$$

若 cw＋r≤bestw,说明当前装载的重量加上剩余所有重量都没有目前最优装载重量好,也不用再访问 z 的子树,因为即使访问了,也没有办法找到更好的解。

完整的回溯法寻优的代码如下所示。

```
void backtrack (int i)              //搜索第 i 层节点
    if (i > n)                      //到达叶子节点
    更新最优解 best x.best w; return
    r -= w[i];
    if (cw + w[i] <= c1)            //判断是否需要搜索
        x[i] = 1;                   //选中第 i 个集装箱
        cw += w[i];
        backtrack(i + 1);
        cw -= w[i];                 //回溯,状态复原
    if (cw + r > bestw)             //判断是否更优
        x[i] = 0;                   //不选第 i 个集装箱
        backtrack(i + 1);
    r += w[i];                      //回溯,状态复原
```

3.4　回溯法与分支界限法

分支界限法(Branch and Bound)与回溯法是类似的方法,都可以用于求解组合优化问题中满足特定条件的最优解,例如旅行商问题(Traveling Salesman Problem)、背包问题(Knapsack Problem)等。分支界限法也是把问题的所有状态构成一棵状态树或是一幅图,

每个节点是一个状态。在状态树上搜索的过程中,需要一个当前最优解的上界(Upper Bound)和一个当前搜索空间的下界(Lower Bound),通过巧妙地设置界限条件来避免搜索不可能导致最优解的分支,从而提高求解问题的效率。

在搜索的过程中,随时记录当前找到的最优解,对问题的解空间划分,形成子问题,为每个子问题估计一个上界和一个下界。上界是当前子问题可以找到的解的最大值,下界是当前子问题可以找到的解的最小值。对于最大化问题,当节点对应的子问题的上界小于当前找到的最优解,就可以对该分支进行剪枝;对于最小化问题,当节点对应的子问题的下界大于当前找到的最优解,也可以对该分支进行剪枝。通过不断地扩展和剪枝搜索树的分支,保持上下界的更新,减少无意义的搜索。

分支界限法与回溯法比较明显的一个差异是搜索算法采用的是宽度优先搜索(Breadth-First Search,BFS),这就意味着搜索的过程不需要递归,而是采用先进先出法(First in,First out,FIFO),由于入队的节点都有各自的上界或是下界估值,节点在队中的顺序是可以调整的,因此,这个队列其实是优先队列,具有更好的上界或是下界的节点会排在前面,优先被访问,如表 3-1 所示。

表 3-1　分支界限法和回溯法的比较

	分支界限法	回溯法
搜索空间	状态树	状态树
搜索策略	宽度优先搜索	深度优先搜索
剪枝	根据当前节点的上界或下界进行剪枝	根据节点的约束条件进行剪枝
适用的问题	离散状态的优化问题	离散状态的搜索问题

‖ 3.5　回溯法中的计算思维

回溯法是一种解决问题的算法设计思想,可以体现计算思维的 4 个重要特征。

(1)抽象与建模。回溯法将问题抽象为一棵搜索树的形式,问题的每个状态都对应树中的一个节点或是路径,从而能够将实际问题映射到计算机可以处理的抽象模型中,这正是计算思维中的"问题抽象"的特征,而状态空间也是计算思维的"建模"特征的表现。

(2)问题分解。回溯法在搜索的过程中通常采用深度优先搜索,深度优先搜索的过程中,每次的搜索路径推进都是将问题规约到更小的子问题,通过寻找这些子问题的解,构建整体问题的解,这一点体现了计算思维中的问题分解解决问题的特征。

(3)状态恢复。回溯法的搜索过程中,每一步的搜索都会导致状态的改变,当搜索不到需要的解时,搜索算法将状态还原到之前的状态,这会涉及状态的保存和恢复,以确保在不同的搜索路径上状态不会相互影响,这与计算思维的"恢复"特征吻合。

(4)优化。回溯法需要在可能的解空间中搜索,但并不是所有的路径都是有效的。为了提高搜索效率,回溯法通常会在搜索过程中进行剪枝,减小搜索空间大小,是对问题求解的优化,提高了算法的效率,也是计算思维中"优化"特征的体现。

回溯法在解决问题时,通过合理地建模、规约、状态恢复、剪枝优化等方式,将问题有效地转换为计算机可处理的形式，尽可能高效地找到问题的解。这是计算思维在算法设计中的典型体现。

3.6 回溯法的实践案例

3.6.1 数独问题

1. 问题描述

给定一个 9×9 棋盘，如图 3-6 所示，部分格子已经填好了 1～9 的数字。数独问题就是要在空白处填写数字，填写的数字要求遵循如下规则：

3		6	5		8	4		
5	2							
	8	7					3	1
		3		1			8	
9			8	6	3			5
	5			9		6		
1	3					2	5	
							7	4
		5	2		6	3		

图 3-6　数独问题示例

（1）数字 1～9 在每一行只能出现一次；

（2）数字 1～9 在每一列只能出现一次；

（3）数字 1～9 在每一个 3×3 的九宫格内只能出现一次。

图 3-6 是一个需要填写数字的棋盘状态，若问题有解，那么输出该数独问题的解，若无解，则输出“无解”。

2. 求解方法：回溯法

（1）算法原理。

回溯法求解数独问题时需要先构建搜索树。对于数独问题，一个棋盘状态就可以对应搜索树的一个节点，而最初的根节点就是给定的棋盘，子节点就是按顺序对每个空方格的填数方案，不同的数字填到同一个位置后，就会产生不同的节点，这些节点属于同一层的子节点。例如，下面的父节点棋盘就是初状态，该节点一共有 9 个子节点，分别是给第二个空格填上 1～9 的数字，如图 3-7 所示。

对于数独问题的搜索，按顺序给每个空格填数，每个新位置被填数后的棋盘状态就是上一个棋盘状态的子节点，这样就可以逐步把搜索树构建出来。如果在搜索过程中搜索到了一个数独棋盘的合法状态，那么输出该状态的棋盘即可，但是如果在搜索树搜索完毕后依然没有一个合法的棋盘状态，那么输出无解的信息即可。可以看到，如果不考虑剪枝的话，这个过程的时间成本会非常巨大，下面重点讨论数独问题的剪枝策略。

① 可行性剪枝：在填数前检查当前点所在的行、列、九宫格，如果某个数据已经出现了，则剪掉这个数所产生的节点。

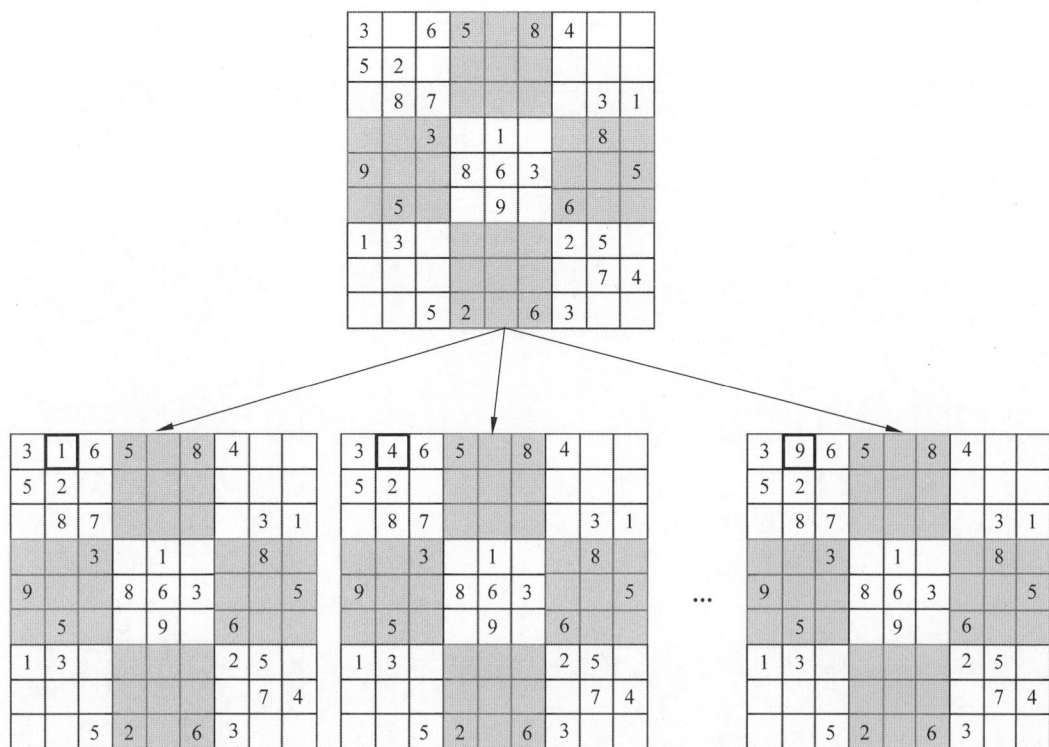

图 3-7　数独问题的搜索树结构

以第一行、第二列的方格为例,其所在的九宫格已经存在数 2、3、5、6、7、8,所在行已经存在数 3、4、5、6、8,所在列已经存在数 2、3、5、8,显然,若在该方格填入上述数字,其不可能再搜出合法答案。所以可以剪掉数 2、3、4、5、6、7、8,也就是不能在这个位置填入这些数。那么在接下来的搜索只能填入 1、9,也就是只产生了两个子节点。

② 最优化搜索顺序:修改搜索的顺序,从当前能填的合法数字最少的空格开始填数。

在一些搜索问题中,搜索树的各个层次、各个分支之间的顺序不是固定的。不同搜索顺序会产生不同的搜索树状态,其规模大小也相差甚远。那么,显然从父节点尽量先减少子节点的产生会使得搜索的时间成本下降。

比起采取最优化搜索顺序的剪枝策略,如果随意地选择节点进行填数,那么生成的树的分支会更多,以填第三行第二列的九宫格为例(如图 3-8 所示),如果选择该九宫格的任意空格进行填数,由于空白很多,那么可能每一个填数都会生出很多分支。而反观左上角的九宫格,由于已经被填入很多数字,空白处可选的数字较少,适合更早展开。

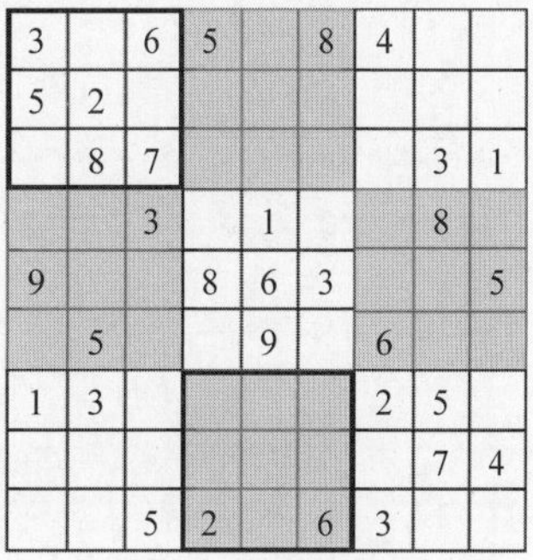

若选择第二个剪枝策略进行搜索,那么一开始的搜索树如图 3-9 所示,显然生出的分支会更少,且按照这样的策略进行搜索,后面产生出的分支也会减少。

图 3-8　空白格的选择

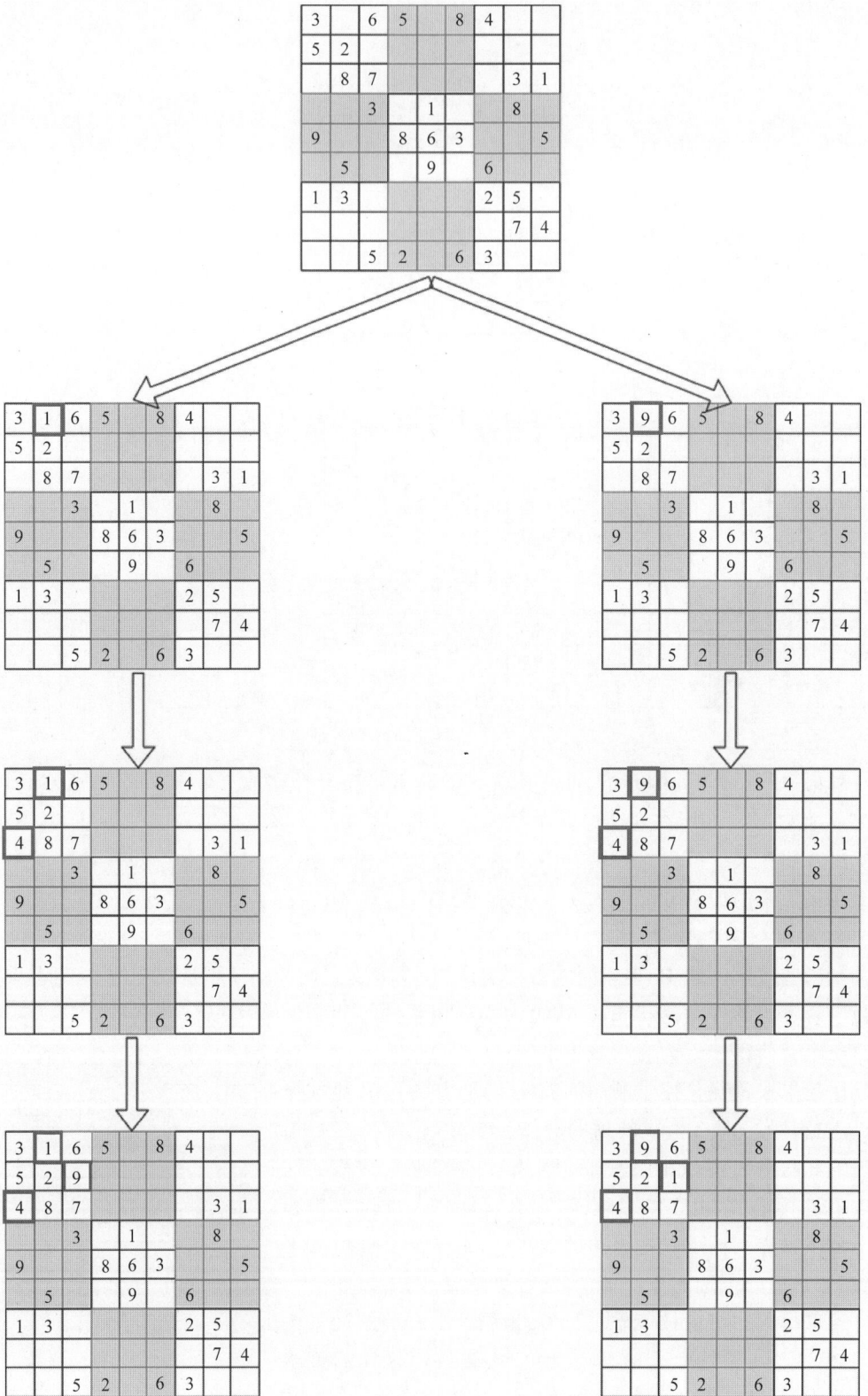

图 3-9　最优化搜索策略的节点展开过程

在图 3-9 中,对于根节点,第一行第二列的空格可以填的数最少,只有 2 个,对其进行展开;以左侧子节点为例,第三行第一列的空格可以填的数最少,只有 1 个,对其进行展开;在下一个节点,第二行第三列的空格可能填的数最少,只有 1 个,对其进行展开。从这个过程可以看到,搜索过程中节点展开的顺序对搜索树的展开影响很大,通过选择合适的展开策略,有利于加速搜索过程。这个实例说明了回溯法中的一种策略,就是搜索树可以动态展开,而不一定是事先固定好的。前面提到的装载问题的搜索树是事先固定的,展开过程中不考虑如何选择下一个展开节点。但是在很多复杂问题中,动态展开搜索树有可能减少展开的分支数,对提高搜索效率有帮助,也可以理解为一种剪枝策略。

(2) 伪代码。

```
Back Tracking
Input. 部分填充的 9×9 棋盘
Output. 数独问题的结果,或是"无解"
Bool solveSudoku(int grid[N][N])
1    if(check_ans(grid))            //检查 grid 是否已经被填满,若被填满则返回 true
2        return ture
3    Cur=FindSmallestChoice(grid) //查找目前最小选择的点及其坐标(Cur.tx, Cur.ty)
4    for i in range(Cur.num.size)  //试探所有可能,Cur.num 是可填数字
5        grid[Cur.tx,Cur.ty]=Cur.num[i]
6        if(solveSudoku(grid))     //递归展开下一个节点
7            Return true
8        grid[Cur.tx][Cur.ty]=Init_val    //若没搜到结果,则回溯还原现场
9    return false
```

(3) 复杂度分析。

时间复杂度:搜索树最坏的情况是 9 叉树,所以算法的时间复杂度为 $O(9^9)$,但是由于剪枝的存在会远远低于这个复杂度。

空间复杂度:需要一个数组来存储数独答案的数组且大小固定为 9×9,故空间复杂度是 $O(1)$。

3.6.2　骑士巡游问题

1. 问题描述

给定一个 $n \times n$ 的棋盘,骑士随机出现在棋盘的某一位置,按照国际象棋的规则,马走"日"字形,如图 3-10 所示,骑士在当前位置能走的下一个位置只能是图中所示的位置。骑士巡游问题就是找到一个行走的路径,要求遍历棋盘所有方格,并恰好访问每个方格一次。输出的结果就是棋盘访问的顺序,这个顺序标注在棋盘的方格上。

骑士初始位置在 (1,5) 时,一个 8×8 的棋盘输出结果如图 3-11 所示,箭头把骑士的移动顺序连接起来,也就是骑士的行走路径。

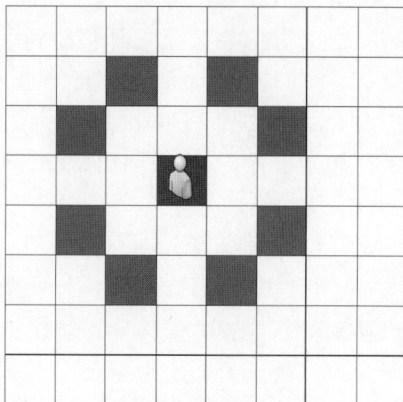

图 3-10　骑士巡游问题

2．求解方法：回溯法

（1）算法原理。

回溯法求解该问题时需要先构建搜索树，然后再确定搜索的顺序。先确认搜索树如何构造。搜索树的节点比较简单，就用棋盘状态作为节点，骑士在上一步所处的棋盘状态节点是当前骑士所在棋盘节点的父节点，这样就构建了搜索树。然后，采用深度优先搜索的方式寻找下一个骑士可以到达的位置，如果骑士没有可以到达的位置，就回溯到上一次的位置，重新换一个位置再搜索。

在这个过程中，一个关键的问题是骑士有多个可以选择的下一步，如图 3-12 所示，骑士有 4 个选择，选哪个会更快地找到这个问题的解呢？这里定义 Degree 为骑士在当前这个方格时下一步可移动位置的数量，选择 Degree 最小的位置作为首选的展开节点，Degree 最小的方格被认为是最高效的下一个移动位置，因为它产生的搜索分支最少，可以提高搜索效率。

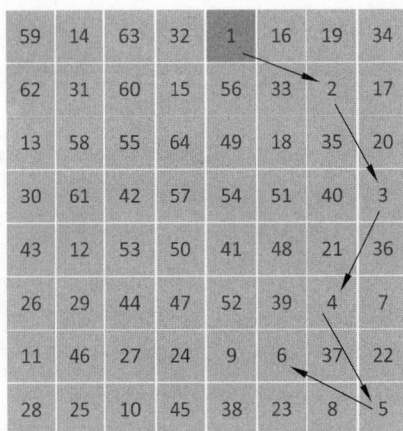

图 3-11　一个骑士巡游问题的解示意　　　图 3-12　骑士可移动位置

以图 3-13 为例解释回溯法的执行过程，骑士初始位置是第二行第二列。在骑士移动时，先判断下一个移动的位置是否合法（包括下一个位置是否在棋盘内以及是否已经被访问过），若合法，再计算每个位置的 Degree，选择 Degree 最小的位置作为下一个节点。在本例中，灰色方格表示骑士下一次可以选择的移动位置，灰色方格的数量就是下一个节点对应的 Degree 值，这样，骑士就选择移动到了第四行第一列。

下一步，骑士移动到第三行第三列，这个状态的 Degree＝3，然后计算之后可能的三个状态的 Degree，进行下一次扩展。最后，在骑士移动了 n^2-1 次后，检查最后骑士位置是否能回到初始位置，若能回到初始位置便输出整个棋盘，若不能退到上一次的位置重新移动。

（2）伪代码。

定义两个数组表示骑士移动的 x 方向和 y 方向的位移，例如，8×8 的棋盘可以定义 cx[8]＝{1,1,2,2,-1,-1,-2,-2}，cy[8]＝{2,-2,1,-1,2,-2,1,-1}，分别表示 8 个可以移动的新位置的偏移量。新建一个 $n×n$ 大小的数组 a 当作棋盘，并初始化未访问的格子为 -1，骑士的初始为 1。

Backtracking

Input.$n×n$ 棋盘 a 的大小 n

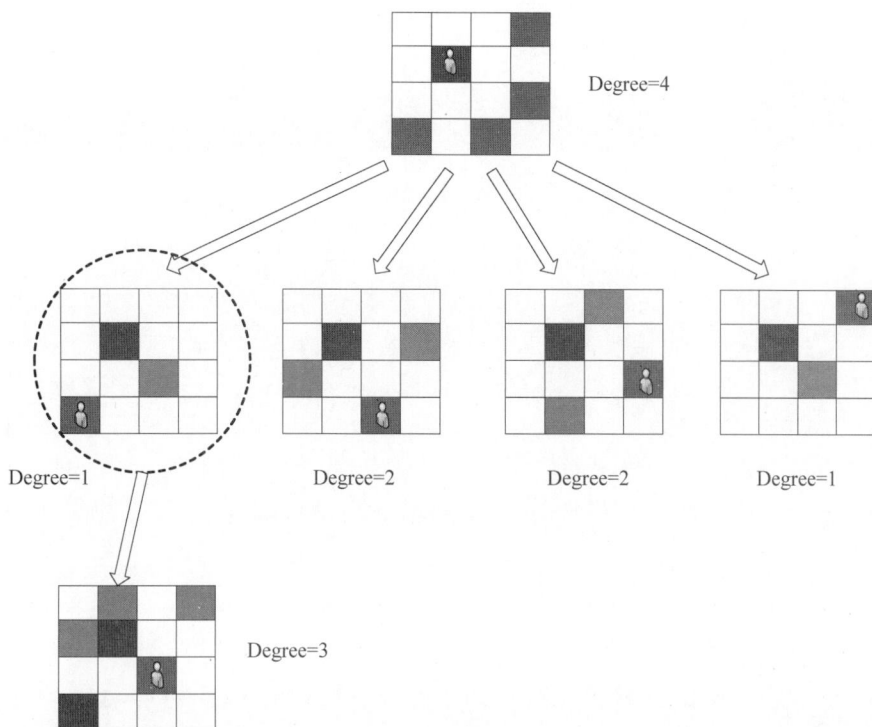

图 3-13　搜索树

Output.棋盘的标注结果

主函数：

```
while (!findClosedTour())

bool findClosedTour()
x = sx, y = sy
1    a[y * n+x] = 1                        //(x,y)是骑士当前位置,(sx,sy)是骑士初始位置
2    for (int i = 0; i <n * n-1; ++i)      //尝试所有可能的下一步
3        if (nextMove(a, x, y) == 0)       //查找骑士巡游路线
4            return false
5    if (!neighbour(x, y, sx, sy))         //判断最后骑士位置是否能回到初始位置
6        return false
7    print(a)                              //打印棋盘
```

```
bool nextMove(a, x, y)
1    //min_deg_idx用来储存骑士下次移动的方向,min_deg用来存储最小的 Degree
2    start = rand()% 8;                    //随机选择一个移动方向
3    for (int count = 0; count <8; ++count)
4        int i = (start + count)% 8;
5        nx = x + cx[i];ny = y + cy[i];    //更新下一个位置(nx, ny)
6        if ((isempty(a, nx, ny))&&(c = getDegree(a, nx, ny))<min_deg)
         //isempty判断下一个位置是否存在,getDegree 判断 Degree
```

```
7              min_deg_idx = i;
8              min_deg = c;
9        if (min_deg_idx == -1)    //若最后没有能移动的方向,返回 false
10          return false;
11       更新棋盘信息
12       更新骑士位置 x, y 的值
```

```
bool neighbour(x, y, sx, sy)      //判断最后骑士位置是否能回到初始位置
1     for (int i = 0; i <8; ++i)
2         if (((x+cx[i]) == sx)&&((y + cy[i]) == sy))
3             return true
4     return false
```

(3) 复杂度分析。

时间复杂度:搜索树最坏的情况是 8 叉树,树的层数可以达到 n^2-1,所以算法的时间复杂度为 $O(8^{n^2-1})$。

空间复杂度:需要一个数组来存储棋盘,棋盘大小固定为 $n\times n$,故空间复杂度为 $O(n^2)$。

3.6.3 子集划分问题

1. 问题描述

给定一个整数数组 arr 和一个正整数 k,找出是否有可能将数组分成 k 个非空子集,使得每个子集的元素和都相等,数组中的每个元素都必须包含在任意一个子集中。

(1) 示例 1。

输入:arr=[2,1,4,5,6],k=3。

可以把数组分为[2,4]、[1,5]、[6]三个子集,每个子集的元素和都为 6。

输出:yes。

(2) 示例 2。

输入:arr=[2,1,5,5,6],k=3。

无法将数组分为三个元素和相等的子集。

输出:no。

2. 解决方法:回溯法

(1) 算法原理。

通过问题分析,可以知道用户需要将 n 个元素数组中的每个元素放入 k 个子集中,使得每个子集的元素和相等,那么每个子集的元素和就应该为数组中元素和 sum 平分 k 份的平均值,即子集和 subset=sum/k。

由于这个问题需要用户将数组中的元素分别放入子集中,可以考虑使用回溯法,来验证每一种子集的组合情况能否满足所有子集元素和为 subset。当每一个子集的元素组合都满足该子集的元素和为 subset 时,就说明此时数组中的元素都分配到了子集当中,那么就可以返回问题答案为 yes;若没有任何一种组合使得每个子集元素和为 subset,说明该数组无法分为 k 个元素和相等的子集,那么答案就应该返回为 no。

在进行回溯法之前,用户需要先考虑无须进入搜索的 4 种情况:

① $k=1$ 时,数组的 1 个子集即数组本身,可以直接返回答案 yes;

② $k=0$ 时,数组不可能将元素全部放入 0 个子集,可以直接返回答案 no;

③ $k>n$ 时,说明会有空子集的出现,不可能满足所有子集的元素和相等,答案为 no;

④ sum/k 不是整数时,说明集合元素和不可均分,直接返回答案为 no。

回溯法的关键是构造搜索树,搜索树中的每个节点是 k 个子集的元素分配情况 $[[x_{1,1}, x_{1,2}, \cdots, x_{1,n_1}], \cdots, [x_{k,1}, x_{k,2}, \cdots, x_{k,n_k}]]$,其中,$n_k$ 是第 k 个子集元素个数。由于子集划分的方式很多,可以按照放一个元素产生一个新子集的方式产生新节点,形成父子关系。如图 3-14 所示,这个例子中的数组为 $[2,1,4,5,3,3]$,$k=3$,搜索树中每个节点的状态是 $[[\,], [\,], [\,]]$。因为这里需要将元素逐个放入子集中,可以先将数组的最后一个元素 arr$[n-1]$ 放入第一个子集的情况作为搜索树的根,当然,也可以将第一个元素放入第一个子集,但由于后续遍历时从后往前开始,在此以最后一个元素放入第一个子集的情况为根。这样,把最后一个元素 3 放到第一个子数组中,此时搜索树的根为 $[[3], [\,], [\,]]$,然后分别把剩下的 2、1、4、5、3 分别放到第一个子集中,就得到根节点的 5 个子节点。

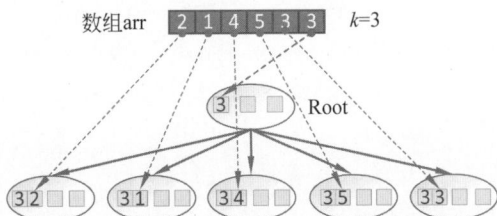

图 3-14　搜索树结构

下面需要判断当前节点是否需要剪枝。判断的依据就是目前正在被分配元素的子集的元素和是否等于 subset 这个条件。这里可以分以下几种情况:

- 若当前子集和＝subset,那么这个子集处理结束,把还未被放入子集的元素放入下一个子集中;

- 若当前子集和＜subset,说明这个子集还可以继续放元素,可以将还未被使用过的元素放入该子集,由此得到一个下一层的子节点,如图 3-14 第二层的节点;

- 若当前子集＞subset,说明该元素分配不合理,这个节点下面的所有节点都不用搜索了,也就是剪枝。这时,需要返回该节点的父节点,重新为该子集分配一个元素,即父节点产生的新的子节点。若此时所有元素组合都尝试过,即父节点无法再产生新的子节点,则再返回父节点的父节点。

以图 3-15 为例,可知 subset=6,当 3 放到第一个集合时,该子集和＜subset,所以可以继续放下一个元素 3,得到状态 $[[3,3], [\,], [\,]]$,这时子集和＝subset,表示这个子集处理结束;可以把还未被放入子集的元素 5 放入下一个子集中,得到状态 $[[3,3], [5], [\,]]$,这时新子集和为 5＜subset;可以继续放下一个元素 4,得到状态 $[[3,3], [5,4], [\,]]$,这时子集和＞subset,说明元素 4 分配不合理,这个节点下面的所有节点都不用搜索了。这时需要返回该节点的父节点 $[[3,3], [5], [\,]]$,重新分配元素 1 到第二个子集中,以此类推。

当分配到第 $k-1$ 个子集时,考虑到如果已经有 $k-1$ 个子集能够满足子集和＝subset 的条件时,那么剩下一个(第 k 个)子集必定是将剩下所有的元素放入其中,并且第 k 个子集的元素和必定为 subset。所以当第 $k-1$ 个子集分配并满足条件时,就已经能够得到解

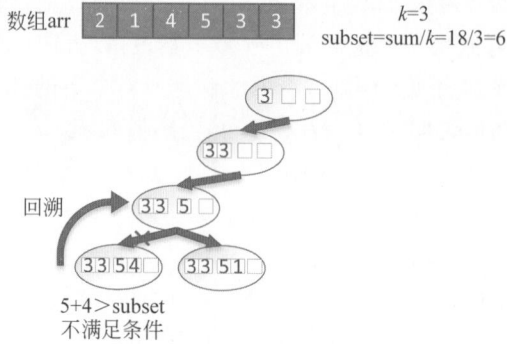

图 3-15　节点扩展过程

了。将这种情况作为叶子,无须再产生子节点,直接可以返回问题答案为 yes。当所有组合情况都考虑完,仍无法得出问题的解时,便返回问题答案为 no。

（2）伪代码。

为实现回溯法代码,需要设置一个大小为 k 的数组 subsetSum 记录当前子集的元素和;将当前正在进行组合的子集的下标记为 curIndex;同时需要一个数组 taken 记录数组中的元素是否被使用过,即当 arr[i] 已经被放入某个子集时,记 taken[i] 为 true,以此避免数组中元素的重复使用。

```
Backtracking
Input. 整数数组 arr, k 值
Output. 如果可以划分为 k 个和相同的子集,则返回 yes,否则返回 no
Method.
bool isKPartitionPossibleRec(arr, subsetSum, taken,subset, k, N, curIdx, limitIdx)
//N 是 arr 中元素个数,limitIdx 是数组元素下标的最大值
1    if (subsetSum[curIdx] == subset)           //当前子集 curIdx 分配满足条件时
2        if (curIdx == k - 2)      return true  //第 k-1 个子集满足条件,返回 true
3        return isKPartitionPossibleRec(arr, subsetSum, taken, subset, k, N,
         curIdx + 1, N - 1)              //否则,对下一个子集 curIdx + 1 进行分配
4    for (int i = limitIdx; i >= 0 ; i--){  //从下标为 limitIdx 开始向前遍历数组元素
5        if (taken[i])      continue            //若该元素已经被使用过,继续寻找下一个元素
6        int tmp = subsetSum[curIdx] + arr[i]   //该元素分配到该子集时,该子集的元素和
7        if (tmp <= subset)                     //arr[i]可以分配到子集中
8            taken[i] = true
9            subsetSum[curIdx] += arr[i]
10           bool next = isKPartitionPossibleRec(arr, subsetSum, taken,subset,
             K, N, curIdx, i - 1)
                              //假设该分配可行,尝试接下来的分支中是否依旧可行
11           taken[i] = false//arr[i]不分配到子集中,下次可以再被选中
12           subsetSum[curIdx] -= arr[i]
13           if (next)      return true //若该分支可行,说明找到了满足条件的解,可以直接
     //返回答案 true;否则,取消该元素在该子集的分配,重新寻找其他元素
14    return false  //若遍历完所有组合仍找不到解,说明无解,答案返回 false
```

（3）复杂度分析。

时间复杂度：这棵搜索树最多有 $n-1$ 叉，层数最多可达 n 层，所以时间复杂度是 $O(n^n)$。

空间复杂度：搜索树的搜索路径最深可以达到 n，而每个节点需要记录 k 个子集合的内容，所以空间复杂度是 $O(nk)$。

3.6.4　括号生成问题

1. 问题描述

给定一个数字 n，要求生成 n 对有效括号组合，有效括号组合要满足以下条件：

（1）左括号数等于右括号数；

（2）一对括号需要以正确的顺序闭合，例如，()、(())、()()等都是合法的括号组合，而)))(、((()等都是不合法的括号组合。

举个例子，当 $n=3$ 时，因为一对括号有左右两个括号，所以有 $2n$ 个位置，这样所有的括号组合有 $2^{2n}=2^6$ 种，其中合法的有 5 种：“((()))”、“()()()”、“(())()”、“()(())”、“(())”。

2. 求解方法：回溯法

（1）算法原理。

把 n 对括号问题转换为一个长度为 $2n$ 的字符串问题，对于每个位置可以有两种选择，放置'('或者放置')'，这样括号问题就转换成一个字符串组合的问题，用户可以用回溯法搜索合法的字符串组合。

回溯法需要确定搜索树的结构，首先要确定搜索树上的节点，然后确定哪些节点之间具有父子关系，这样就形成了树状结构，而这个树上的所有节点其实就是用户正在搜索的各种组合状态。共有 $2n$ 个位置，每个位置只有两种选择，所以节点可以表示为一个 $2n$ 维的向量 $(x_1, x_2, \cdots, x_{2n})$，$x_i \in \{'(', ')'\}$，$i=1,2,\cdots,2n$。第 $i+1$ 个位置可以作为第 i 个位置的子节点，这样搜索树就构造出来了。然后，在这棵树上进行深度优先搜索，在搜索的过程中判断当前的括号组合（也就是字符串）是否合法，如果不合法，下面的子树就不再搜索了。最后搜索的合法的叶子节点就是合法的括号组合。

以 $n=2, 2n=4$ 为例，构造的括号搜索树如图 3-16 所示，这是一棵完备的二叉树。注意，在搜索的过程中遇到的第二层的第二个节点其实是非法的，这个节点下面的所有节点（阴影部分）都不需要再搜索了。而在合法的节点中，可以继续在叶子节点中找出所有合法的括号组合，一共是 5 个，其中阴影部分的节点都是不合法节点。

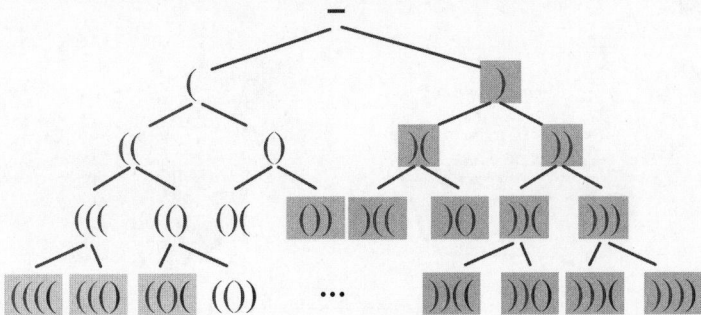

图 3-16　括号搜索树

在搜索的过程中，需要判断当前括号的组合是否满足问题的要求，剪掉非法的节点。剪枝条件包括两部分：

① 在非叶子节点，左括号的数量小于右括号的数量。例如，图 3-16 中的第三层第四个节点中，左括号个数少于右括号，在之后的搜索中，如果增加左括号，依然是非法的，如果增加右括号，还是非法的，也就是说，在下一层的括号扩展中无法解决这个非法状态，所以就剪枝了；

② 在叶子节点，左括号数或右括号数超过了 n，就说明括号不匹配，是非法组合。

（2）伪代码。

```
Back Tracking
Input.  括号数 n
Output.  括号的所有合法组合 String
Method.
1  BackTracking (n, lc, rc, str)//lc 和 rc 分别是左右括号的个数,str 记录当前括号组合
2     if (lc<rc) return;          //左括号个数小于右括号个数,非法状态
3     if (lc>n || rc >n) return;  //左括号个数或右括号个数大于 n,非法状态
4     if lc == n && rc == n       //所有括号都正好是 n,合法状态
5        输出 str
6     else
7        if lc < n
8           BackTracking(n, lc + 1, rc, str + "(");
9        if rc < n && lc > rc
10          BackTracking(n, lc, rc + 1, str + ")");
```

（3）复杂度分析。

时间复杂度：如果是完备二叉树，总节点个数是 $2^0 + 2^1 + 2^2 + \cdots + 2^{2n} = 2^{2n+1} - 1 \in O(2^n)$，所以时间复杂度是 $O(2^{2n})$。

空间复杂度：深度优先搜索过程中，需要存储路径上所有节点，所以空间复杂度是 $O(n)$。

3.6.5　地图填色问题

1. 问题描述

一张没有填色的地图中显示了不同区域之间的分界线，地图填色问题就是为地图中的不同区域着色，要求相邻地区不能使用相同的颜色。如果给定需要的颜色，地图填色问题就是要给出可行的填色方案，如图 3-17 所示。

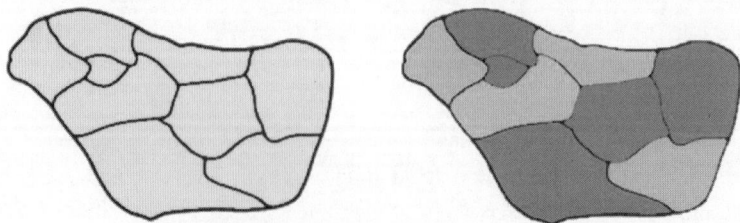

图 3-17　地图填色问题

2. 求解方法：回溯法

（1）算法原理。

可以将地图转换为平面图，每个地区变成一个节点，相邻地区用边连接，上述问题变成要为这个图的顶点着色，要求两个顶点通过边连接时必须具有不同的颜色，如图 3-18 所示。给定无向连通图 $G=(V,E)$ 和 C 种不同的颜色，用这些颜色为图 G 的各顶点着色，每个顶点涂一种颜色。如果一个图最少需要 C 种颜色才能使图中每条边连接的两个顶点为不同颜色，则称 C 为该图的色数。

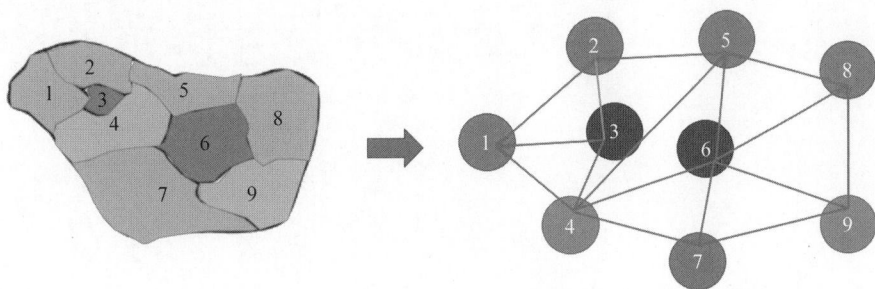

图 3-18　地图抽象成无向图

使用回溯法搜索求解时，搜索树中的节点就是地图状态，也就是各个地区填色的向量 $\{x_1,x_2,\cdots,x_n\}$，$x_i\in\{1,2,\cdots,C\}$，一个新的填涂区域是上一个填涂区域的子节点，形成父子关系之后，就得到搜索树了。利用深度优先搜索时，需要根据当前地图的填色状态，找到一个可用的新颜色，如果找不到，则回溯到上一个区域并尝试其他颜色。地图填色搜索树如图 3-19 所示。

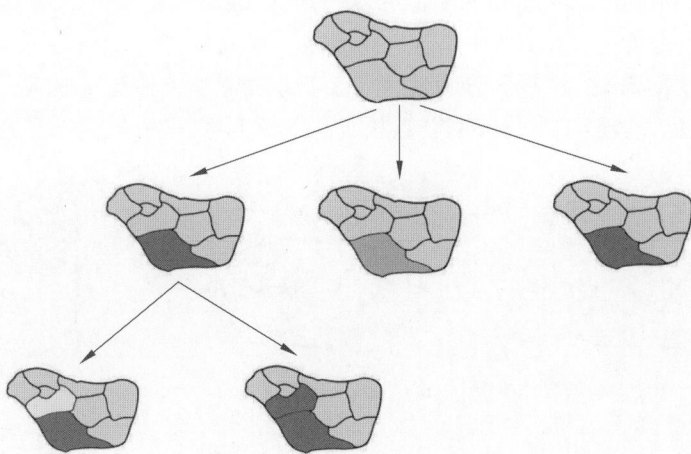

图 3-19　地图填色搜索树

（2）伪代码。

```
ColorMapBacktrack
Input.地图的图表示
Output.可行的填色方案
Method.
```

```
ColorMapBacktrack (region,MapColors)
1     if region==n
2         ans++, print MapColors
3         return
4     for i=1 to num_colors     //i is color
5             IsColorValid = true
6             for j = 0 to n-1
7                 if matrix[region][j]==1 and MapColors[j]==i
                    //相邻节点 j 的颜色是 i,颜色 i 不可用
8                     IsColorValid = false
9                     Break
10            if IsColorValid
11                MapColors[region] = i      //置颜色 i
12                ColorMapBacktrack (region+1,MapColors[ ])
13                MapColors[region]=0
```

（3）复杂度分析。

时间复杂度：由于回溯法对于每个区域都需要枚举所有可用的颜色,因此时间复杂度是指数级别的,即 $O(C^n)$,其中,C 为可用的颜色数,n 为地图中区域数。这意味着随着问题规模的增加,算法的运行时间会急剧增加,对于大型问题,这种算法可能会非常耗时。

空间复杂度：每次递归调用时需要保存当前区域的着色方案,最大递归深度为 n,因此空间复杂度为 $O(n)$。如果算上邻接矩阵存储图的空间,那么空间复杂度为 $O(n^2)$。

（4）策略剪枝——MRV。

MRV,即 Minimum Remaining Values,意为变量取值的最小剩余量,也就是在展开节点时,选择的节点是可选颜色最少的节点,从而减少搜索空间,提高算法效率。MRV 执行过程如图 3-20 所示,在这个四色填色问题中,由于编号为 3 的节点只有两个颜色可以选择,优先对该节点涂色;同理,编号为 4 的节点只有一种颜色可以选择,优先对其涂色。

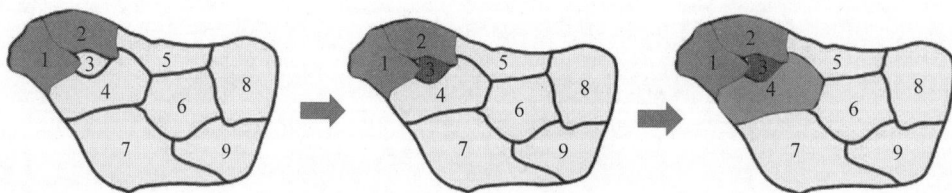

图 3-20   MRV 执行过程

（5）策略剪枝——DH。

DH,即 Degree Heuristic,意为度启发策略。在选择第一个填色节点时,或是同时有多个节点都可以被选择时,DH 策略优先选择邻接节点的度数（即与节点相连的边数）最大的节点进行着色,因为这样会使其他邻接的节点可选颜色数都减少,使后期扩展树的分支减少。如图 3-21 所示,空白图中先选择度最大的节点 4 进行填充,然后再选择度第二大的节点 6 进行填充。

与 MRV 策略类似,DH 策略也用于确定下一个节点的着色顺序,但两者关注的点不同,因此经常组合在一起使用。

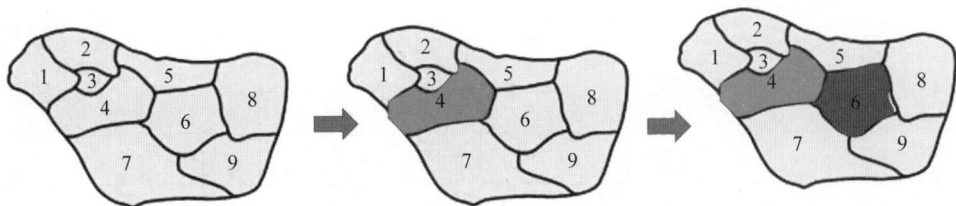

图 3-21　DH 策略示意图

（6）策略剪枝——MCV。

通过 MRV 与 DH 策略，用户可以选择出当前需要涂色的节点，而这个节点的颜色如何选择，可以使用最大颜色值启发式（Maximum Color Value，MCV）策略，该策略是根据与当前节点相邻的节点中各自可填的颜色数量来选择下一个填涂的颜色。

MCV 优先选择可以给邻接节点留下更多选择颜色的颜色填涂，如图 3-22 所示，右上角的节点可以选择红色、绿色和黄色，若选择红色，则它的邻居节点还有两个颜色可选，如果是其他颜色，邻接节点就只剩一个颜色，因此选择红色作为下一个涂色节点颜色。MCV 的思路是希望邻居节点有更多可选择的颜色，这样更有可能找到解决方案。

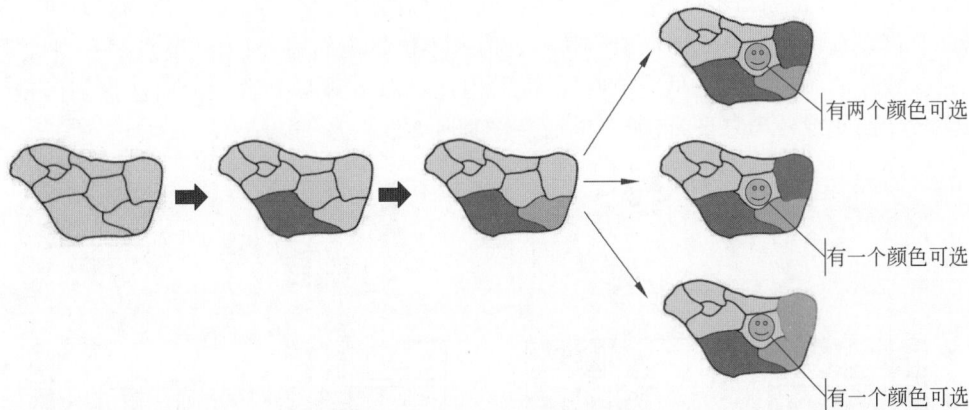

图 3-22　MCV 策略示意图

（7）策略剪枝——Forward Checking。

Forward Checking 指前向检查策略，是一种在约束满足问题（Constraint Satisfaction Problem，CSP）中常用的剪枝策略。前向检查的基本原理是在为某个变量分配某个值时，立即检查并更新其相邻未分配变量的取值范围，以确保将来填涂到其他节点时存在解。

如图 3-23 所示，图中色块显示的是标注区域（笑脸）可以填涂的颜色。在经过四次填涂之后，中间标注的节点可以填涂的颜色已经没有了，前向检查策略就是在每次填涂之后更新该节点可填涂的颜色，就可以在没有填涂到该节点时提前发现不可行的填涂方案，此时就可以选择换一种颜色或者回溯到上一个节点，不会继续搜索。

前向检查策略具有以下 3 个优点。

① 及时剪枝：通过在为变量分配值后立即检查其相邻未分配变量的可用值域，前向检查可以及时剪除不满足约束条件的解，从而减少搜索空间。

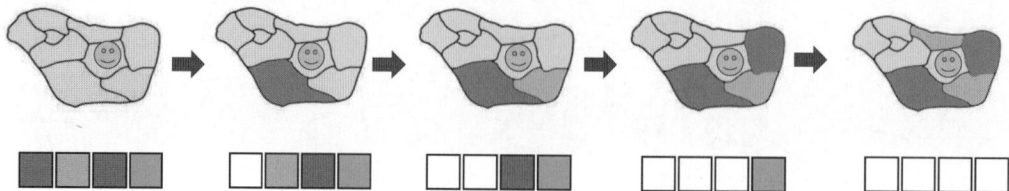

图 3-23　Forward Checking 策略示意图

② 降低回溯次数：前向检查可以在早期发现潜在的冲突，减少回溯次数，提高求解效率。

③ 结合其他启发式策略：前向检查可以与其他启发式策略（例如 MRV、DH 策略等）相结合，进一步优化搜索效率。

（8）策略剪枝——Arc Consistency。

Arc Consistency，即弧一致性，该策略主要解决前向检查看得不够远的问题，是一种常用的解决图填色问题的剪枝策略，其思路是：当变量 X 赋值后，从与 X 相邻的弧中其他所有没有赋值的变量出发进行检查，若某个变量可以填涂的颜色数变为零，则算法立刻回溯。

如图 3-24 所示，这里关注标注了心形图案的两个区域，经过两次填色之后，左上角的节点涂了绿色，可以检测出不存在一种颜色能同时对标注的两个节点涂色（因为只剩下一种颜色），此时可以直接回溯。而前向检查策略此时并不能发现问题，因为各节点都有剩余颜色。因此弧一致性的故障检测是早于前向检查的，因此也有人称弧一致性为向前探测两步。不过弧一致性的实现较为复杂，可能会增加一定的计算量。

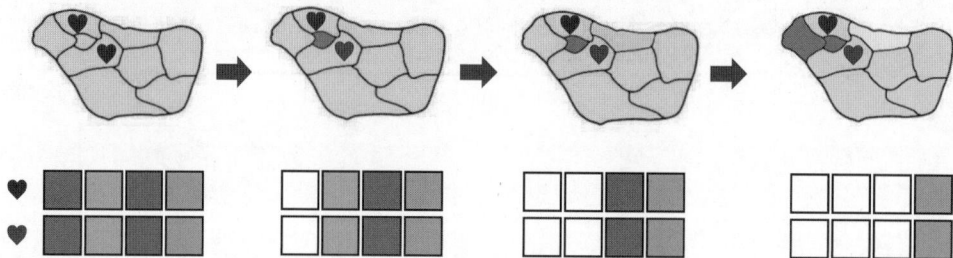

图 3-24　弧一致性策略示意图

3.6.6　运算表达式优先级

1. 问题描述

给定一个含有数字和运算符的字符串，其中有效的运算符号包括"＋""－"以及"＊"，用户需要为表达式添加括号，改变这些运算符的优先级，然后求出不同的结果。现在的问题是给出所有可能组合时的计算结果。例如，输入："4＋3－5＊2"，可以有 5 种括号组合：$(4＋(3－(5＊2)))＝－3,((4＋3)－(5＊2))＝－3,((4＋(3－5))＊2)＝4,(4＋((3－5)＊2))＝0,(((4＋3)－5)＊2)＝4$，得到结果：$[－3,－3,4,0,4]$。

2. 解决方法：回溯法

假设表达式中有 n 个数字$(n \geqslant 2)$，$n－1$ 个运算符，在利用回溯法求解该问题时，搜索树中的节点定义为一个运算公式，全部的运算公式是根节点，然后根据一个运算符的运算公式切分。例如,对于 $n-1$ 个运算符的公式,针对每个运算符都可以将整体的公式切分为两部分,分别是前 i 个运算和后 $n-1-i$ 个运算($i=1,2,3,\cdots,n-1$),总共有 $n-1$ 种分法,它们就是根节点的 $n-1$ 个子节点。如图 3-25 所示为具有两个运算符的简单表达式的搜索树结构,其中,四角星表示运算符,七边形表示数字,可以在第一个运算符上加括号,得到左侧子节点的组合,也可以在第二个运算符上加括号,得到右侧子节点的组合,这样就得到了回溯法搜索树的第一层。把第一层括号的运算结果看成一个新的数字,就可以在剩下的运算符上继续加新的括号,这样就产生了下一层搜索树的节点。

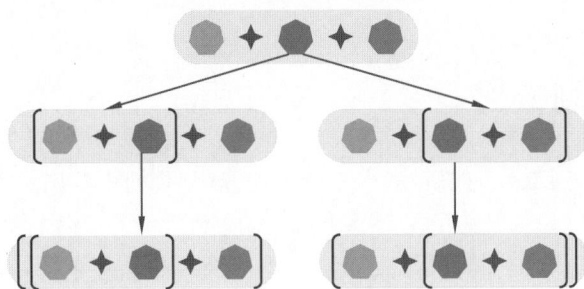

图 3-25　回溯法的搜索树

如图 3-26 所示,"2＊3－4＊5"有三种划分方法,就是原公式(根节点)的三个子节点,每个子节点是一种切分结果。对于每个子公式,可以继续前面的切分策略,得到这个子公式的子节点,如果一个公式中只有数字,就是叶子节点,这样就构成了搜索树。

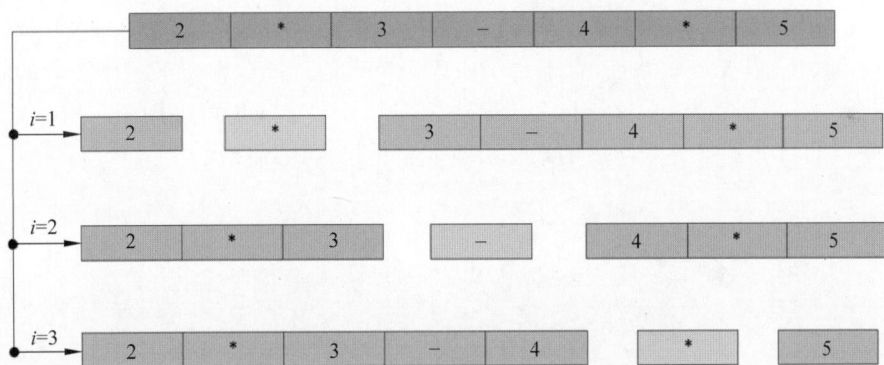

图 3-26　"2＊3－4＊5"的三种划分方法

对于只剩 1 个数字的叶子节点,直接返回该数字作为该子问题的解,其父节点是一个运算符,可以计算其两个子节点的值,返回到其父节点,例如,"2＊3"被分为"2"和"3"两个叶子节点,父节点是子公式"2＊3",可以计算得到该式的值为"6",这个结果是其父节点中子节点的值。通过遍历整棵搜索树,就可以得到各种优先级下的运算结果。

第 4 章 动态规划

‖ 4.1 动态规划概述

动态规划(Dynamic Programming)是 20 世纪 50 年代初由美国数学家 R.E.Bellman 提出来的。R.E.Bellman 等在研究优化问题求解时,提出了一个著名的最优化原理(Principle of Optimality),这个原理把多阶段过程问题求解转换为一系列单阶段问题求解,创立了解决这类过程优化问题的新方法——动态规划。动态规划可应用于多种优化问题,例如最短路径问题、背包问题、字符串编辑距离等,它是一种有效的寻优问题求解方法,能够有效解决许多复杂的优化问题。

如果待求解的问题可以划分为一系列相互联系的阶段,就可以使用动态规划求解。如图 4-1 所示,为了寻找从 x 到 y 的最短路径,可以划分为前一个阶段和后一个阶段,前一个阶段是从 x 到 z,后一个阶段是从 z 到 y。在每个阶段都需要做出决策,从 x 到 z 需要最短路径,从 z 到 y 也需要最短路径,且上一个阶段中决策的选择会影响下一个阶段的决策,从而影响整个过程的活动路线,这就是多阶段决策问题。动态规划可以用于求解多阶段决策问题,求解的目标是选择各个阶段的最优决策使整个过程达到最优。

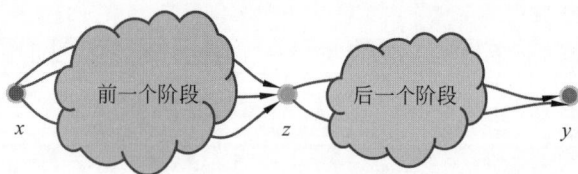

图 4-1 多阶段示意

举个钢条切割的例子,给定一段长度为 n 厘米的钢条和一个价格表 $p_i(i=1,2,\cdots,n)$,需要确定一个切割钢条方案,使得销售收益 r_n 达到最大,切割工序本身没有成本支出。假定钢条的长度均为整厘米,出售一段长度为 i 厘米的钢条的价格如表 4-1 所示。

表 4-1 钢条价格表

长度 i	1	2	3	4	5	6	7	8	9	10
价格 p_i	1	5	8	9	10	17	17	20	24	30

钢条切割问题可以看成一个多阶段决策问题,长钢条被切一刀可以变短,短钢条可以继续被切得更短,那么长钢条的切割方案可以看成这个问题的后期阶段决策,短钢条的切割方

案可以视为前期阶段决策,长钢条的切割获益是由短钢条切割方案的获益决定的,也就是短钢条切割方案的决策会影响长钢条的切割方案决策,这就是所谓"上一个阶段决策的选择会影响下一个阶段的决策",由于前后阶段的决策之间存在依赖关系,所以原问题的最优求解其实就是选择各个阶段的决策使整个过程达到最优。

动态规划是如何求解钢条切割问题的呢? 如图 4-2 所示,钢条长度为 n,在位置 i 处切一刀,钢条变成两个短钢条,长度分别为 i 和 $n-i$,其中长度为 i 的钢条不再切割,整体售出的价格是 p_i,长度为 $n-i$ 的钢条要再次切割来获益。由于长度为 $n-i$ 的钢条切割问题是原问题的子问题,如果子问题的求解达到最优,也就是短钢条是按照最优的方案切割并且获得最大利润 r_{n-i},那么长度为 n 的钢条的利润就是 p_i+r_{n-i}。但是,位置 i 在哪里才能保证获得最大利润? 处理这个问题的思路很简单,遍历所有可以切割的位置 i,比较每个位置的利润 p_i+r_{n-i},利润最大的位置就是最优的位置 i。

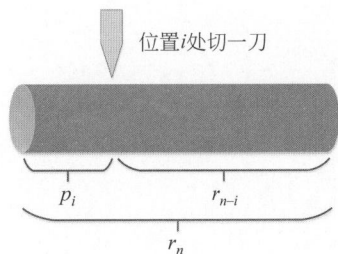

图 4-2　钢条切割问题

根据前面的思路,先明确定义一个符号 r_j,表示长度为 j 的钢条可以获得的最大利润,那么 r_n 就是原问题的最大利润,r_{n-i} 是长度为 $n-i$ 的钢条的最大利润,从而得到原问题的最优解与子问题的最优解之间的关系为

$$r_n = \max_{1 \leqslant i \leqslant n}(p_i + r_{n-i}) \tag{4-1}$$

进一步地,对式(4-1)进行泛化,让它不但适用于原问题,也适用于子问题。泛化过程很简单,就是把 n 换成变量 j,式(4-1)就写为

$$r_j = \max_{1 \leqslant i \leqslant j}(p_i + r_{j-i}) \tag{4-2}$$

式(4-2)就是动态规划方程,它描述了钢条切割问题的结构特征,也就是长钢条的最大利润与短钢条的最大利润之间的关系。因为这是一个递推式,需要补充一个边界条件以保证原问题可以解出,边界条件就是最小问题的解。最小的问题是什么? 这要取决于问题本身,原则上就是简单、容易处理的问题。对于钢条切割问题,选取 $r_0 = 0$ 为最小问题。

下面讨论式(4-2)如何求解,这个递推式可以利用简单的递归调用实现,伪代码如下所示。

```
Cut-Rod(p,n)
if n==0  return 0
    q=0
for i=1 to n
    q=max(q,p[i]+Cut-Rod(p,n-i))
return q
```

假设 $n=4$,这个代码的执行过程如图 4-3 所示,由于代码是自顶向下执行的,可以看出有很多子问题是重复调用的,例如,Cut-Rod(p,1)被调用了 3 次,Cut-Rod(p,0)被调用了 4 次。这些重复调用的子问题返回的结果都是一样的,可以通过把结果记录下来,避免重复调用,这样就可以产生一个自底向上的伪代码。

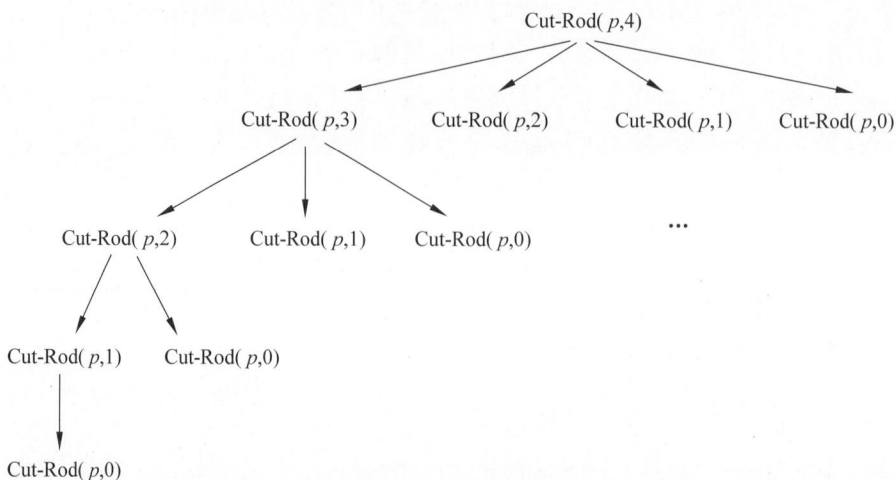

图 4-3 钢条切割问题自顶向下的代码执行过程

```
Bottom-up-Cut-Rod(p,n)
//r[0,…,n]用于记录已求解的结果
r[0]=0
for j=1 to n
    q=-∞
    for i=1 to j
        q=max(q,p[i]+r[j-i])
    r[j]=q
return r[n]
```

表 4-2 是 $n=4$ 的代码执行过程,可以看出这是一个填表的过程,表格内容从 $r[0]$ 开始,逐渐填写到 $r[4]$,每次填写时,记录选取最大值时对应的 i 值,就是最佳切割的位置,例如,$r[4]$ 的最佳切割位置就是 $i=2$,这个值就是决策方案。

表 4-2 填表过程

j	i				
	0	**1**	**2**	**3**	**4**
1	0	1			
2	0	1	5		
3	0	1	5	8	
4	0	1	5	8	10

计算过程如下所示。

$r[1]=p[1]+r[0]=1$

$r[2]=p[2]+r[0]=5$

$\quad\quad p[1]+r[1]=2$

$r[3]=p[3]+r[0]=8$

$\quad\quad p[2]+r[1]=6$

$$p[1]+r[2]=6$$
$$r[4]=p[4]+r[0]=9$$
$$p[3]+r[1]=9$$
$$p[2]+r[2]=10$$
$$p[1]+r[3]=9$$

从钢条切割问题的动态规划求解过程可以看出,其核心就是动态规划方程。动态规划方程描述了一个大问题的最优解与子问题的最优解之间的关系,并通过子问题的最优解构造了大问题的最优解。寻找这个关系的过程就是对问题阶段的划分。对于钢条切割的问题,长钢条的切割是大问题,短钢条的切割是子问题,大问题是如何包含这个子问题的呢?很显然,就要进行切割。把长钢条切割之后就出现了短钢条,也就是剥离出了子问题。假设子问题的求解是最优的,也就是短钢条卖出了最优的价格,下面要考虑的就是如何保证长钢条也卖出最优的价格,这个过程其实就是寻找大问题最优解与子问题最优解之间的关系。对于长钢条的利润问题,已经简化为如何找到切割的位置,这个问题的求解可以简单地通过遍历所有可能来解决,这样就得到了钢条切割问题的动态规划方程。

综上所述,动态规划的基本步骤如下所示。

(1) 定义状态:定义问题的状态,即描述原问题和子问题中最优解的变量,在钢条切割问题中,就是符号 r_j。注意,这个符号描述的是状态的最优值,而不是决策方案,决策方案指的是在哪里切割,而状态的最优值指的是获益。

(2) 寻找状态转移方程:寻找原问题与子问题最优解之间的关系,通过递推关系描述这种关系,就是动态规划方程。定义初始化边界状态,通常是问题中的最小子问题的解,就是钢条切割问题中的 $r_0=0$。

(3) 填表:根据状态转移方程,按照合适的顺序计算问题的解,并通过填表保存子问题的结果,以便在需要时直接获取。

(4) 根据计算最优值时记录的信息,构造最优解。

动态规划并不适用于所有问题,它能求解的问题通常要满足两个重要性质。

(1) 最优子结构(Optimal Substructure):原问题的最优解可以由其子问题的最优解构造得到,也就是说原问题要得到最优解,前提是其包含的子问题必须得到最优解,原问题的最优解可以通过动态规划方程中的子问题最优解递推出来。

(2) 重叠子问题(Overlapping Subproblems):在用递归算法自顶向下求解问题时,每次产生的子问题并不总是新问题,有些子问题被反复计算多次。动态规划算法正是利用了这种子问题的重叠性质,对每一个子问题只解一次,将其解保存在一个表格中,在以后求解该子问题时直接查表获得解。

‖ 4.2 动态规划中的计算思维

动态规划算法的设计思想充分地体现了计算思维的特点,主要包括以下 3 方面。

(1) 问题抽象与建模。计算思维的一个典型特点是对问题进行抽象并建模,动态规划方程首先需要分析原问题与嵌套的子问题之间的关系,然后再分析原问题最优解与嵌套的子问题最优解之间的关系。通过定义一个最优解的符号,构造动态规划方程描述不同规模问题最优解之间的关系,这个动态规划方程就把问题求解过程抽象为计算机能够理解和处理的形式,同时动态规划也对问题的解空间结构进行了建模。

（2）规约与嵌套。动态规划算法通常适用于具有最优子结构的问题,即全局最优解可以通过子问题的最优解构建而来,这就是计算思维中大问题规约成小问题求解的特点,同时大问题中嵌套了子问题,可以通过反复求解子问题的方式逐步得到整体问题的解。这种思想方法是计算思维中一种典型的思维方式,可以帮助用户有策略、有目标地把求解过程清晰化。

（3）折中。动态规划体现了空间复杂度与时间复杂度的折中,由于动态规划求解的子问题之间存在重叠问题,为了避免重复求解,就通过填表的方式记录已求解的问题的解,填表就需要牺牲一定的空间复杂度来换取时间效率。折中是计算思维的一个特征,体现在解决问题时对空间复杂度和时间复杂度的权衡,这种平衡会使解决实际问题的方法更具可行性。

动态规划通过结合问题抽象、定义状态、建立状态转移关系以及空间换时间等方法,提供了一种强大的思维框架,充分体现了计算思维解决复杂问题的特点。

4.3 动态规划的实践案例

4.3.1 最长等差子序列

1. 问题描述

给定一个整数数组 a 和一个整数 d,删除数组中的元素而不改变其余元素顺序的序列称为子序列,原数组也可以认为是子序列。找出数组 a 中最长等差子序列的长度,该子序列中从左至右相邻元素之间的差等于 d。例如,数组 $a=[9,4,7,2,10]$,当 $d=3$ 时,最长的等差子序列是 $b=[4,7,10]$,因为子序列中所有元素满足 $b[i]+d=b[i+1]$, $i=1,2$;当 $d=2$ 时,则最长的等差子序列的长度 1,即单个元素 $[9]$、$[4]$、$[7]$、$[2]$、$[10]$ 是最长等差子序列。

2. 求解方法：动态规划

（1）算法原理。

分析这个问题的解空间结构,如图 4-4 所示,原问题是求解 $a[1\sim n]$ 的最长等差子序列,其包含的子问题是一个更短数组的最长等差子序列,例如,$a[1\sim j]$, $1\leqslant j<n$。假设这个子问题已经得到了最优解,也就是 $a[1\sim j]$, $1\leqslant j<n$ 的最长等差子序列的长度已知,并且恰好 $a[n]-a[j]=d$,就说明 $a[1\sim n]$ 的一个等差子序列就是 $a[1\sim j]$ 的最长等差子序列补充一个新元素 $a[n]$,相应的长度加 1。但是这里有两个问题：

① 因为 j 的位置可以出现 $1,2,\cdots,n-1$ 等,如果有多个 j 的位置满足 $a[n]-a[j]=d$,选哪个呢? 很简单,遍历 j 的所有位置,选取等差子序列长度最长的位置,就是最后的 j 的位置。

② 如果所有 j 的位置都不满足 $a[n]-a[j]=d$,那么保持 $a[1\sim n]$ 的最长等差子序列是上一次的结果不变。

在确认了 j 的位置之后,就把原来的大问题分解为一个小的子问题了,也就是求解 $a[1\sim j]$, $1\leqslant j<n$ 的最长等差子序列。这个子问题的求解依然可以借鉴 4.1 节的思路,这样就可以分析动态规划方程了。

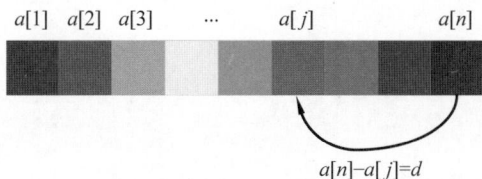

$$a[n]-a[j]=d$$

图 4-4　等差子序列

定义 $dp[n]$ 为以 $a[n]$ 作为结尾的最长等差子序列的长度,有两种情况:

① 不存在位置 j 满足 $a[n]-a[j]=d$,即 $a[1\sim n]$ 的最长等差子序列长度 $dp[n]$ 保持不变。

② 存在位置 j 满足 $a[n]-a[j]=d$,此时只需将 $a[n]$ 添加到 $a[1\sim j]$ 的最长等差子序列末尾,便可构成新的一个等差子序列,遍历所有 j 位置,可以得到 $dp[n]=\max\limits_{1\leqslant j<n}\{dp[j]+1\mid a[j]=a[n]-d\}$。

综合上面两种情况,同时将 n 替换为变量 i,可以得到动态规划方程:

$$dp[i]=\max_{1\leqslant j<i}\{dp[i],dp[j]+1\mid a[j]=a[i]-d\} \tag{4-3}$$

最长等差子序列的长度 $dp\_max=\max\limits_{1\leqslant i\leqslant n}\{dp[i]\}$。需要说明的是,$dp[1\sim n]$ 初始化的值是 1。

根据这个思路得到 $a=[9,4,7,10]$,$d=3$ 时动态规划的填表过程,dp 表初始化为 1,其过程如表 4-3 所示,得到该数组的最长等差子序列长度为 3。

表 4-3　dp 填表过程

j	i			
	1	**2**	**3**	**4**
1	1	1	1	1
2	1	1	1	1
3	1	1	2	1
4	1	1	2	3

计算过程如下所示。

$a[2]-a[1]=-5\neq 3$

$a[3]-a[1]=-2\neq 3$

$a[3]-a[2]=3=d$

$a[4]-a[1]=1\neq 3$

$a[4]-a[2]=6\neq 3$

$a[4]-a[3]=3=d$

(2) 伪代码。

```
Dynamic Programming
Input. 输入数组 arr,等差值 d
Output. 最长子序列长度
Method.
longestLength(arr, d)
```

```
1    N = arr.length()
2    if (N == 0) return 0
3    //dp[N]记录不同数组的最长等差子序列长度
4    //maxans 记录当前最长等差子序列长度
5    for (int i = 1; i <=N; i++)
6        dp[i] = 1  //初始化
7        for (int j = 1; j < i; j++)
8            if (arr[i] - arr[j] == d)
9                dp[i] = max(dp[i], dp[j] + 1)
10       maxans = max (maxans, dp[i])
11   return maxans
```

（3）复杂度分析。

时间复杂度：要利用二重循环填写一个数组，时间复杂度为 $O(n^2)$。

空间复杂度：存储一个一维数组，空间复杂度为 $O(n)$。

4.3.2　子系列和最大问题

1. 问题描述

给定 n 个整数(可能存在负数)组成的序列 $a=[a_1,a_2,\cdots,a_n]$，求 $\sum_{k=i}^{j}a_k$ 的值最大的子序列，注意，其值最大的子序列是连续的。当所有整数均为负数时，定义其最大子序列的和为0。

2. 解决方法：动态规划

（1）算法原理。

动态规划需要将大问题划分为小问题，使得小问题在最优求解的情况下大问题也能够最优求解。在分解问题时，需要先明白以下两个引理，才能得出小问题划分的方法。

引理1：以负数开头的子序列不会是最大子序列。

证明：令子序列为 $\{a_i,\cdots,a_j\}$，其中，$a_i<0$，则 $a_i+\cdots+a_j<a_{i+1}+\cdots+a_j$。也就是第一个负数元素只会让子序列和更小。所以引理1得证。

引理2：对子序列 $\{a_i,\cdots,a_j\}$，如果该子序列同时满足下面两个条件，则以元素 a_p 开头、以 a_j 结尾的任意子序列的和必定小于0。

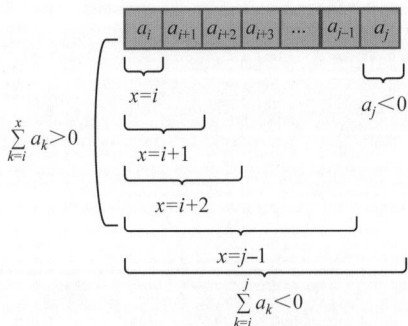

① 如果 x 取 $[i,j)$ 中的任意整数，$\sum_{k=i}^{x}a_k>0$；

② $\sum_{k=i}^{j}a_k<0$。

证明：如图 4-5 所示，条件②中，在 $\sum_{k=i}^{x}a_k>0$ 的情况下，只有 $a_j<0$ 才能使得 $\sum_{k=i}^{j}a_k<0$，所以可以推断 $a_j<0$；由条件①可知，若 x 取 i 时，$\sum_{k=i}^{x}a_k>0$，说明 $a_i>0$，因此 $\sum_{k=i}^{j}a_k\geqslant\sum_{k=i+1}^{j}a_k$；又由条件①可知，$\sum_{k=i}^{i}a_k>0$，所以得到 $\sum_{k=i}^{j}a_k\geqslant\sum_{k=x}^{j}a_k$，

图 4-5　引理2的图示

$x \in [i, j)$。

综合以上内容,可以得到 $0 > \sum\limits_{k=i}^{j} a_k \geqslant \sum\limits_{k=p}^{j} a_k$,其中,$p \in [i, j)$,由此引理 2 得证。

反证法:假设 $\sum\limits_{k=p}^{j} a_k > 0$,$p$ 是 $[i, j)$ 区间的整数,由条件② 中 $\sum\limits_{k=i}^{j} a_k = \sum\limits_{k=i}^{p-1} a_k + \sum\limits_{k=p}^{j} a_k < 0$ 得出 $\sum\limits_{k=i}^{p-1} a_k < 0$,该结论违反了引理 2 中的条件 ①,引理 2 得证。

由引理 1 可知,若 $a_i < 0$,则应将 a_{i+1} 作为子序列的开头元素(如果 $a_{i+1} > 0$)。

由引理 2 可知,若 $\sum\limits_{k=i}^{j} a_k < 0$ 且满足引理 2 的第一个条件,也就是存在 $x \in [i, j)$,满足 $\sum\limits_{k=i}^{x} a_k > 0$,则应以 a_{i+1} 作为最大连续子序列的开头元素(如果 $a_{i+1} > 0$)。实际上,引理 1 是引理 2 中 $j = i$ 时的特例。

定义函数 $f(j)$ 表示以第 j 个数字结尾的子数组的最大和(起始数字 i 不确定),$f[j] = \max\limits_{1 \leqslant i \leqslant j} \sum\limits_{k=i}^{j} a_k, 1 \leqslant j \leqslant n$,根据引理 1 和引理 2 可得

$$\max\limits_{1 \leqslant i \leqslant j \leqslant n} \sum\limits_{k=i}^{j} a_k = \max\limits_{1 \leqslant j \leqslant n} \max\limits_{1 \leqslant i \leqslant j} \sum\limits_{k=i}^{j} a_k = \max\limits_{1 \leqslant j \leqslant n} f[j] \tag{4-4}$$

由 $f[j]$ 的定义,可以构造动态规划方程为

$$f[j] = \max\limits_{1 \leqslant j \leqslant n} \{f[j-1] + a_j, a_j\} \tag{4-5}$$

当 $f[j] < 0$ 时,记 $f[j] = 0$。这个动态规划方程的意思是:如果 $a_j > 0$,则必有 $f[j-1] + a_j > a_j$,也就是 a_j 要计入这个最大和子序列;如果 $a_j < 0$,则必有 $f[j-1] + a_j < f[j-1]$,也就是 a_j 不计入这个最大和子序列,此时子序列的起始位置要重新开始。本节要求的最大问题的解,即最大和连续子序列的和为 $\max\{f[j]\}, 1 \leqslant j \leqslant n$。

接下来以 $a = [-2, 1, -3, 4, -1, 2, 1, -5, 4]$ 为例,运用上述思想解决问题。该动态规划过程需要用一个数组 $f[i]$ 来存储每个以第 i 个数字结尾的子数组的最大和,同时比较记录最大值 max。该动态规划填表过程如图 4-6 所示。

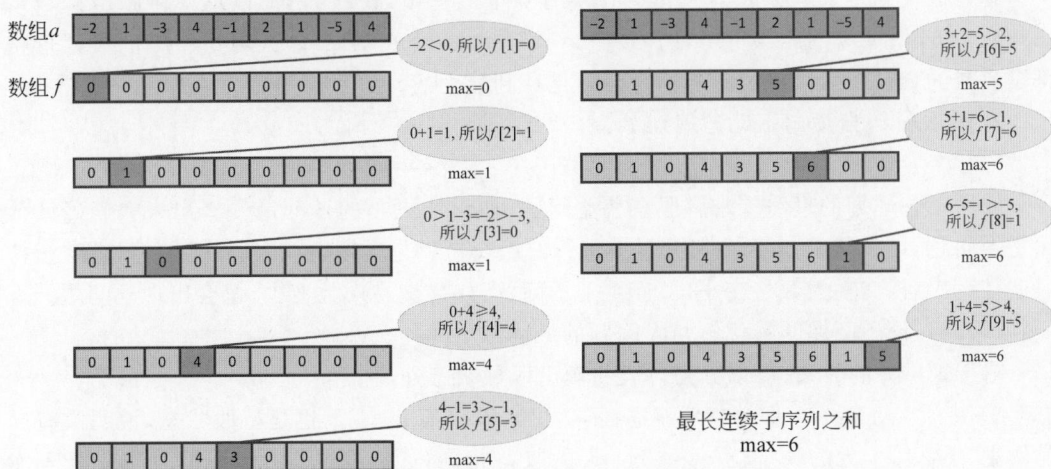

图 4-6 数组 a 的动态规划求解过程

（2）伪代码。

```
Dynamic Programming
Input. a
Output. 最大子序列之和
Method.
maxSubSum(a)
1    //创建数组 f 用来存储以第 i 个数字结尾的子数组的最大和
2    for(int i=0; i<f.length(); i++)   f[i]=0   //初始化 f 数组
3    max=0                                       //用 max 来存储最大的连续子序列之和
4    for(i=1; i<a.length(); i++)                 //从头开始遍历 a 数组
5        f[i]=max{f[i-1]+a[i],a[i]}
6        if(f[i] < 0) f[i]=0                     //若 f[i] 小于 0,则令其为 0
7        if(f[i] > max) max=f[i]                 //选取最大的子序列之和存储到 max
8    return max                                   //返回最大连续子序列之和
```

（3）复杂度分析。

时间复杂度：从伪代码不难看出,从头开始依次遍历 a 数组进行循环,循环了 n 次,所以时间复杂度为 $O(n)$。

空间复杂度：用数组 f 来进行动态规划存储以第 i 个数字结尾的子数组的最大和,所以空间复杂度为 $O(n)$。

4.3.3　股票获益最大问题

1. 问题描述

在股票交易中,买方在未来某个日期可以买入股票也可以卖出股票。给定 n 天的股价,交易者最多可以进行 k 笔交易(一次交易是一次买入以及一次卖出),其中,新交易只能在前一笔交易完成后开始,请找出股票交易者可以获得的最大利润。下面举两个例子。

（1）给定 $n=6$ 的股票价格 Price=[10,22,5,75,65,80],$k=2$,交易者可以购买第一天 Price=10 的股票,并在第二天 Price=22 时卖出,第一次交易结束,获利 12;第二次交易中,交易者可以在第三天购买股票 Price=5,并在第 6 天卖出,获利 75,所以总获利是 87。

（2）给定 $n=5$ 的股票价格,Price=[90,80,70,60,50],$k=1$,因为每一天的股票价格都是递减的,所以交易者选择不进行交易,是获利最大的。

2. 解法一：自顶向下动态规划 1

（1）算法原理。

使用动态规划的思路来求解股票获益问题,如何让更小的子问题暴露出来？先确认什么是大问题,在本节中,n 天内股票最多进行 k 次交易就是大问题。当确认了一天是继续持股还是卖出后,交易天数将变小,就产生了子问题,如果交易次数变少,也会出现子问题。下面,就需要讨论子问题的最优解与大问题的最优解之间的关系。

对于第 i 天的股票,可以分为持股和卖出两种状态处理。

① 持股。在第 i 天保持持股状态(不卖出),如果第 $i-1$ 天也是持股状态,说明没有交易发生,那么第 i 天的收益就与第 $i-1$ 天的收益相同;如果第 $i-1$ 天卖出,而第 i 天不卖出,那么就发生了一次新的交易,减少的最大收益值为第 i 天的价格 Price[i]。所以,第 i

天持股的最大收益为

max($-$ Price$[i]$ + 前 $i-1$ 天卖出获得的最大收益,前 $i-1$ 天持股获得的最大收益)

　　② 卖出。在第 i 天卖出股票,如果第 $i-1$ 天也已经卖出,那么第 i 天的最大收益就是第 $i-1$ 天卖出后获得的最大收益;如果第 $i-1$ 天保持持股,第 i 天卖出股票,那么第 i 天的最大收益就是 Price$[i]$+第 $i-1$ 天持股获得的最大收益。所以,第 i 天卖出的最大收益为

max(Price$[i]$ + 第 $i-1$ 天持股获得的最大收益,第 $i-1$ 天卖出获得的最大收益)

　　根据上面的分析,定义一个三维数组 dp$[i][j]$[state] 来表示最优解,其中,i 表示持股时间,j 表示交易次数,state 表示此时持有股票的情况(1 表示持有股票,0 表示已经卖出),则 dp$[i][j][0]$ 表示在第 i 天结束时,最多进行 j 次交易且在进行操作后已卖出的情况下可以获得的最大收益;dp$[i][j][1]$ 表示在第 i 天结束时,最多进行 j 次交易且在进行操作后持有股票(买入但是未卖出)的情况下可以获得的最大收益。

　　则动态规划方程为

$$\text{dp}[i][j][\text{state}] = \begin{cases} \max(-\text{Price}[i] + \text{dp}[i-1][j-1][0], \text{dp}[i-1][j][1]) & \text{state} = 1 \\ \max(\text{Price}[i] + \text{dp}[i-1][j][1], \text{dp}[i-1][j][0]) & \text{state} = 0 \end{cases}$$

$$(4\text{-}6)$$

　　初始情况下,股票是买入还是卖出状态都未知,假设 dp$[i][j][0]$ = dp$[i][j][1]$ = -1。

　　(2) 动态规划伪代码。

```
Input. Price, n, k
Output. 最大获益
Method.
maxprofit (idx,j,state)          //idx 表示第 idx 天,Price 是股票价格,state 表示买入
                                 //或者卖出状态,j 是交易次数,n 是总天数
1    if j> k return 0            //j 是交易次数,此时不能再交易了
2    if idx == n + 1  return 0   //到达最后一天,此时不能再交易了
3    profit=0                    //最大获益
4    if state == 1
5        profit=max(-Price[idx]+maxprofit(idx-1,j-1,0),maxprofit(idx-1,j,1)
6    else
7        profit=max(Price[idx]+maxprofit(idx - 1, j, 1),maxprofit(idx -1, j,0))
8    return profit
```

　　(3) 动态规划复杂度分析。

　　时间复杂度:搜索树 $O(2^{nk})$。

　　空间复杂度:$O(1)$。

　　(4) 存储优化。

　　对于动态规划方程,很多相同的子问题会进行多次求解,因此可以通过记忆化,存储所有遍历过的情况,提高算法效率。

　　(5) 记忆化伪代码。

```
Memoization -Dynamic Programming
Input. Price, n, k
```

```
Output. 最大获益
Method.
maxprofit (idx,j,state)
1    if dp[i][j][state] != -1  return dp[i][j][state]
2    if idx == n + 1              return 0
3    if j > k    return 0
4    res = 0
5    if state == 1
         res = max(-Price[idx]+maxprofit(idx-1,j-1,0),maxprofit(idx-1,j,1))
6    if state == 0
         res = max(Price[idx]+maxprofit(idx - 1,j,1),maxprofit(idx -1,j,0))
7    return dp[i][j][state] = res
```

（6）记忆化复杂度分析。

时间复杂度：由于没有重复调用，调用总次数是 $O(nk)$。

空间复杂度：使用的是二维数组记录结果，空间复杂度是 $O(nk)$。

3. 解法二：自底向上动态规划 2

（1）算法原理。

基于 n 天中最多选择 k 次交易的条件，可以换一个动态规划的思想来解决该问题。在 n 天中最多进行 k 次交易是一个大问题，如果了解了某一天的交易情况（是否卖出），该问题的规模就变成了 $n-1$ 天或者最多 $k-1$ 次的小问题。根据动态规划的思路，所有子问题的最优解是已知的，只需要通过子问题的最优解来推断大问题的最优解。

假设针对第 n 天进行分析，对于第 n 天的价格，最多进行 k 次交易，可以选择是否卖出当天股票来判断最优解的情况，这里存在两种情况。

① 如果第 n 天不进行任何操作，那么第 n 天的最大获益就是前 $n-1$ 天进行 k 次交易得到的最大获益。

② 如果第 n 天进行卖出操作，那么需要综合考虑这个价格和前面某一天的买入价格计算收益，也就是与 $1\sim n-1$ 天中的第 j 天的买入价格比较，这天的买入操作使得第 n 天的最大获益为 $\text{Price}[n]-\text{Price}[j]$，但是因为不确定 j 是多少，所以需要在前面的 $n-1$ 天中选一个获益最大的一天，同时，还需保证在第 j 天之前最多完成了 $k-1$ 次交易，也就是说，第 n 天的第 k 次交易得到的最大获益就是当天最大获益＋前面第 j 天的最多 $k-1$ 次交易的最大获益。

针对上面两种情况，需要再进一步选择一个获益最大的方案。根据上面分析，可以用一个二维数组 $\text{dp}[i][j]$ 表示到第 j 天为止，最多完成 i 次交易的最大获益。如果第 j 天不选择进行卖出操作，那么第 j 天最多 k 次交易的最大获益由 $j-1$ 天最多 k 次交易的最大获益得到，即 $\text{dp}[i][j]=\text{dp}[i][j-1]$；如果第 j 天选择进行卖出，那么此时需要找到第 m 天（$m\in\{1,2,\cdots,j-1\}$）买入股票，使得第 j 天卖出获益最大，即 $\text{dp}[i][j]=\max(\text{dp}[i-1][m]+\text{Price}[j]-\text{Price}[m])$，$1\leqslant m\leqslant j-1$。

这样，动态规划方程可以写为

$$\text{dp}[i][j]=\max(\max_{1\leqslant m\leqslant j-1}\text{dp}[i-1][m]+\text{price}[j]-\text{price}[m],\text{dp}[i][j-1]) \qquad (4\text{-}7)$$

边界条件：交易次数为 0 时最大获益为 0，第 0 和第 1 天的最大获益为 0，即 $\text{dp}[0][j]=$

$dp[i][1]=dp[i][0]=0,1{\leqslant}j{\leqslant}n,1{\leqslant}i{\leqslant}k$。

下面举一个例子，Price$=[10,22,5,75,65,80]$，$k=2$，$dp[2][6]$的最大值可以由子问题 $dp[2][5]$转移得到，因为第 5 天获益最大，同理，$dp[2][5]$可由更小的子问题 $dp[2][4]$的最大值转移得到，以此类推，直到 $i=0$，或者 $j=1$ 边界条件求得，图 4-7 描述了这个问题分解过程。

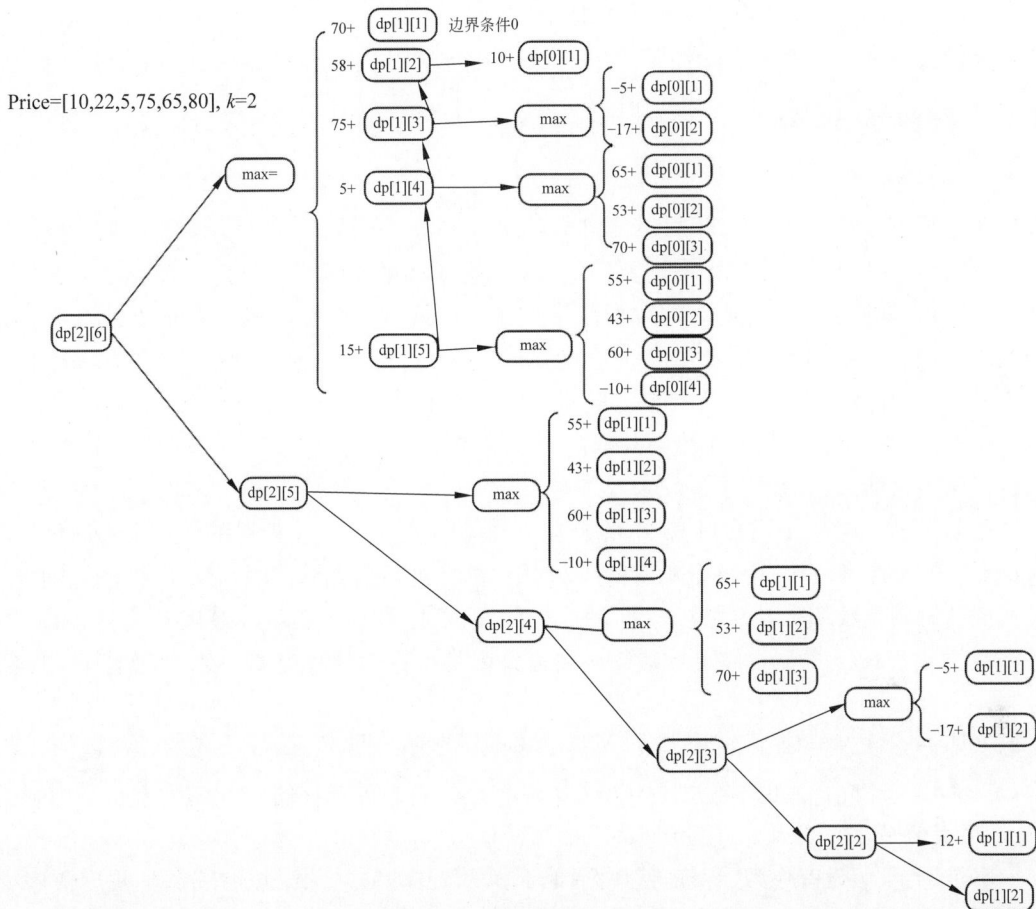

图 4-7　动态规划转移过程

（2）伪代码。

```
Dynamic Programming
Input. Price, n, k
Output. The max profit
Method.
maxprofit(Price,k,n)        //Price是价格表,k是交易数,n是天数
1     for i = 0 ~ k     dp[i][1] = 0
2     for i = 1 ~ n     dp[0][i] = 0
3     for i = 1 ~ k
4        for j = 1 ~ n
5            max_profit = minMost
```

```
6              for m = 1 ~ j - 1
7                  max_profit = max(max_profit,Price[j] - Price[m]+dp[i-1][m])
8          dp[i][j] = max(max_profit,dp[i][j - 1])
9      return dp[k][n]
```

（3）复杂度分析。

时间复杂度：填写一个二维数组的时间是 $O(nk)$。

空间复杂度：存储一个二维数组的空间是 $O(nk)$。

4.3.4　图像编码问题

1. 问题描述

在计算机中常用像素点灰度值序列 $\{p_1, p_2, \cdots, p_n\}$ 表示图像，其中整数值 $p_i \in \{1, 2, \cdots, 255\}$，$i = 1, 2, \cdots, n$。如果不需要压缩图像，就可以用 8 位二进制存储每个 p_i；如果需要压缩图像，就不能用同样的 8 位数来存储所有 p_i。现有一个图像压缩存储的思路就是将像素序列 $\{p_1, p_2, \cdots, p_n\}$ 分割成 m 个连续段 $S_1, S_2, \cdots, S_m$，每个像素段 $S_j (1 \leqslant j \leqslant m)$ 中的灰度值用相同的编码位数，例如，落入 S_1 的灰度值都用 2 位编码，而落入 S_2 的灰度值可以用 4 位编码。由于不同的像素段中灰度值的编码长短不同，就可以尽可能用少的位数对图像进行压缩存储。

用 $l[j]$ 表示第 j 个像素段 S_j 中的像素个数，假设落入这个像素段的像素个数满足 $1 \leqslant l[j] \leqslant 255$，对像素段 S_j 内每个灰度值用 $b[j]$ 位的二进制数存储，注意，这个像素段内的所有灰度的编码位数都是 $b[j]$ 位。$b[j]$ 的取值可以根据这个像素段内最大灰度值来确定，$b[j] = \lceil \log_2(\max_{p_i \in S_j} p_i + 1) \rceil$，它可以编码该像素段内每个像素的灰度值。那么，像素段 S_j 需要的存储空间就是 $l[j] \times b[j]$，则 m 个连续段的总存储空间为 $\sum_{j=1}^{m} l[j] \times b[j] + 11m$，其中，11 表示存储 $b[j]$ 用的 3 位二进制数（$b[j]$ 最大值是 7）以及存储 $l[j]$ 用的 8 位二进制数（$l[j]$ 最大值是 255）的和。

举个例子，假设有像素点灰度值序列 $\{4, 4, 5, 5, 255, 255\}$，如果压缩算法把灰度值序列分成两个像素段 $m = 2$，由 $b[j]$ 的计算公式可知 4、5 需要 3 个二进制位存储，255 需要 8 个二进制位存储。当 4、5、255 都在同一像素段时，每个数据都需要 8 位二进制数，总共需要 $6 \times 8 = 48$ 个二进制位，再加上初始的 11 位二进制数，一共有 59 个二进制位；当 $\{4, 4, 5, 5\}$ 在第 1 像素段、$\{255, 255\}$ 在第 2 像素段时，则总共有 $4 \times 3 + 2 \times 8 = 28$ 个二进制位，再加上两段初始的存储空间 11×2，一共需要 50 个二进制位。未压缩前，序列 $\{4, 4, 5, 5, 255, 255\}$ 需要 59 个二进制位，但将其分为两个像素段后，则需要 50 个二进制位，可以减少数据存储容量，达到图像压缩的目的。

本节的问题是，如何对灰度序列 $\{p_1, p_2, \cdots, p_n\}$ 进行最优划分，使其需要的存储空间达到最小？

2. 求解方法：动态规划

（1）算法原理。

根据动态规划的思想，需要先明确什么是大问题，什么是子问题，然后假设子问题的最优解都已经得到,再由子问题的解得出大问题的解。在图像编码这个问题中,像素序列的长度越大,问题规模就越大;反过来,如果像素序列的长度缩短,对应的就是子问题。下面分析大问题的最优解和子问题的最优解的关系。

假设现在的大问题是灰度值序列$\{p_1,p_2,\cdots,p_n\}$,子问题是灰度值序列$\{p_1,p_2,\cdots,p_i\}$,$1\leqslant i<n$,所有这些子问题的最优划分已经得到了。对灰度值序列$\{p_1,p_2,\cdots,p_n\}$在k这个位置进行分段,那么$\{p_1,p_2,\cdots,p_k\}$是子问题,其最优划分已经得到了。只需要把序列$k+1$到n分到一个段就可以了。由于又多了一次划分段,需要在原位数的基础上再加11,那么这个新增的划分段中每个灰度值的编码位数是$\lceil\log_2(\max\limits_{k+1\leqslant j\leqslant n}p_j+1)\rceil$,总的编码位数就是$(n-k)\times\lceil\log_2(\max\limits_{k+1\leqslant j\leqslant n}p_j+1)\rceil+11$。下一个问题是,这个位置$k$选在哪里最好?需要尝试$k$的所有可能位置,如图 4-8 所示,这里有四个可以选的划分位置,选一个最小的划分代价,对应的位置就是最优的k位置。

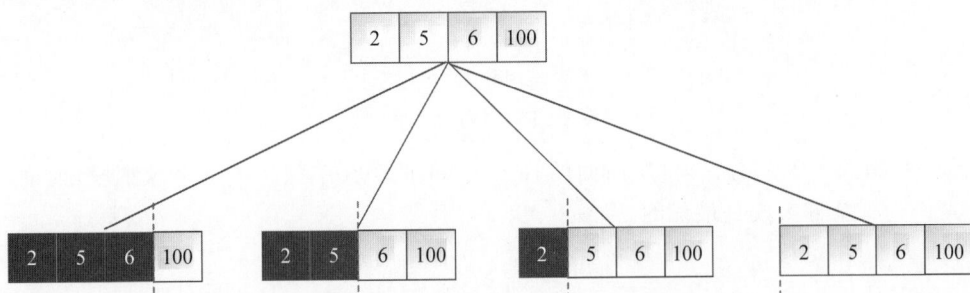

图 4-8 灰度值序列$\{2,5,6,100\}$的划分示意图

对于最小子问题,有$i=1$个序列,该序列只有一个元素,不能再分,所以一定为最优分段,由这个最小子问题,可以逐步推导出对于它的每一个大问题的解。

根据上面的分析,定义一个符号$s[i]$表示像素序列$\{p_1,p_2,\cdots,p_i\}$的最优分段所需的存储位数,$i=1,2,\cdots,n$。定义动态规划方程为

$$s[i]=\min_{0\leqslant k\leqslant i-1}s[k]+(i-k)\times b\max(k+1,i)+11 \tag{4-8}$$

其中,$b\max(k+1,i)=\lceil\log_2(\max\limits_{k+1\leqslant j\leqslant i}p_j+1)\rceil$。定义$s[0]=0$表示一个空序列作为边界条件,$s[n]$就是原问题的解。

下面以序列$\{2,5,6,100,16\}$为例来论述该算法过程。

① 对于序列$\{2\}$,不能将其再分解,只能作为一个像素段,如图 4-9 所示。

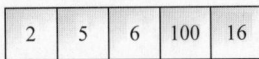

最小子问题: 序列$\{2\}$

$s[1]=11+2=13$

图 4-9 序列$\{2\}$

② 对于序列$\{2,5\}$,可以把整段序列作为一个像素段考虑,也可以把它作为两个像素段考虑,通过计算可以得到,把它作为一个像素段考虑是更优的。

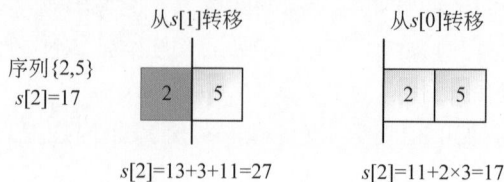

图 4-10　序列{2,5}

③ 对于序列{2,5,6}，基于前面分析已经得到的两个结果，综合新加入的元素 6，共有三种像素段分法，分别考虑从 $s[0]$、$s[1]$、$s[2]$ 转移。最终选择从 $s[0]$ 转移，表明把整段作为一个像素段是更优的。

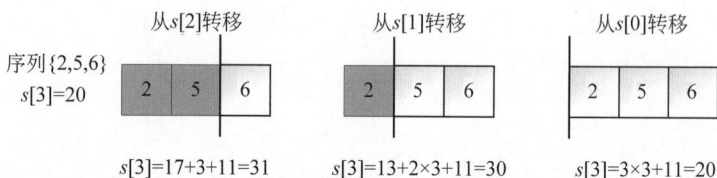

图 4-11　序列{2,5,6}

④ 对于序列{2,5,6,100}，从前面的答案可知，把 100 单独作为一个像素段，前面的三个元素作为一个像素段是最优的。

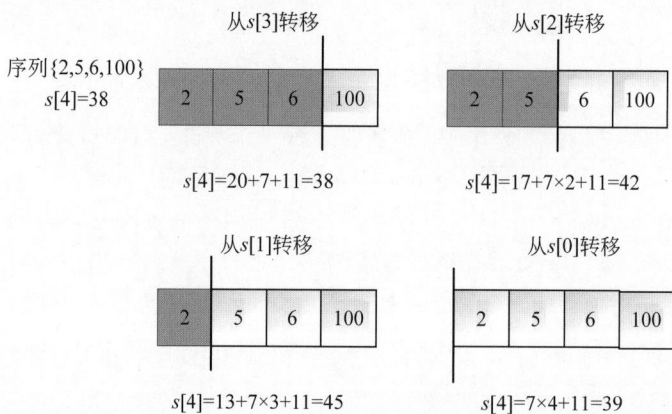

图 4-12　序列{2,5,6,100}

⑤ 对于序列{2,5,6,100,16}，可以得到相同的答案。

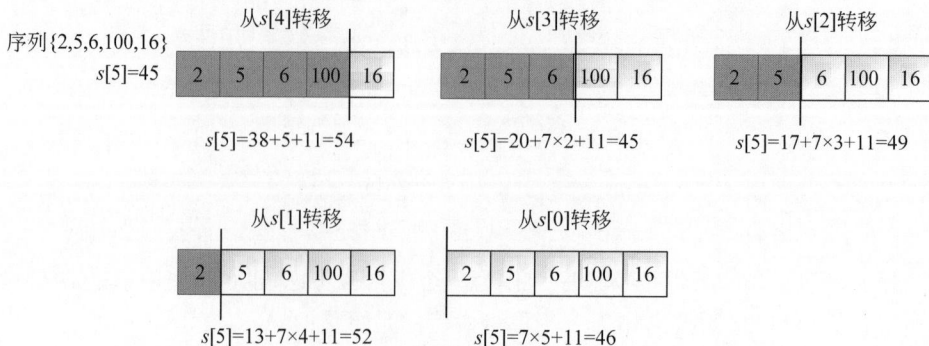

图 4-13　序列{2,5,6,100,16}

（2）伪代码。

```
Image coding Problem
Input. 图像灰度序列
Output. 最优划分的图像像素段 s
1    s[0]=0
2    for i in 1 to n                    //n 是输入的图像灰度序列
3        for j in 0 to i-1
4            s[i]=min(s[i],s[j]+(i-j)*bmax(j+1,i)+11)
5    return
```

（3）复杂度分析。

时间复杂度：双重循环，时间复杂度为 $O(n^2)$。

空间复杂度：需要一个数组来存储答案，空间复杂度为 $O(n)$。

4.3.5　最长不重叠子串问题

1. 问题描述

给定一个字符串 str，找到其中长度相同且不重叠的子串，在这些子串中再找出最长的子串，如果存在多个这样的子字符串，则返回其中任何一个，如表 4-4 所示。注意，只出现一次的子串不符合要求。

表 4-4　最长不重叠子串

输入 str	输　　出	输入 str	输　　出
"geeksforgeeks"	"geeks"	"aaaaaaaaaaa"	"aaaaa"
"aab"	"a"	"banana"	"an"或"na"
"aabaabaaba"	"aaba"		

2. 解决方法：动态规划

（1）算法原理。

如果采用蛮力法，就是选择一个子串，然后判断剩下的子串中是否会重复出现该子串，在这个过程中，需要遍历所有子串，其复杂度是 $O(n^2)$，而判断是否重复的复杂度是 $O(n)$，所以蛮力法的复杂度是 $O(n^3)$。

下面采用动态规划的思路解决该问题。由于这个问题要考虑重复出现的子串，所以问题的规模由这个重复出现的子串的结束位置决定，共有两个结束位置，一个是前面子串的结束位置，另一个是后缀中重复出现的子串的位置。这两个结束位置中任何一个位置更大，就意味着有更大的问题。如图 4-14 所示，假设当前有一个子串是以 $i-1$ 结尾的，在剩下的串中存在一个相同的子串，这个子串以 $j-1$ 结尾，那么，以 i 结尾和以 j 结尾的问题就是更大的问题，这时，有以下两种情况要考虑。

① $str[i]=str[j]$，这意味着前面重复出现的子串可以扩充一个字符，变成更大的子串，但

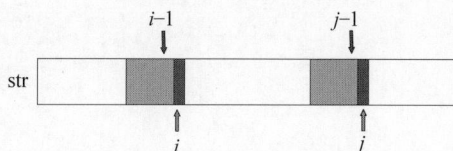

图 4-14　问题嵌套结构

是要注意这个扩充的字符不能导致前后两个子串出现重叠,如果出现重叠,说明对于以 i 结束的子串而言,在其后缀中不存在以 j 位置结束的重复子串;

② $str[i] \neq str[j]$,说明对于以 i 结束的子串而言,在其后缀中不存在以 j 位置结束的重复子串。

基于上面的分析,定义符号 $L[i,j]$,表示以 i 结束的子串和以 j 结束的子串的重复子串的最大长度,可表示为

$$L[i,j] = \begin{cases} L[i-1,j-1]+1, & str[i]=str[j], j-i>L[i-1,j-1] \\ 0, & \text{其他} \end{cases} \tag{4-9}$$

其中,条件 $j-i>L[i-1,j-1]$ 表示新增的字符不会导致前后两个重复子串出现重叠。

实现的过程是一个填表过程,如图 4-15 所示,利用一个二重循环遍历整个数组之后就得到了字符串中所有重复且不重叠的 $L[i,j]$ 值,$L[i,j]$ 的最大值提供了最长重复子串的长度,可以根据它的长度与字符串结束的后缀找到最长的重复子串。

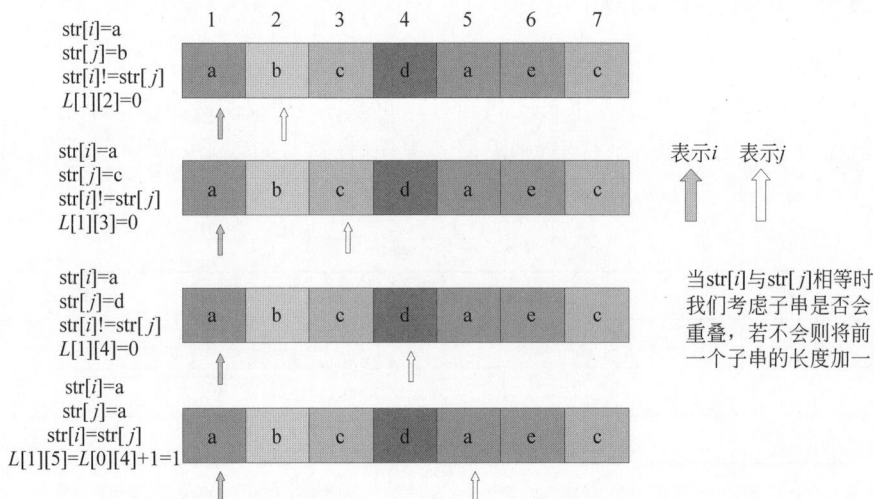

图 4-15 "abcdaec"的执行过程

(2)伪代码。

```
Dynamic Programming
Input: 字符串 str,字符串长度 n
Output: 最长不重叠重复子串
Method.
LongestRepeatSubstr(str, n)
//res 保存最长子序列,res_length 记录最长子序列的长度,index 记录结束位置
1  n=str.length()
2  for i=1 to n
3      for j=i+1 to n
4          if(str[i-1] == str[j-1] && L[i - 1][j - 1] <(j - i))
5              L[i][j] = L[i-1][j-1] + 1
6              if(L[i][j] > res_length)        //判断当前子序列是否大于最大的子序列
7                  res_length = L[i][j]        //更新最长子序列的长度
8                  index=max(i, index)        //更新子序列的结束位置
```

```
9              else
10                L[i][j] = 0
11 if(res_length > 0)                        //若子序列存在
12    for i=index-res_length+1 to index
13       res.push_back(str[i-1])             //将子序列中的字符逐个加入 res 中
14 return res                                //返回最长重复且不重叠子序列
```

4.3.6 粉刷问题

1. 问题描述

前文已经介绍过该问题的分治法求解过程,这里用动态规划再求解该问题。

给定 n 块木板和 k 位画家,每块木板的长度已知。每位画家需要 1 个单位的时间来绘制 1 个单位的木板,每位画家只能绘制木板的连续部分,如图 4-16 所示,画家可以连续粉刷 $(a1,a2)$,但是不可以粉刷 $(a1,a3)$,因为 $a1$ 和 $a3$ 之间隔了 1 块木板 $(a2)$。本节的问题就是在这个约束下找到绘制所有板的最短时间。也就是说,将数组分为 k 组,并找到 k 个数组各自的和,这些数组之和的最大值就是这个划分的粉刷代价,需要求解一个划分,使得这个代价最小。

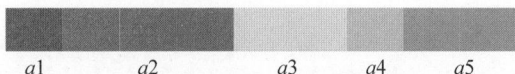

$a1$ $a2$ $a3$ $a4$ $a5$

图 4-16 一个粉刷问题的示例

输入:$n=4,A=\{10,20,30,40\},k=2$。

输出:60。

解释:由于只有 2 位画家,可以想象为将几块木板切成两部分,然后计算每部分所花费的最长时间,可以有三种划分方式,如图 4-17 所示。情况三将前 3 块板分给画家 1($\{10,20,30\}$),时间就是数组之和 60,最后一块板 40 分给画家 2($\{40\}$),时间是该数组之和 40。这两个数组之和中选择最大的时间,因此总时间是 60,这种划分法所用的时间是三种情况中的最小值,也就是最优解。

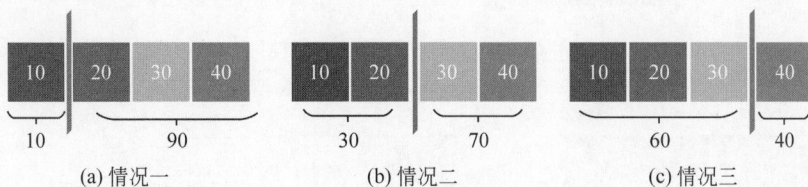

(a)情况一   (b)情况二   (c)情况三

图 4-17 三种划分

2. 求解方法:动态规划

(1)算法原理。

对于这个问题,可以利用木板的长度以及画家的人数作为问题规模大小的度量,也就是木板块数越多,画家人数越多,问题就越大。如果总木板有 n 块,需要 $k-1$ 位画家分配,那就是一个子问题,或者说,如果总木板有 $n-1$ 块,需要 k 位画家分配,那也是一个子问题。可以根据子问题的解构造大问题(n 块木板,k 位画家)的解。

本节的做法是把 n 块木板分成两部分,前面部分的木板已经按最优的分配方法分配给了其他 $k-1$ 位画家,后面剩下的木板都分配给第 k 位画家。然后比较其他 $k-1$ 位画家绘制的最短时间与第 k 位画家绘制的时间,两者的最大时间就是 n 块木板绘制所需的最短时间。但是这种做法的问题是并不知道这个切分位置,所以所有可以切分的位置都需要尝试,观察哪个位置切分出来的时间最短,就是原问题的最优解。

基于上述的思路,定义一个符号问题 $T(n,k)$,表示 n 块木板分配给 k 位画家的最短完成时间,假设在 i 的位置切分,前面 i 块木板分配给其他 $k-1$ 位画家,第 $i+1$ 块木板到第 n 块木板分配给第 k 位画家。可以得出

$$T(n,k) = \min_{1 \leqslant i < n} \left\{ \max \left\{ T(i,k-1), \sum_{j=i+1}^{n} A_j \right\} \right\} \tag{4-10}$$

其中,$\sum\limits_{j=i+1}^{n} A_j$ 表示第 $i+1$ 块木板到第 n 块木板分配给第 k 位画家粉刷需要的时间,$T(i,k-1)$ 表示 i 块木板分配给 $k-1$ 位画家的最短粉刷时间。

边界条件:$T(1,k) = A_1$,$T(n,1) = \sum\limits_{j=1}^{n} A_j$。

图 4-18 是上述算法的一个示意过程。

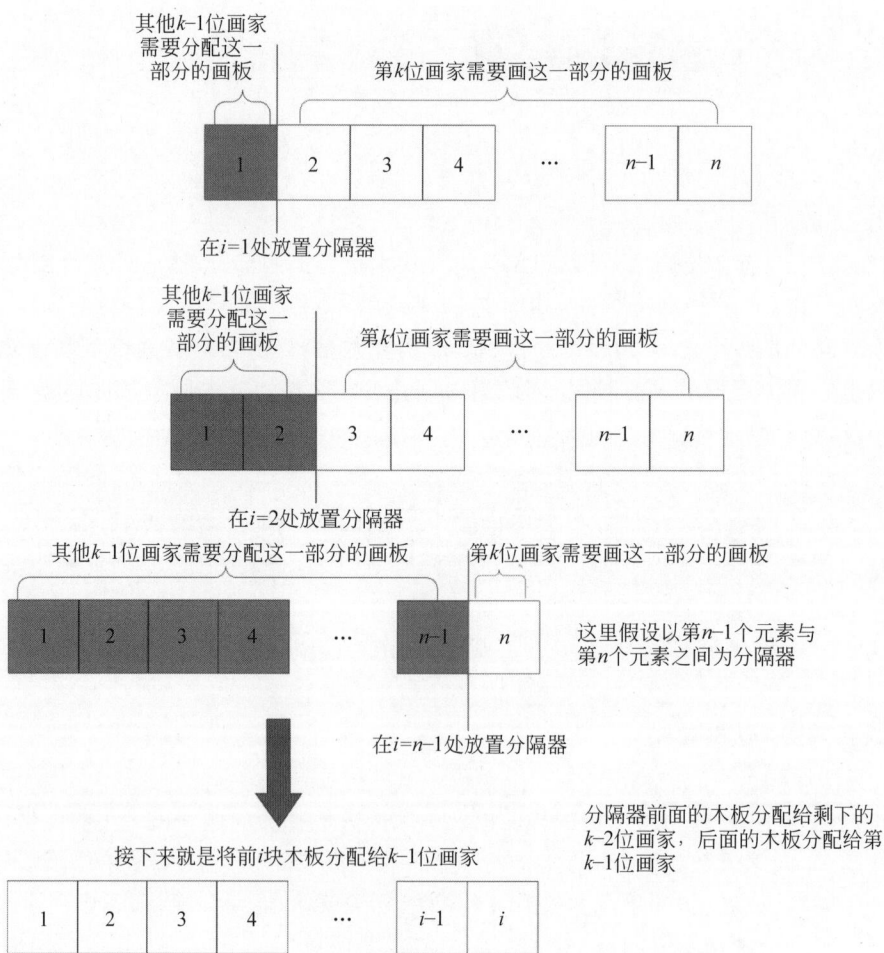

图 4-18　算法执行过程示意

（2）伪代码。

```
Dynamic planning
Input. 木板数组 arr,画家数 k
Output. 最优划分的完成时间
Method.
int partition(arr, n, k)
1  for (i=1;i<=k; i++)
2    T(1, i) = arr[1]            //若只有一块木板,直接返回第一块木板的长度
3  for (i=1;i<=n; i++)           //若只有一位画家,直接返回第1块木板到第n块木板的长度和
4    T[i,1] = sum(arr, 1, i)
5  for (i=2;i<=k;i++)            //将分隔器从第一块放置到第n块,求出最优解best
     for (j=2; j<=n; j++)
       best = Int_Max
       for (p =1; p<j; p++)
         best=min(best, max(T(p,i-1), sum(arr, p+1, j)))       //sum计算木板长度之和
       T(j,i) = best;
6  return T(n,k)
```

（3）复杂度分析。

时间复杂度：$O(n^2 k)$。

空间复杂度：$O(nk)$。

4.3.7　树的最大高度问题

1. 问题描述

给定一棵有 n 个节点和 $n-1$ 条边的树,如果在任何节点都可以为根的情况下,可以得到的树的最大高度是多少? 对于图 4-19 给定的树,如果以 1 为根,可以得到的树的最大高度为 3,最长路径是 1—2—4—6 或 1—3—7—8;如果以 2 为根,树的最大高度是 4,最长路径是 2—1—3—7—8。

2. 求解方法：动态规划

一个最容易的思路是枚举树上的每个节点作为根节点,然后通过深度优先搜索求出以该节点为根节点的树的最大高度。但是这种方法的复杂度是 $O(n^2)$,有没有另一种更快的算法呢?

（1）算法原理。

这个问题可以用动态规划的思想来解决,这样就不需要将每一个节点作为根节点进行多次 DFS,而是基于节点之间的父子关系,通过一次 DFS 把访问过的节点的路径信息传递给当前节点,从而避免冗余计算。

对于本节的问题,大问题是一整棵树,子问题是部分树,如图 4-20 所示,如果节点 2 是根节点,它的树高度由两部分组成。一部分是向下的最长路径,另一部分是向上的最长路径。向下的最长路径涉及子树,而向上的最长路径涉及父节点 1 以及它的子树。因此,这些问题都涉及子树的最长路径,都对应着更小的问题解。

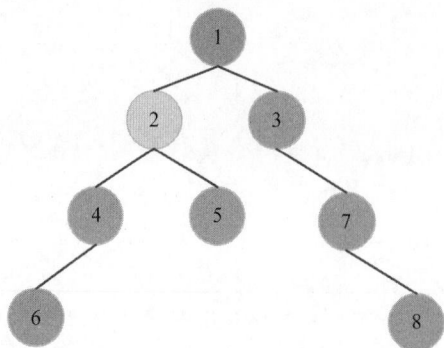

图 4-19　树的最大高度示例　　　　　　图 4-20　大问题和子问题

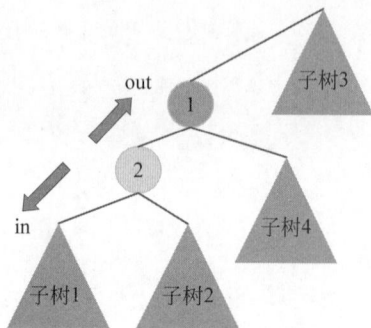

　　为了找到大问题的最优解与子问题的最优解的关系,假设将节点 2 作为根节点,从它出发有两个方向,一个是向下(子节点)的 in 方向,另一个是向上(父节点)的 out 方向。in 方向有两棵子树,它们向下的最大长度就是节点 2 向下的最大长度,说明大问题的解可以由子问题的解构建。

　　out 方向只有节点 2 的父节点 1,节点 1 对节点 2 的路径长度的贡献分为两种情况:①节点 1 继续向上的路径长度,这个问题和节点 2 向上的路径问题是一类问题,但是规模更小;②节点 1 向下的路径长度,这个问题和节点 2 的向下路径问题是一类问题,但是规模更小。比较情况①和情况②的路径长度,选择路径更长的情况。

　　根据上面的分析可知,这个树的最大高度问题包含了两个需要利用动态规划求解的问题。

　　① in 方向的最长路径问题。

　　假设当前节点是 u,定义一个符号 $in[u]$,表示 u 向下方向的最大路径长度。假设 j 是 u 的子节点,$child[u]$ 为 u 的子节点集合,那么 u 向下方向的最大路径就是所有子节点中向下的最长路径中最大的,即

$$in[u] = \max_{j \in child[u]}(in[j]+1, in[u]) \tag{4-11}$$

　　② out 方向的最长路径问题。

　　当前节点是 u,$parent(u)$ 是 u 向上的父节点,定义一个符号 $out[u]$,表示 u 向上方向的最大路径长度,即为其父节点 $parent(u)$ 向上的最长路径或向下的最长路径的最大者。

$$out[u] = 1 + \max(out[parent(u)], longest) \tag{4-12}$$

其中,$out[parent(u)]$ 是 u 的父节点向上的路径长度,而 $longest$ 是 u 的父节点的子树(排除 u)中的最长路径。$longest$ 的值就是 in 方向所有子树的最长路径,可以表示为

$$longest = \max(in[i]+1, longest), i \in child[parent(u)] \land i \neq u \tag{4-13}$$

　　通过 $longest$ 更新 $out[u]$ 的样例如图 4-21 所示。

　　在图 4-21 中,当前节点 $u=2$,假设节点 2 的 $in[2]=2$ 已经得到了,节点 2 的父节点是节点 1,节点 1 的子节点还包括节点 3,节点 1 向上的最大路径长度为 $out[1]=1$,同时节点 1 向下的路径长度是 2,也就是 $longest=2$,根据公式 $\max(out[parent(u)], longest)=2$,就可以得到 $out[2]=3$。

　　这样就求得了对于每一个节点的向下最大路径长度 $in[u]$ 和向上最大路径长度 $out[u]$,只

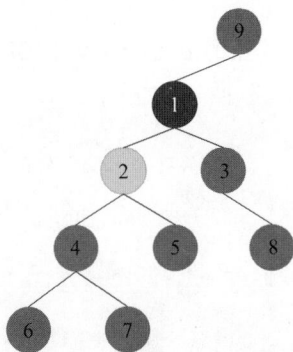

图 4-21 out 值的更新样例

需要在它们中间取一个最大值即可。设当前节点为 u，定义符号 $f[u]$ 为以 u 为根节点的树的最大高度，那么有

$$f[u] = \max(\text{in}[u], \text{out}[u]) \tag{4-14}$$

可以通过图 4-22 来描述算法过程。

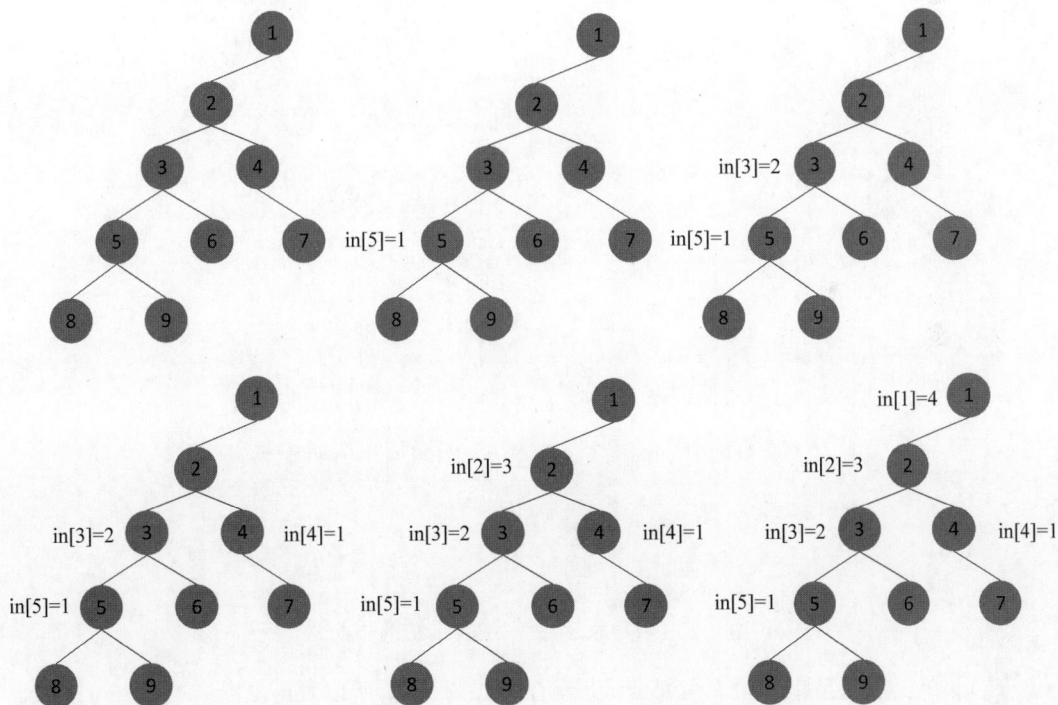

图 4-22 树中求解每个节点 in 值的过程

① 由于 out 的求解是依赖 in 的，所以先来求解 in。递归得到的最深层的节点，并没有子树，所以它们的 in 为 0，例如，in[8]＝in[9]＝0，在求解过程中省略。

- 以节点 1 为递归入口，递归到节点 5：in[5]＝max(in[8],in[9])＋1＝1；
- 从节点 5 回溯到节点 3：in[3]＝max(in[5],in[6])＋1＝2；
- 从节点 3 回溯到节点 2 再到节点 4：in[4]＝in[7]＋1＝1；
- 从节点 4 回溯到父节点 2：in[2]＝max(in[3],in[4])＋1＝3；

● 从节点 2 回溯到根节点 1：in[1]=in[2]+1=4。

这样一来，就成功求得了每个节点的 in 值，也就是 DFS 的深度。

② 下面来求解 out 值，如图 4-23、图 4-24 所示。

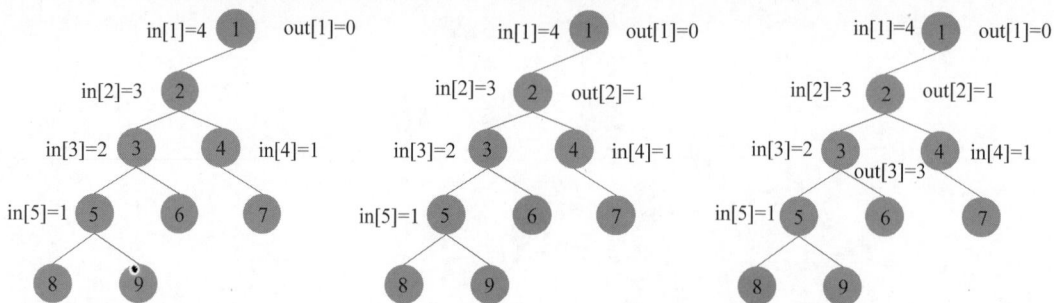

图 4-23　树中求解每个节点 out 值的步骤 1

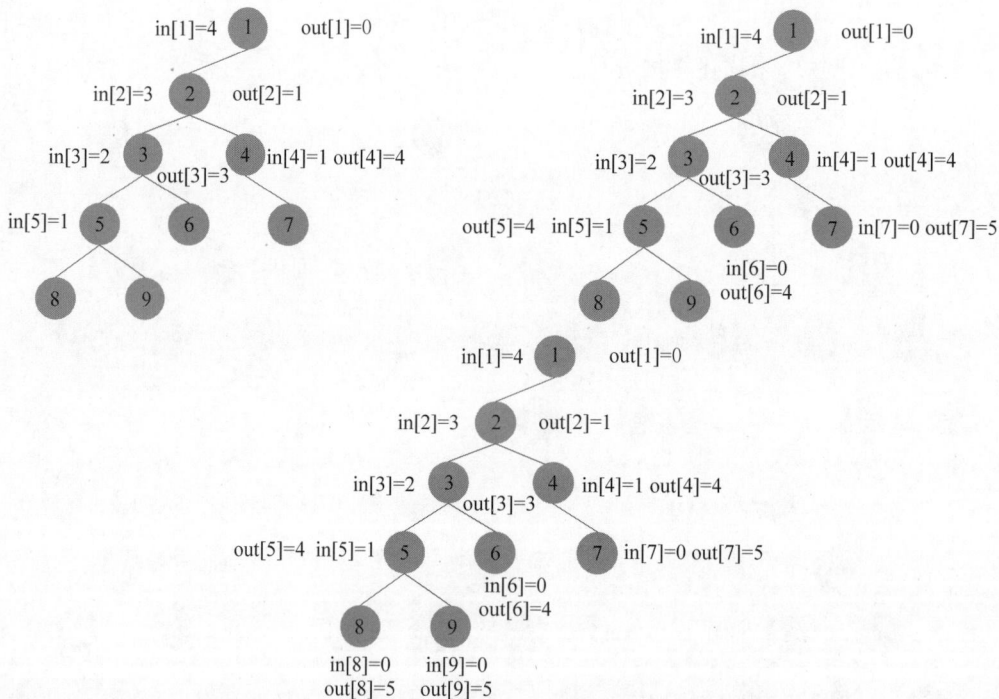

图 4-24　树中求解每个节点 out 值的步骤 2

● 对于节点 1，由于它没有父节点，也没有第二个子树，所以 out[1]=0；

● 对于节点 2，它的父节点为 1。节点 1 没有节点 2 以外的其他子树，因此其他子树的最长路径 longest=0，故 out[2]=max(out[1],longest)+1=1；

● 对于节点 3，它的父节点为 2。节点 2 还有另一棵子树节点 4，所以 longest=in[4]+1=2，故 out[3]=max(out[2],longest)+1=3；

● 对于节点 4，它的父节点为 2。节点 2 还有另一棵子树节点 3，则 longest=in[3]+1=3，故 out[4]=max(out[2],longest)+1=4；

● 对于节点 5，它的父节点为 3。节点 3 还有另一棵子树节点 6，则 longest=in[6]+

$1=1$,故 out[5]=max(out[3],longest)+1=4;

- 对于节点6,它的父节点也为3。节点3还有另一棵子树节点5,则 longest=in[5]+
  $1=2$,故 out[6]=max(out[3],longest)+1=4;

- 对于节点7,它的父节点也为4。节点4没有其他子树,则 longest=0,故 out[7]=
  max(out[4],longest)+1=5;

- 节点8和节点9是等价的,其父节点5除它们本身子树的向下最大高度都为1,
  longest=1,故 out[8]=out[9]=max(out[5],longest)+1=5。

成功求得了每一个节点的 in 和 out 之后,每一个节点 u 最大高度的求解只需要在
in[u]和 out[u]里取最大值即可:

$$f[u]=\max(in[u],out[u])=5 \tag{4-15}$$

(2) 伪代码。

```
Dynamic Programming
Input. 具有 N 个节点、N-1 条边的树
Output. 树的最大高度
Method.
1  dfs_in(u)                    //求 in 值
2      in[u]=0
3      for t in the child of u
4          dfs(t)
5          in[u]=max(in[t]+1, in[u])

6  dfs_out(u)                   //求 out 值
7      mx1 = -1  mx2 = -1       //mx1 和 mx2 分别记录 u 的子树最长和第二长的路径
8      for t in the child of u
9          if in[t] > = mx1
10             mx2 = mx1
11             mx1 = in[t]
12         elseif  in[t] > mx2
13             mx2 = in[t]
14     for t in the child of u
15         longest = mx1+1
16         if mx1 == in[t]    longest = mx2+1    //排除当前节点,取第二长的路径
17         out[t]=1+max ( out[u], longest)
18         dfs(t)

19 Solve_For_f                              //主函数
20     dfs_in(1)
21     dfs_out(1)
22     for i in range(1,n)
23         f[i]=max(in[i],out[i])
```

(3) 复杂度分析。

时间复杂度:求解 in 和 out 时每个节点都只会被遍历一次,对每一个节点的 in 和 out
取最大值的时间复杂度也为 $O(n)$,故总时间复杂度为 $O(n)$。

空间复杂度:需要两个大小为 n 的数组来维护距离 in 值和 out 值,故空间复杂度为

$O(n)$。

4.3.8　分割等和子集问题

1. 问题描述

给定一个整数组成的非空集合,判断是否可以将这个数组分成两个子集,使得两个子集的元素之和相等。示例如下所示。

(1) 数组 arr[]＝{6,15,1,8},集合元素之和为 30,可以分成两个等和的子集,即{6,1,8}和{15};

(2) 数组 arr[]＝{1,5,7,4},由于集合元素之和为 17,是奇数,所以不可以划分成两个等和子集;

(3) 数组 arr[]＝{2,6,9,3},集合元素之和为 20,但是不可以划分成两个等和子集。

2. 解法一:暴力搜索

(1) 算法原理。

假设集合元素个数为 n,总和为 SUM,只需寻找出一个子集(个数小于 n)满足集合元素之和为 SUM/2 即可。寻找这个子集元素之和可以用暴力搜索的方法,核心思想是构造一棵搜索树,树的节点是当前选中的元素的和,树的第一层是对第一个元素的处理,也就是选中或者不选中,第二层是对第二个元素的处理,也是选中或者不选中,如此展开,就得到一棵完备二叉树,树的总层数就是集合中元素的个数 n。然后通过深度优先的方式在树中搜索选中元素的求解恰好为 SUM/2 的节点,这个节点对应的元素就构成需要寻找的子集元素之和。

图 4-25 是一个暴力搜索的例子,这里的集合 arr＝[6,13,1,8],SUM＝28,需要在这个二叉树上搜索和为 14 的节点,注意,在这个搜索过程中,可以重复利用剪枝策略,例如,如果当前节点的和大于 14,就不再搜索下面的节点了,如图中打叉的位置。

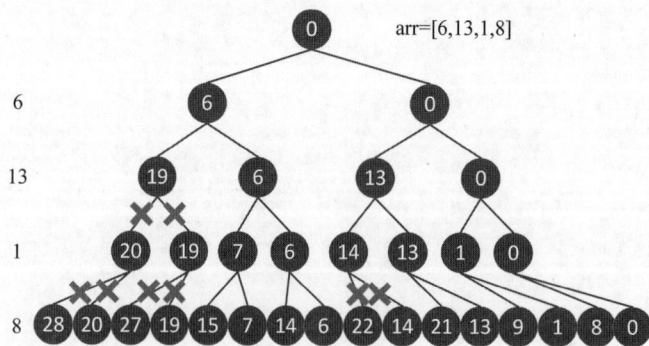

图 4-25　搜索树

另外,还可以设计一种更高效的剪枝策略,先将集合中的元素排序,假设 $a_1 \leqslant a_2 \leqslant \cdots \leqslant a_n$,对当前节点(第 i 个元素)定义 weightSoFar＝当前节点的求和值,totalPossibleLeft＝第 $i+1$ 个元素到第 n 个元素的和(当前是第 i 层),如果满足下面条件之一,该节点就剪枝。

$$\text{weightSoFar} + \text{totalPossibleLeft} < \text{SUM}/2 \tag{4-16}$$

$$\text{weightSoFar} + w_{i+1} > \text{SUM}/2 \tag{4-17}$$

如图 4-26 所示,可以看到更多的节点被剪枝了。

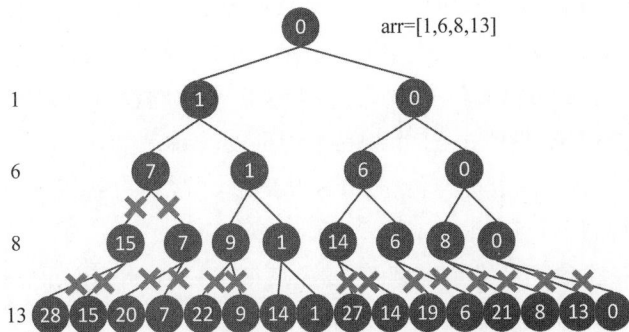

图 4-26　另一种剪枝策略的搜索树

（2）伪代码。

```
Input. 数组 arr,求和的一半 sum,数组元素个数 n
Output. 问题状态 State(是否有解),初值为-1
Method.
Bool isSubsetSum (arr, n, sum, State)
1    if sum == 0          return true
2    if n == 0 && sum    return false
3    if State[n][sum]!=-1
4        return State[n][sum]
5    if arr[n - 1]  >sum
6        return isSubsetSum(arr, n - 1, sum, State);
7    return State[n][sum] = isSubsetSum(arr, n - 1, sum, State) ||isSubsetSum
     (arr, n - 1, sum - arr[n - 1], State)
```

（3）算法复杂度。

时间复杂度：需要搜索二叉树,总时间复杂度为 $O(2^n)$。

空间复杂度：存储元素状态需要空间 $O(n)$。

3. 解法二：动态规划

（1）算法原理。

在集合元素总和 SUM 为偶数的情况下,将问题转换为：从 n 个物品中选取物品,使物品之和为 SUM/2,每个物品只能被选中一次。这是一个非典型的 0-1 背包问题,典型的 0-1 背包问题是需要求解在背包容量有限的情况下,如何选取物品才能得到最大的物品价值。而这里的问题是在背包容量已知的情况下,判断选中哪些物品之后恰好能达到背包容量 SUM/2。所以,这个问题并不是寻找最优解,而是寻找可行解。

这里依然可以利用动态规划的思想求解,n 个物品的原问题是大问题,当明确了其中一个物品选择情况（选或是不选）,这个问题规模就变成了 $n-1$ 个物品的选择问题,就是小问题。按照动态规划的思路,所有小问题的解是已知的,只需要利用小问题的解构建大问题的解。

假设从第 n 个物品开始,考虑选或者不选,第 n 个物品重量为 a_n,那么就要考虑以下两种情况。

① 如果第 n 个物品能放进背包（$a_n \leqslant$ SUM/2）：小问题就是 $n-1$ 个物品是否可以装满容量为 SUM/2$-a_n$ 的背包，如果这个小问题有解，那就说明大问题的解是小问题的解再加上第 n 个物品，物品之和刚好凑够 SUM/2；如果这个小问题没有解，那就说明第 n 个物品是不能选的，剩下的小问题便是 $n-1$ 个物品是否可以装满背包。

② 如果第 n 个物品不能放进背包（$a_n >$ SUM/2）：这个物品要排除出去，那剩下的小问题便是 $n-1$ 个物品是否可以装满背包。

同理，对于 $n-1$ 个物品的求解问题，需要先求得有 $n-2$ 个物品时对应容量的解，以此类推到 1 个物品、0 个物品时，就可以直接求得原问题的解。

根据上面的分析，可以定义一个二维数组来表示状态 dp[i][j]，i 表示对于前 i 个物品容量为 j 时的背包状态，分别是恰好装满（true）和不能装满（false）。也就是 dp[i][j] 的取值只能是 1 或 0。对于第 i 个物品，需要先判断，此时背包的容量 j 是否放得下第 i 个物品 a_i，如果能放下，那么此时背包的状态 dp[i][j] 由前 $i-1$ 个物品的容量为 $j-a_i$ 的状态 dp[$i-1$][$j-a_i$] 转移得到，如果 dp[$i-1$][$j-a_i$]$=1$，就说明第 i 个物品可以选中；如果 dp[$i-1$][$j-a_i$]$=0$，就说明第 i 个物品不可以选中，继续观察前 $i-1$ 个物品的容量为 j 的状态 dp[$i-1$][j]；反过来，如果第 i 个物品放不下，就直接观察前 $i-1$ 个物品的容量为 j 的状态 dp[$i-1$][j]。动态规划方程为

$$\text{dp}[i][j] = \begin{cases} \text{dp}[i-1][j] \ \text{或} \ \text{dp}[i-1][j-a[i]], & a_i \leqslant \text{SUM}/2 \\ \text{dp}[i-1][j], & a_i > \text{SUM}/2 \end{cases} \quad (4\text{-}18)$$

边界条件：dp[0][j]=0，dp[i][0]=1，$0 \leqslant i \leqslant n$，$0 < j \leqslant$ SUM/2。

举一个例子，arr[]=\{6,13,1,8\}，SUM=(6+13+1+8)=28，需要求解的大问题是对于 4 个物品装满容量 14 的解，可以转为小问题（3 个物品、2 个物品、1 个物品的容量解）进而合并成大问题的解，即小问题所有可能出现的解的并集就是大问题的最终解。如图 4-27 所示为上面这个问题分解的过程。

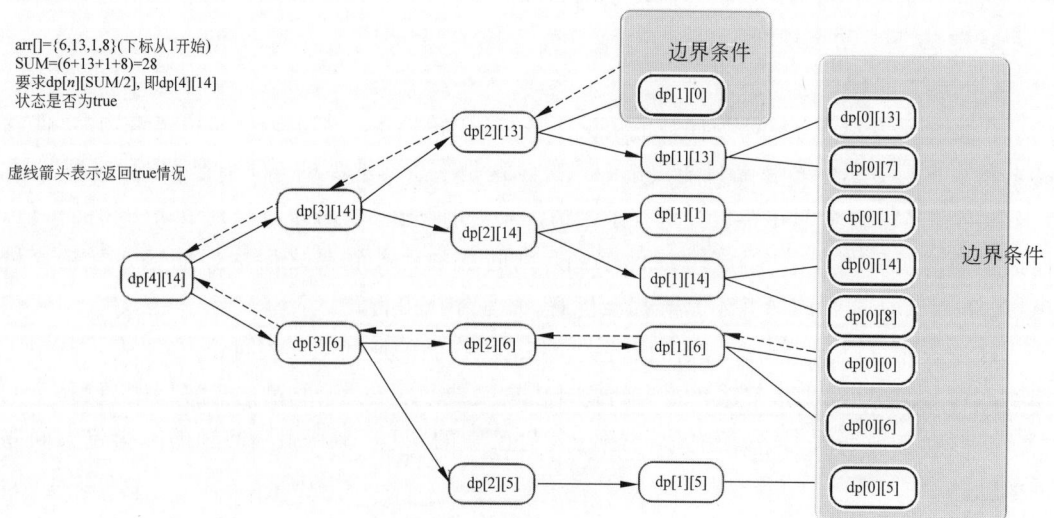

图 4-27　转态转移过程

（2）伪代码。

```
Dynamic Programming
Input. 数组 arr, 求和的一半 sum
Output. 问题状态 dp(是否有解)
Method.
1    for i = 0 to n          dp[i][0] = true
2    for j = 1 to sum        dp[0][j] = false
3    for i = 1 to n
4        for j = 1 to sum
5            if j < arr[i]
6                dp[i][j] = dp[i - 1][j]
7            else dp[i][j] = dp[i - 1][j]  ||  dp[i - 1][j - arr[i]]
8    return dp[n][sum];
```

（3）优化。

由于 $dp[i][j]$ 都是通过状态 $dp[i-1][\cdots]$ 转移过来的，$i-1$ 之前的数据已经没有存储的必要了，因此可以把状态压缩成一维表示，降低空间复杂度。由于每个元素只能出现在一个集合一次，所以需要在第二维循环，逆向循环（从 SUM 到 0），避免一个元素被加入多次。

优化后的填表过程如图 4-28 所示，这个例子的集合是[6,13,1,8]，自下而上填充 $dp[i]$，因为 SUM/2＝14，所以 $dp[i]$ 有 15 个元素，初始状态全部为 0。对于每个物品（元素），从第 1 个物品到第 n 个物品，分别考虑放入或者不放入，分为以下情况。

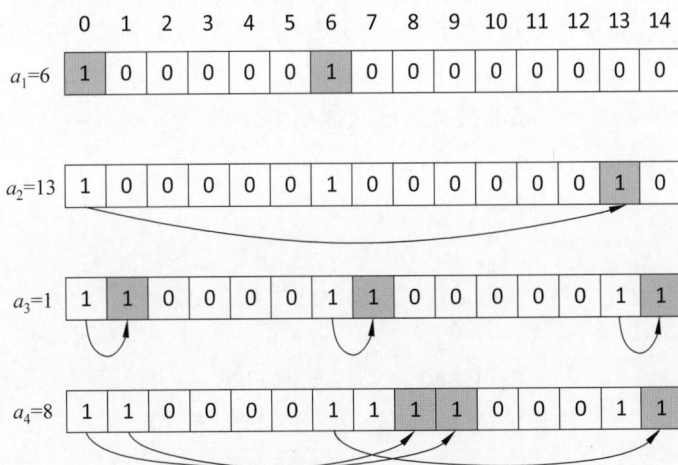

图 4-28　状态转移填表过程，箭头表示转换关系

① 对于第一个元素值为 6，如果考虑放入，则刚好可以填满容量为 6 的背包，即 $dp[6]$ 状态变为真；如果不放入，那么刚好可以填满容量为 0 的背包，即 $dp[0]$ 变为 1，综上，对于第一个元素的选择，可以得到 $dp[0]$ 和 $dp[6]$ 的值为 1，即图 4-28 的第一步；

② 考虑第二个元素 13 是否放入，如果放入元素 13，可以将 $dp[13]$ 变为 1（如箭头所示），由于 6＋13＝19＞14，而这里只需要考虑小于或等于 SUM/2＝14 的情况，则第一个元素 6 和第二个元素 13 不可以同时放入；如果不放入，跟第一步的状态一致，则第二步后对应

dp[0]、dp[6]、dp[13]的状态为 1；

③ 第三、第四步同理，遍历完第 4 个元素后，就得到了所有的状态，即所有可能分割得到的子集合元素的和，由图 4-28 知，最后得到的 dp[14]为 1，则表示可以通过分割得到等和子集。

（4）伪代码。

```
Dynamic Programming
Input. 数组 arr, 求和的一半 sum
Output. 问题状态 dp(是否有解)
Method.
1    dp[0] = true        //其余 dp 为 false
2    for i = 1 to n
3        for j = sum to 0
4            if j >= arr[i]
5                dp[j] = dp[j] || dp[j - arr[i]];
6    return dp [sum];
```

（5）复杂度分析。

时间复杂度：两重循环完成填表过程，则时间复杂度为 $O(\text{sum} \times n)$。

空间复杂度：用容器存储状态，二维情况下为 $O(\text{sum} \times n)$，压缩为一维存储为 $O(\text{sum})$。

4.3.9　跳跃问题

1. 问题描述

给定一个非负整数数组 nums，假设初始位置是数组的第一个元素，下标记为 1。数组中的每个元素代表在对应位置能够跳跃的最大长度，如图 4-29 所示，初始位置的值是 2，就代表可以跳到第二个（跳一步）、第三个元素（跳两步）。现在的问题是，假设可以跳到最后一个元素，那么跳到最后一个元素的最少跳跃次数是多少？

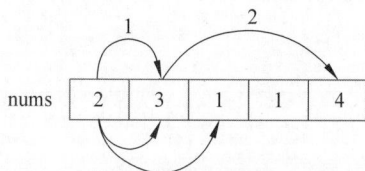

图 4-29　nums＝[2,3,1,1,4]的跳跃情况

2. 解决方法：动态规划

（1）算法原理。

假设给定的非负整数数组 nums 的数组大小为 n，需要求解从下标 1 跳到下标 n 的最少跳跃次数。在利用动态规划求解时，需要先明确什么是大问题，什么是小问题。对于这个问题很简单，数组越长，问题规模越大，也就是对应一个大问题；数组越短，问题规模越小，也就是对应一个小问题。下面，假设所有小问题的最优解已经得到了，分析大问题的最优解与这些小问题的最优解的关系。

对每个位置可能跳跃的最少步数设定一个初始值，例如 $n+1$，这个初始值主要用于求最小值,一般地,将第一位置的初始值设定为 0。假设当前处于下标为 n 的位置,通过一步就能跳到位置 n 的前一个位置有很多,假设 k 是其中一个,那么要满足 $k+\text{num}[k] \geqslant n$,以保证能从位置 k 跳到位置 n,如图 4-30 所示。

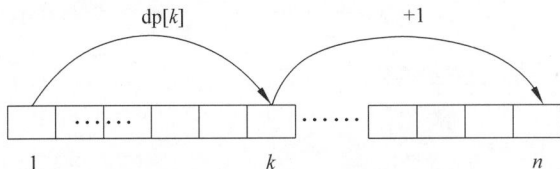

图 4-30　最少跳跃次数路径

下面要考虑两种情况。

① 若跳到 k 的最少步数加 1 比 n 位置原有的跳跃步数少,那么就用该最少步数加 1 替代 n 位置原有的跳跃步数;

② 若跳到 k 的最少步数加 1 比 n 位置原有的跳跃步数多,那么就排除这个位置 k。

那么这个位置 k 在哪里?通过遍历所有能跳到 n 的前一个位置 k,选最小跳跃步数的那个位置 k^*,这个位置就是跳到位置 n 的前一个最佳位置。这样更小的问题就出现了,即如何跳到位置 k^*?接下来只需要重复这个过程就可以了。

基于上述分析,定义一个符号 $\text{dp}[k]$ 表示从 1 跳跃到 k 位置所用的最少步数,则状态转移方程为

$$\text{dp}[k] = \min_{1 \leqslant j < k} \{\text{dp}[k], \text{dp}[j]+1 \mid j+\text{nums}[j] \geqslant k\} \tag{4-19}$$

这个动态规划方程把 n 泛化为 k,j 就是 k 的前一位置,$j+\text{nums}[j] \geqslant k$ 就表示 j 位置能一步跳到 k 位置,$\text{dp}[j]+1$ 就是从 j 位置跳到 k 位置用的最少步数,由于不知道哪个位置 j 用的步数最少,所以前面的 min 函数就是寻找这个最好的位置 j。最后,$\text{dp}[k]$ 与最好的位置 j 对应的 $\text{dp}[j]+1$ 进行比较,得到最后结果。初始化 $\text{dp}[i]$ 的初值都是最大可能跳跃次数 $n+1$,而 $\text{dp}[1]=0$。

下面以数组 nums$=[2,3,1,1,4]$ 为例,说明这个动态规划方程的自底向上的计算过程。对于小规模的跳跃问题,由于 $\text{dp}[1]=0$,可以从下标 2 开始,记录 $\text{dp}[i]$ 的更新过程。计算最少跳跃次数的过程如图 4-31 所示。

(2) 伪代码。

```
Dynamic Programming
Input. 非负整数数组 nums
Output. 最少跳跃次数
Method.
jump(nums)
1   dp[1]=0     //创建动态表 dp,记录跳跃到每个位置的最少跳跃次数
2   for (int i = 2; i <= nums.length; i++)
3       dp[i] = nums.length + 1
4   for (int i = 2; i = nums.length; i++)   //遍历 dp 数组进行赋值
5       for (int j = 1; j < i; j++)            //遍历寻找能够直接跳跃到下标 i 的下标 j
6           if (j + nums[j] >= i) dp[i] = min(dp[i], dp[j] + 1)        //比较更新
7   return dp[nums.length]                //返回到达数组最后一个位置的最少跳跃次数
```

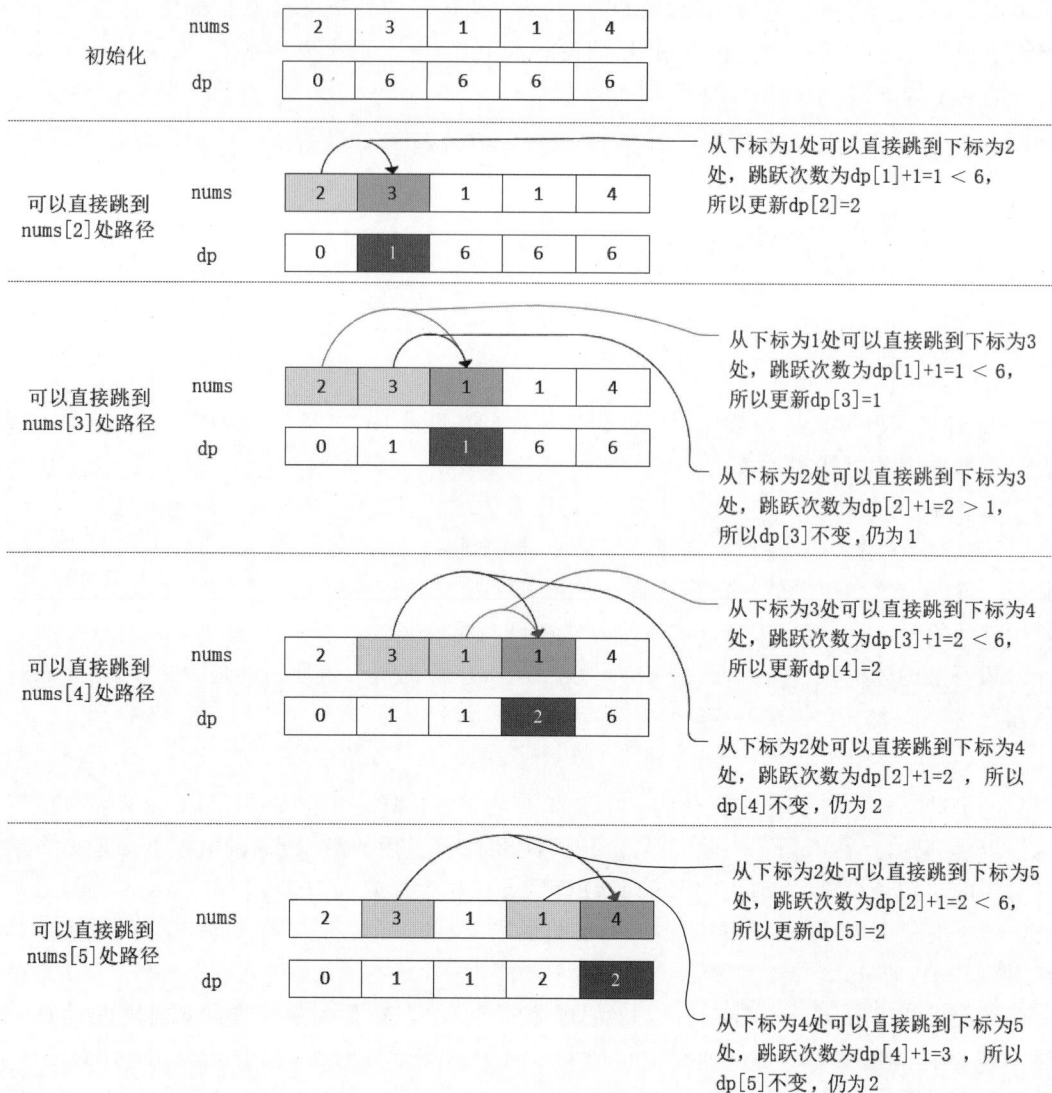

图 4-31 动态规划填表过程

3. 解决方法：动态规划的优化

（1）算法原理。

在上述动态规划的填表过程中进行了许多次不必要的步骤，例如，下标为 1 处无法跳跃到下标为 4 处，但在上面的过程中仍需循环判断能否成功跳跃，增加了时间复杂度。可以以 nums 数组中每个元素可以跳跃到的位置进行填表，也就是将遍历 dp 的每个元素变为遍历 nums 的每个元素。优化后的动态规划填表过程如图 4-32 所示。

（2）伪代码。

```
Dynamic Programming
Input. 非负整数数组 nums
Output. 最少跳跃次数
Method.
```

```
jump(nums)
1    dp[1] = 0              //创建动态表 dp 记录跳跃到每个位置的最少跳跃次数
2    for (i = 2; i < = nums.length; i++)
3        dp[i] = nums.length + 1
4    for (i = 2; i < = nums.length; i++)      //遍历每个 nums 元素
5        for (j = 1; j <= nums[i]; j++)       //遍历下标 i 处能跳跃到的位置下标 i+j
6            if (i + j >= nums.length) return dp[dp i]+1
             //若从前面的元素开始,最先跳跃超过最后一个位置的跳跃次数一定为最少跳跃次数
7            dp[i + j] = min(dp[i + j], dp[i] + 1)
8    return dp[nums.length]                   //返回到达最后一个元素的最少跳跃次数
```

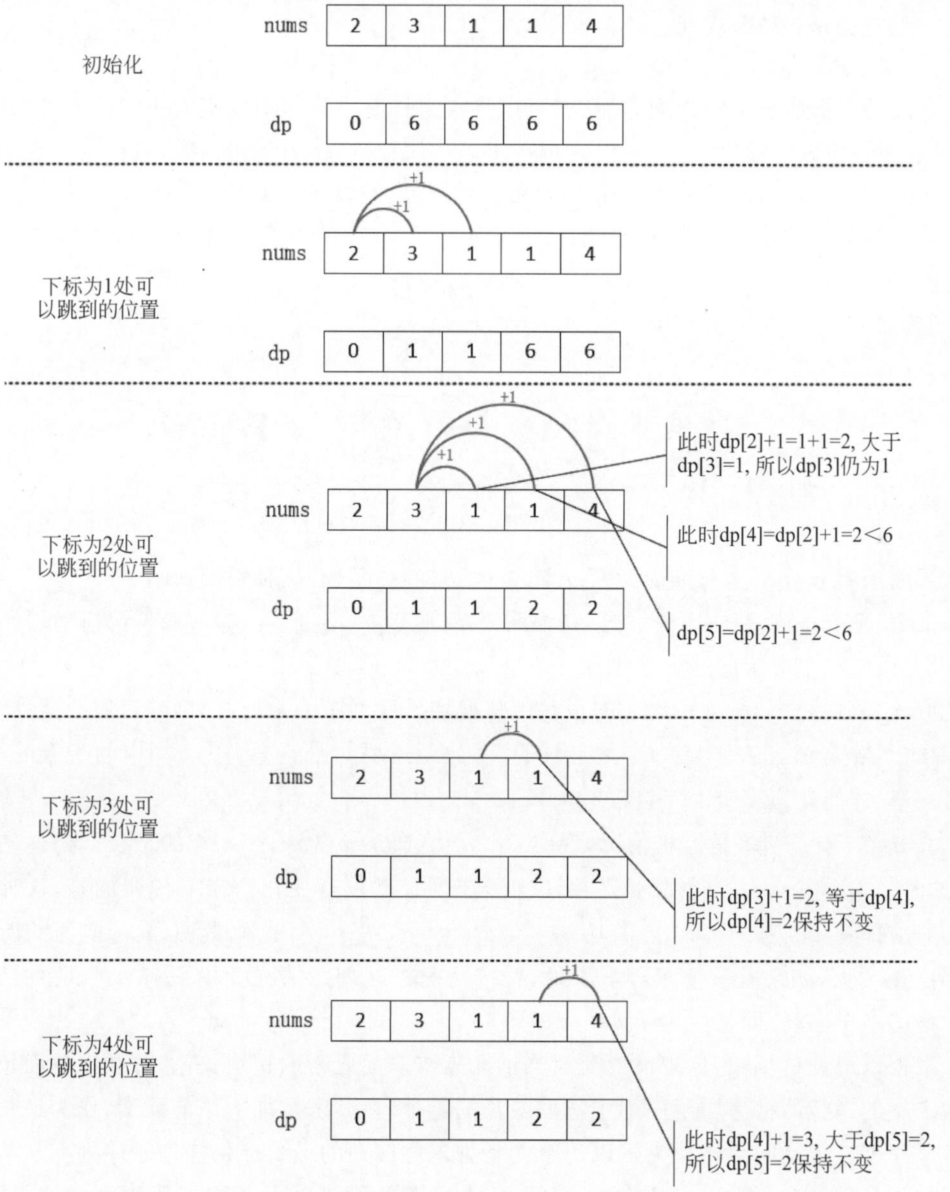

初始化

nums: | 2 | 3 | 1 | 1 | 4 |

dp: | 0 | 6 | 6 | 6 | 6 |

下标为1处可以跳到的位置

nums: | 2 | 3 | 1 | 1 | 4 |

dp: | 0 | 1 | 1 | 6 | 6 |

下标为2处可以跳到的位置

nums: | 2 | 3 | 1 | 1 | 4 |

此时dp[2]+1=1+1=2,大于dp[3]=1,所以dp[3]仍为1

此时dp[4]=dp[2]+1=2<6

dp: | 0 | 1 | 1 | 2 | 2 |

dp[5]=dp[2]+1=2<6

下标为3处可以跳到的位置

nums: | 2 | 3 | 1 | 1 | 4 |

dp: | 0 | 1 | 1 | 2 | 2 |

此时dp[3]+1=2,等于dp[4],所以dp[4]=2保持不变

下标为4处可以跳到的位置

nums: | 2 | 3 | 1 | 1 | 4 |

dp: | 0 | 1 | 1 | 2 | 2 |

此时dp[4]+1=3,大于dp[5]=2,所以dp[5]=2保持不变

图 4-32　优化后的最少跳跃次数计算过程

4.3.10 最长严格递增子序列

1. 问题描述

给定一组整数数组,删除数组中的元素而不改变其余元素顺序的序列称为子序列。例如,数组 $b=[3,6,7]$ 是数组 $a=[0,3,1,6,2,2,7]$ 的子序列,注意,数组 b 中的元素排列顺序与 a 相同。如果子序列中元素大小满足严格递增关系,称之为严格递增子序列。例如,子序列 b 中的元素满足递增关系,$b[i]<b[i+1]$,$i=1,2$,所以 b 为严格递增子序列。最长递增子序列问题就是从原始数组中找到所有严格递增的子序列中最长的。例如,$c=[0,1,2,7]$ 是数组 a 的最长严格递增子序列,其长度为 4。

2. 解决方法:动态规划

(1)算法原理。

对最长严格递增子序列问题而言,可以将数组长度作为问题规模大小的度量,也就是数组越长,问题越大。这样一来,可以先把数组进行切割,以缩短数组长度,这样就出现了小问题。如图 4-33 所示,假设数组在第 k 个元素处划分,出现的子数组是 $[a_1,a_2,\cdots,a_k]$,假设这个子数组的最优解已经得到了,同时,$[a_1,a_2,\cdots,a_k]$ 的所有子序列的最优解也都得到了,例如,$[a_1,a_2,\cdots,a_{k-1}]$ 的最优解已得到,$[a_1,a_2,\cdots,a_{k-2}]$ 的最优解也已得到,等等。

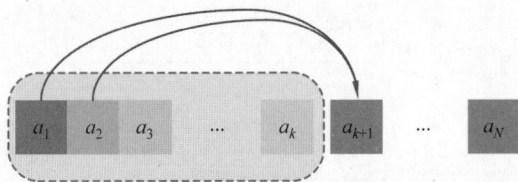

图 4-33 数组在第 k 个元素处划分

下面需要分析 a_{k+1} 和前面元素 $a_j(1 \leq j \leq k)$ 的关系,有两种情况。

① $a_{k+1}>a_j$,如果是这种情况,就说明 a_{k+1} 加入 $[a_1,a_2,\cdots,a_j]$ 的最长严格递增子序列后,可以得到一个更长的严格递增子序列 S_j,注意,这里不是把 a_{k+1} 加入 $[a_1,a_2,\cdots,a_j]$ 中,而是把 a_{k+1} 加入 $[a_1,a_2,\cdots,a_j]$ 的最长严格递增子序列中。除此之外,S_j 只是 $[a_1,a_2,\cdots,a_{k+1}]$ 的严格递增子序列,不一定是最长的,因此还需要对 $[a_1,a_2,\cdots,a_k]$ 中的所有 a_j 元素遍历一遍,才能知道哪个 a_j 对应的 S_j 最长。

② $a_{k+1} \leq a_j$,如果是这种情况,说明 a_{k+1} 不能加入 $[a_1,a_2,\cdots,a_j]$ 的最长严格递增子序列,这时 $[a_1,a_2,\cdots,a_{k+1}]$ 的最长严格递增子序列长度没有变化。需要说明的是,这种情况发生的前提是 $a_1,a_2,\cdots,a_k$ 都满足 $a_{k+1} \leq a_j$,$j=1,2,\cdots,k$,也就是说,a_{k+1} 前面的所有元素都比 a_{k+1} 大,如果有一个元素不满足,就按情况①处理。情况②中只有 a_{k+1} 是自己的最长严格递增子序列,即长度为 1。

根据以上分析可知,这里需要比对当前元素与前面元素的递增关系,并在以前面每个元素为末尾的最长严格递增子序列中选取最长的一个,在其末尾加上当前元素,作为最长严格递增子序列。于是问题转换为求以每个元素为末尾序列的最长严格递增子序列。从第一个元素求到最后一个元素后,就得到了以第 N 个元素为结尾的最长递增子序列长度,再通过寻找以所有元素为结尾的最长严格子序列中长度最长的一个,即原问题需要求解的答案。

通过上面的分析,可以定义一个符号 $dp[k]$ 表示 $[a_1,a_2,\cdots,a_k]$ 的最长严格递增子序列的长度,注意这里定义的是长度,而不是序列本身。按照之前的分析,此时只有两种情况。

① a_{k+1} 之前的元素 a_j 都大于或等于 a_{k+1},即最长严格递增子序列只有 a_{k+1} 本身,即 $dp[k+1]=1$。

② a_{k+1} 之前的某个元素 a_j 比 a_{k+1} 小,此时只需将 a_{k+1} 添加到以 a_j 作为末尾的最长严格递增子序列,便可构成一个新的严格递增子序列,即 $dp[k+1]=dp[j]+1$。然后遍历 a_{k+1} 之前的所有元素 a_j,$j<k+1$,满足 $a_j<a_{k+1}$ 时便可获得以 a_{k+1} 作为末尾的最长严格递增子序列,这个序列的长度是 $dp[k+1]$。

根据以上两种情况分析,状态转移方程为

$$dp[k+1]=\max_{j<k+1}\{dp[k+1],dp[j]+1 \mid a_j<a_{k+1}\}, \quad k=0,1,2,\cdots,N-1$$

$$(4\text{-}20)$$

原始问题的最长严格递增子序列的长度为 $dp\_max=\max_{k}\{dp[k]\}$。需要说明的是,$dp[k+1]$ 的初值是 1。

下面以数组 $a=[0,3,1,6,2,2,7]$ 为例,说明这个求解思路。先看数组长度较小时的小规模问题,即 $k=1$,那么最长严格递增子序列为数组本身,长度为 1;

当 $k=2$ 时,$a=[0,3]$,满足严格递增,则到第二个元素为止的最长递增子序列为 2;

当 $k=3$ 时,$a=[0,3,1]$,不满足严格递增,就把 $[0,1]$ 作为 $[0,3,1]$ 的最长严格递增子序列,其长度为 2;

当 $k=4$ 时,$a=[0,3,1,6]$,将第四个元素 6 与前面的 0、3、1 进行大小比较,因为前三个元素都比 6 小,就把 6 分别加入 $[0]$、$[0,3]$、$[0,3,1]$ 这三个子序列的最长严格递增子序列中,得到严格递增子序列 $[0,6]$、$[0,3,6]$ 和 $[0,1,6]$,其中最大长度为 3。

根据这个思路得到动态规划的填表过程。在前两个元素为末尾的最长严格递增子序列长度中,容易得知 $dp[0]=1$,$dp[1]=2$。当求解 $dp[2]$ 之后的数值时,其过程如图 4-34 所示。

(2)伪代码。

```
Dynamic Programming
Input. 数组 a
Output. 最长严格递增子序列长度
Method.
1    longestLength(a)
2    N = a.length()
3    if (N == 0) return 0
4    maxans = 1
5    for (i = 1; i <=N; i++)    //自底向上遍历
6        dp[i] = 1             //初始化,dp 存储最长严格递增子序列长度
7        for (j = 1; j < i; j++)       //从下标 1 到 i 遍历
8            if (a[j] < a[i])          //若前面的元素 dp[j]>dp[i],比较最长的子序列
9                dp[i] =max(dp[i], dp[j] + 1)
10       maxans = max(maxans, dp[i]) //比较 dp 中最长严格递增子序列长度
11   return maxans
```

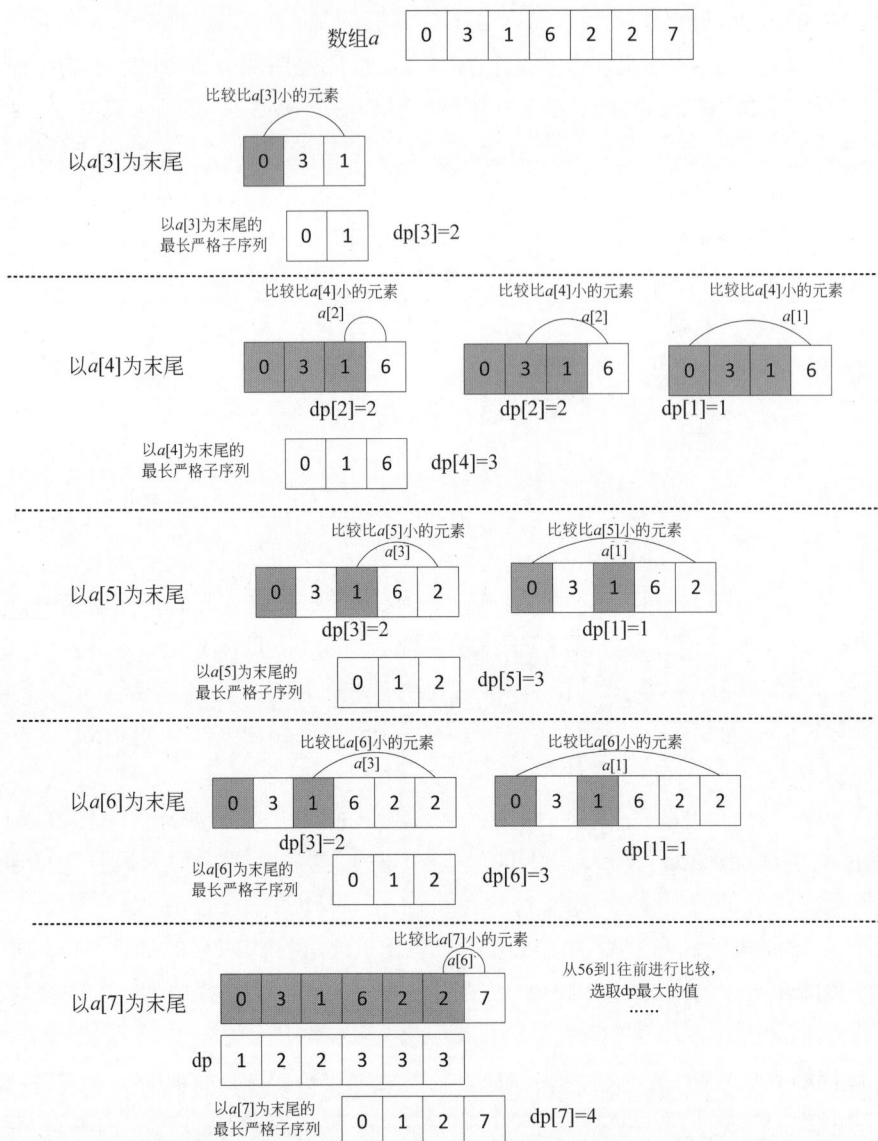

图 4-34 数组 $a = [0,3,1,6,2,2,7]$ 的动态规划填表过程

4.3.11 回文串划分问题

1. 问题描述

给定一个字符串,对它进行切分,如果切分的每个字串都是回文串(回文串指从左到右读和从右到左读都一样的字符串),那么该切分称为回文切分。例如,s = "geek",切分的回文是三个 "g""ee""k";当 s = "aaaa",回文就是"aaaa"本身。本节的问题是,找出回文切分需要的最小切分次数。

2. 求解方法:动态规划

(1)算法原理。

对于回文切分问题,字符串的区间范围无疑是度量问题大小的标准,如果区间里包含的字符多,就是一个大问题,区间里包含的字符少,就是一个小问题。例如,区间$[i:j]$包含了$[i+1:j-1]$这个子区间,区间$[i:j]$就代表大问题,而区间$[i+1:j-1]$就代表小问题,如图 4-35 所示。

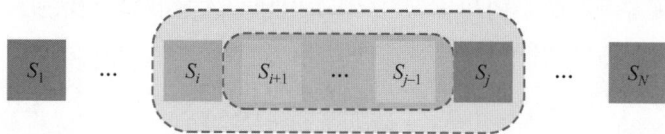

图 4-35　字符串切分

接下来,需要寻找大问题和小问题之间的关系。这个问题比较复杂的地方在于,不仅仅需要关心如何切分,还要关心这个切分得到的子串是不是回文。下面先从简单的回文判断分析,这里有两种情况。

① 若区间$[i+1:j-1]$的字符串是回文,那么通过判断$s[i]$和$s[j]$是否相等便可以得知区间$[i:j]$的字符串是不是回文。

② 若区间$[i+1:j-1]$的字符串不是回文,那么无论$s[i]$和$s[j]$为何值,区间$[i:j]$的字符串都不是回文。

$s=$“bcdaade”,如图 4-36 所示,两个箭头表示i和j,对于区间$[4,5]$(数组下标从 1 开始计),即“aa”为回文串,而$s[3]=s[6]$,那么区间$[3,6]$是回文串,即“daad”为回文串;对于区间$[3,4]$,即“da”,它不是回文串,那么区间$[2,5]$的子串“cdaa”肯定不是回文串。

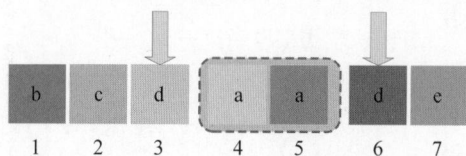

(a) 区间[i+1:j-1]的字符串是回文

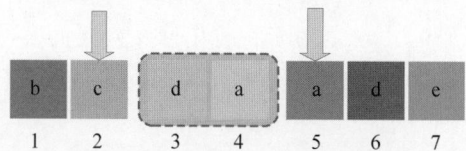

(b) 区间[i+1:j-1]的字符串不是回文

图 4-36　回文判断

根据上述分析,可以定义符号$P[i][j]$表示区间$[i:j]$的字符串是不是回文,其取值为0,1 两个值,则对应的动态规划方程如下所示。

$$P[i][j]=\begin{cases}1, & s[i]==s[j] \text{ 并且 } P[i+1][j-1]=1 \\ 0, & \text{否则}\end{cases} \tag{4-21}$$

下面再分析字符串切分问题,这时要分两种情况分析。

① 若区间$[i:j]$的字符串是回文,那么不需要切分;

② 若区间$[i:j]$的字符串不是回文,这时就要把区间$[i:j]$的字符串进行切分。假设在k这个位置把字符串一分为二,两个子串的最优解都已知,也就是这两个子区间已经被切分成了一个个回文,而且两个子串切分出回文的最少次数都是已知的。用$C[i][j]$表示区间

$[i:j]$ 的字符串的回文切分最少次数，那么两个子串切分出回文的最少次数分别是 $C[i][k]$ 和 $C[k+1][j]$，其中，$C[i][k]$ 和 $C[k+1][j]$ 的值都是已知的，那么 $C[i][j]$ 的值就是两个子串切分的次数相加，然后再加 1。到这里，还剩一个问题没有解决，就是 k 的位置在哪？解决方法是遍历所有可能的 k 的位置，其中最小的切分次数就是最优的 k 的位置。

每一个长度为 1 的区间的切分次数都是已知的，也就是 0。那么就可以由这个区间长度为 1 的字符串切分次数一步步推出更大区间的切分次数，最终得到所需要求解的问题的答案。

$$C[i][j]=\begin{cases} \min\limits_{i\leqslant k\leqslant j-1} C[i][k]+C[k+1][j]+1, & \text{区间}[i,j]\text{的字符串不是回文} \\ 0, & \text{区间}[i,j]\text{的字符串是回文} \end{cases}$$

(4-22)

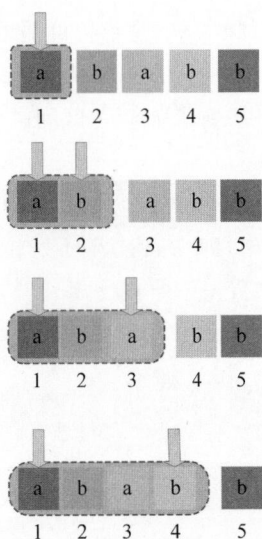

图 4-37 "ababb"的样例分析

对于 $s=$"ababb"，区间 $[1,3]$ 为"aba"，即回文串，则 $C[1,3]=0$；区间 $[1,5]$ 为"ababb"，不是回文串，这时需要分别检查如何切分出回文串，其"切分点"k 的位置有四种情况，如图 4-37 所示。

$k=1$：$C[1,1]+C[2,5]=1$

$k=2$：$C[1,2]+C[3,5]=2$

$k=3$：$C[1,3]+C[4,5]=0$

$k=4$：$C[1,4]+C[5,5]=1$

其中，当 $k=3$，字串分别为"aba"和"bb"，那么只需要中间切一下即可获得两个回文子串，而其他的切分位置都需要切分更多次。所以，对于区间 $[1,5]$ 的字符串，最少的切分次数是 $C[1,5]=C[1,3]+C[4,5]+1=1$。

（2）边界条件——初始化。

对于字符串回文判断而言，边界就是子串长度为 1 和长度为 2 两种情况：当子串长度为 1 时，显然其为回文串；而当子串长度为 2 时，只需判断这两个字符是否相等，相等即为回文串。

在确定好初始条件后，可以用上述公式进行转移了。

（3）样例示范。

下面以字符串 str="abbbaca"为例讲解动态规划的求解过程。

① 初始化：对于每一个长度为 1 的子串，将其 C 和 P 分别设置为 0 和 1，如图 4-38 所示。

② 下面对于长度 2 到 6 分别进行迭代。

a. 长度为 2 时 C 的更新：从 Len=1 转移而来，例如，$C[1][2]$ 由 $C[1][1]$ 和 $C[2][2]$ 更新得来，如图 4-39 所示。

b. 长度为 3 时 C 的更新：从 Len=1 和 Len=2 中转移而来，例如，$C[1][3]$ 由 $C[1][1]$ 和 $C[2][3]$ 或者 $C[1][2]$ 和 $C[3][3]$ 更新得来，如图 4-40 所示。

c. 长度为 4 时，如图 4-41 所示。

Len=1
a $P[1][1]=1$ $C[1][1]=0$
b $P[2][2]=1$ $C[2][2]=0$
b $P[3][3]=1$ $C[3][3]=0$
b $P[4][4]=1$ $C[4][4]=0$
a $P[5][5]=1$ $C[5][5]=0$
c $P[6][6]=1$ $C[6][6]=0$
a $P[7][7]=1$ $C[7][7]=0$

图 4-38　长度为 1

Len=1	Len=2
a $P[1][1]=1$ $C[1][1]=0$	ab $P[1][2]=0$ $C[1][2]=1$
b $P[2][2]=1$ $C[2][2]=0$	bb $P[2][3]=1$ $C[2][3]=0$
b $P[3][3]=1$ $C[3][3]=0$	bb $P[3][4]=1$ $C[3][4]=0$
b $P[4][4]=1$ $C[4][4]=0$	ba $P[4][5]=0$ $C[4][5]=1$
a $P[5][5]=1$ $C[5][5]=0$	ac $P[5][6]=0$ $C[5][6]=1$
c $P[6][6]=1$ $C[6][6]=0$	ca $P[6][7]=0$ $C[6][7]=1$
a $P[7][7]=1$ $C[6][6]=0$	

图 4-39　长度为 2

Len=1	Len=2	Len=3
a $P[1][1]=1$ $C[1][1]=0$	ab $P[1][2]=0$ $C[1][2]=1$	abb $P[1][3]=0$ $C[1][3]=1$
b $P[2][2]=1$ $C[2][2]=0$	bb $P[2][3]=1$ $C[2][3]=0$	bbb $P[2][4]=1$ $C[2][4]=0$
b $P[3][3]=1$ $C[3][3]=0$	bb $P[3][4]=1$ $C[3][4]=0$	bba $P[3][5]=0$ $C[3][5]=1$
b $P[4][4]=1$ $C[4][4]=0$	ba $P[4][5]=0$ $C[4][5]=1$	bac $P[4][6]=0$ $C[4][6]=2$
a $P[5][5]=1$ $C[5][5]=0$	ac $P[5][6]=0$ $C[5][6]=1$	aca $P[5][7]=1$ $C[5][7]=0$
c $P[6][6]=1$ $C[6][6]=0$	ca $P[6][7]=0$ $C[6][7]=1$	
a $P[7][7]=1$ $C[6][6]=0$		

图 4-40　长度为 3

Len=1	Len=2	Len=3	Len=4
a $P[1][1]=1$ $C[1][1]=0$	ab $P[1][2]=0$ $C[1][2]=1$	abb $P[1][3]=0$ $C[1][3]=1$	abbb $P[1][4]=0$ $C[1][4]=1$
b $P[2][2]=1$ $C[2][2]=0$	bb $P[2][3]=1$ $C[2][3]=0$	bbb $P[2][4]=1$ $C[2][4]=0$	bbba $P[2][5]=0$ $C[2][5]=1$
b $P[3][3]=1$ $C[3][3]=0$	bb $P[3][4]=1$ $C[3][4]=0$	bba $P[3][5]=0$ $C[3][5]=1$	bbac $P[3][6]=0$ $C[3][6]=2$
b $P[4][4]=1$ $C[4][4]=0$	ba $P[4][5]=0$ $C[4][5]=1$	bac $P[4][6]=0$ $C[4][6]=2$	baca $P[4][7]=0$ $C[4][7]=1$
a $P[5][5]=1$ $C[5][5]=0$	ac $P[5][6]=0$ $C[5][6]=1$	aca $P[5][7]=1$ $C[5][7]=0$	
c $P[6][6]=1$ $C[6][6]=0$	ca $P[6][7]=0$ $C[6][7]=1$		
a $P[7][7]=1$ $C[6][6]=0$			

图 4-41 长度为 4

d. 长度为 5 时,如图 4-42 所示。

Len=1	Len=2	Len=3	Len=4	Len=5
a $P[1][1]=1$ $C[1][1]=0$	ab $P[1][2]=0$ $C[1][2]=1$	abb $P[1][3]=0$ $C[1][3]=1$	abbb $P[1][4]=0$ $C[1][4]=1$	abbba $P[1][4]=1$ $C[1][4]=0$
b $P[2][2]=1$ $C[2][2]=0$	bb $P[2][3]=1$ $C[2][3]=0$	bbb $P[2][4]=1$ $C[2][4]=0$	bbba $P[2][5]=0$ $C[2][5]=1$	bbbac $P[2][5]=0$ $C[2][5]=2$
b $P[3][3]=1$ $C[3][3]=0$	bb $P[3][4]=1$ $C[3][4]=0$	bba $P[3][5]=0$ $C[3][5]=1$	bbac $P[3][6]=0$ $C[3][6]=2$	bbaca $P[3][6]=0$ $C[3][6]=1$
b $P[4][4]=1$ $C[4][4]=0$	ba $P[4][5]=0$ $C[4][5]=1$	bac $P[4][6]=0$ $C[4][6]=2$	baca $P[4][7]=0$ $C[4][7]=1$	
a $P[5][5]=1$ $C[5][5]=0$	ac $P[5][6]=0$ $C[5][6]=1$	aca $P[5][7]=1$ $C[5][7]=0$		
c $P[6][6]=1$ $C[6][6]=0$	ca $P[6][7]=0$ $C[6][7]=1$			
a $P[7][7]=1$ $C[6][6]=0$				

图 4-42 长度为 5

e. 长度为 6 时,如图 4-43 所示。

Len＝1	Len＝2	Len＝3	Len＝4	Len＝5	Len＝6
a $P[1][1]=1$ $C[1][1]=0$	ab $P[1][2]=0$ $C[1][2]=1$	abb $P[1][3]=0$ $C[1][3]=1$	abbb $P[1][4]=0$ $C[1][4]=1$	abbba $P[1][5]=1$ $C[1][5]=0$	abbbac $P[1][6]=0$ $C[1][6]=1$
b $P[2][2]=1$ $C[2][2]=0$	bb $P[2][3]=1$ $C[2][3]=0$	bbb $P[2][4]=1$ $C[2][4]=0$	bbba $P[2][5]=0$ $C[2][5]=1$	bbbac $P[2][6]=0$ $C[2][6]=2$	bbbaca $P[2][7]=0$ $C[2][7]=1$
b $P[3][3]=1$ $C[3][3]=0$	bb $P[3][4]=1$ $C[3][4]=0$	bba $P[3][5]=0$ $C[3][5]=1$	bbac $P[3][6]=0$ $C[3][6]=2$	bbaca $P[3][7]=0$ $C[3][7]=1$	
b $P[4][4]=1$ $C[4][4]=0$	ba $P[4][5]=0$ $C[4][5]=1$	bac $P[4][6]=0$ $C[4][6]=2$	baca $P[4][7]=0$ $C[4][7]=1$		
a $P[5][5]=1$ $C[5][5]=0$	ac $P[5][6]=0$ $C[5][6]=1$	aca $P[5][7]=1$ $C[5][7]=0$			
c $P[6][6]=1$ $C[6][6]=0$	ca $P[6][7]=0$ $C[6][7]=1$				
a $P[7][7]=1$ $C[6][6]=0$					

图 4-43　长度为 6

f. 长度为 7 时，如图 4-44 所示。

Len＝1	Len＝2	Len＝3	Len＝4	Len＝5	Len＝6	Len＝7
a $P[1][1]=1$ $C[1][1]=0$	ab $P[1][2]=0$ $C[1][2]=1$	abb $P[1][3]=0$ $C[1][3]=1$	abbb $P[1][4]=0$ $C[1][4]=1$	abbba $P[1][5]=1$ $C[1][5]=0$	abbbac $P[1][6]=0$ $C[1][6]=1$	abbbaca $P[1][7]=0$ $C[1][7]=2$
b $P[2][2]=1$ $C[2][2]=0$	bb $P[2][3]=1$ $C[2][3]=0$	bbb $P[2][4]=1$ $C[2][4]=0$	bbba $P[2][5]=0$ $C[2][5]=1$	bbbac $P[2][6]=0$ $C[2][6]=2$	bbbaca $P[2][7]=0$ $C[2][7]=1$	
b $P[3][3]=1$ $C[3][3]=0$	bb $P[3][4]=1$ $C[3][4]=0$	bba $P[3][5]=0$ $C[3][5]=1$	bbac $P[3][6]=0$ $C[3][6]=2$	bbaca $P[3][7]=0$ $C[3][7]=1$		
b $P[4][4]=1$ $C[4][4]=0$	ba $P[4][5]=0$ $C[4][5]=1$	bac $P[4][6]=0$ $C[4][6]=2$	baca $P[4][7]=0$ $C[4][7]=1$			
a $P[5][5]=1$ $C[5][5]=0$	ac $P[5][6]=0$ $C[5][6]=1$	aca $P[5][7]=1$ $C[5][7]=0$				
c $P[6][6]=1$ $C[6][6]=0$	ca $P[6][7]=0$ $C[6][7]=1$					
a $P[7][7]=1$ $C[6][6]=0$						

图 4-44　长度为 7

（4）伪代码。

```
Dynamic Programming
Input. 字符串 str
Output. 回文最少切分次数
Method.
1    for i = 1 to n
2        C[i][i]=0
3        P[i][i]=true
4    for Len = 2 to n
5        for i = 1 to n-Len+1
6            j=i+Len-1
7            if Len==2
8                P[i][j]=(str[i]==str[j])
9            else
10               P[i][j]=(str[i]==str[j])&&P[i+1][j-1]
11           if P[i][j]==true
12               C[i][j]=0
13           else
14               C[i][j]=INT_MAX
15               for k = i to j-1
16                   C[i][j]=min(C[i][j],C[i][k]+C[k+1][j]+1)
17   return C[1][n]
```

（5）复杂度分析。

时间复杂度：算法填表过程采用三重循环，故时间复杂度为 $O(n^3)$。

空间复杂度：需要两个二维数组来存储结果，故空间复杂度为 $O(n^2)$。

3. 算法优化

（1）算法思想。

前面的动态规划算法的复杂度为 $O(n^3)$，下面可以尝试把长度的枚举 Len 优化掉，将区间 dp 转换为线性 dp。这时将 C 重新定义为一维数组，$C[i]$ 表示从 1 到 i 所需的最小切分次数。由于对于 P 的求解复杂度是 $O(n^2)$，仍然保留 P 来传递回文串信息。

对于这种动态规划来说，应该如何定义大问题和小问题呢？可以借鉴前面的大小问题的区分方式，即区间的包含关系，但是包含关系不再从两端扩展，而只从一端扩展。以 $[1, i]$ 为大问题，那么 $[1, i-1]$ 就是小问题，它们同样遵循区间包含关系。下面只需要探究这样单向扩展的区间关系如何转移。对于当前位置 i，假设从 $C[1]$ 到 $C[i-1]$ 都已经求得，预处理 P 数组得到字符串的完整区间回文串信息。对于 P 数组的求解同前面的区间 dp，这里不再赘述。

下面分两种情况讨论 $C[i]$。

① 若 $P[1][i]=1$：已经为回文串，故 $C[i]=0$；

② 若 $P[1][i]=0$：那么考虑从前面的 $C[1]$ 到 $C[i-1]$ 转移。对于 $2 \leqslant j \leqslant i$，若 $P[j][i]=1$，那么说明区间 $[j, i]$ 已经为回文串，假设区间 $[1, j-1]$ 已经被切成了回文串，那么对于区间 $[1, i]$ 只需要在 $j-1$ 和 j 之间再切分即可，如图 4-45 所示。

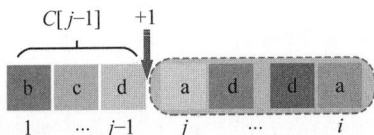

图 4-45　回文切分

可以得到下面的转移方程：

$$C[i] = \min(C[i], C[j-1]+1), \quad 2 \leqslant j \leqslant i \tag{4-23}$$

边界条件：对于 $1 \leqslant i \leqslant n$，要确保每个 $C[i]$ 都是回文串或者由其他状态转移而来，且求解的是最小值，状态转移时取的是最小值，故需要将所有 $C[i]$ 初始值置为一个大的整数 INT_MAX，$1 < i \leqslant n$。

由于只有一个字符的字串必然为回文串，那么将 $C[1]$ 置为 0，由此可以顺利地完成状态的转移。

以 str="abbbaca" 为例，说明 $C[i]$ 的填写过程。

① 对于 $C[1]$，显然 $C[1]=0$；

② 对于 $C[2]$，"ab"不是回文串，那么从 $C[1]$ 转移：$C[2]=C[1]+1=1$；

③ 对于 $C[3]$，"abb"不是回文串，而"bb"是回文串，即 $P[2][3]=1$，那么从 $C[1]$ 转移，$C[3]=C[1]+1=1$；

④ 对于 $C[4]$，"abbb"不是回文串，而"bbb"是回文串，那么从 $C[1]$ 转移，$C[4]=C[1]+1=1$；

⑤ 对于 $C[5]$，"abbba"是回文串，那么 $C[5]=0$；

⑥ 对于 $C[6]$，"abbbac"不是回文串，而单个 c 是回文串，所以可以从 $C[5]$ 转移，$C[6]=C[5]+1=1$；

⑦ 对于 $C[7]$，"abbbaca"不是回文串，而最后一个"a"是回文串，故可以从 $C[6]$ 转移，$C[7]=C[6]+1=2$。

（2）伪代码。

```
Dynamic Programming
Input. 数组 str
Output. 最小切分次数
Method.
1    P=genetareP(s)    //得到数组 P，步骤同区间 dp
2    for i from 1 to n
3        C[i]=INT_MAX
4    C[1]=0
5    for i from 1 to n
6        if P[1][i]==true
7            C[i]=0
8        else
8        for j from 2 to i
10               if P[j][i]==true
11                   C[i]=min(C[i],C[j-1]+1)
12   return C[n]
```

（3）复杂度分析。

时间复杂度：优化成了二重循环，且求解 P 数组的复杂度也为 $O(n^2)$，总时间复杂度为 $O(n^2)$。

空间复杂度：需要一个一维数组维护结果 C，一个二维数组记录回文串信息，故总空间复杂度为 $O(n^2)$。

4.3.12 括号生成问题

1. 问题描述

给定一个数字 n，要求生成 n 对有效括号组合，满足以下条件。

① 左括号数等于右括号数；

② 一对括号需要以正确的顺序闭合，例如（）、（（））、（）（）等都是合法的括号组合，而）））（、（（（（等都不是合法的括号组合。

举个例子，当 $n=3$，因为一对括号有左右两个括号，所以有 $2n$ 个位置，这样所有的括号组合有 $2^{2n}=2^6$ 种，其中合法的有以下 5 种。

$$\{ ``(((())))", ``()()()", ``()()()", ``()(())", ``(())()" \}$$

2. 求解方法：动态规划

（1）算法原理。

可以采用动态规划求解括号生成问题。动态规划的核心思想是：添加后面一对新括号的前提是已经得到了一个合法的括号结果，现在的主要问题是怎么插入这个新括号。

考虑到要在前面合法的括号的基础上插入新括号，就需要对前面合法的括号结果进行切分，得到 p 和 q 两部分。如图 4-46 所示，假设已经得到了前面 $n-1$ 对（包括少于）括号的所有合法组合，设 p 和 q 为 $n-1$ 对括号的合法组合的子串（p、q 可以是空字符串），当要加入第 n 对括号时，其实就是在前面已经得到的 $n-1$ 对有效组合串基础上，找合适的位置插入这对新括号，也可以插入两端。可以观察到，该位置是由 p 和 q 的长度决定的，通过枚举所有有效的 p 和 q 组合，也就是枚举这对新加入的括号可以放的所有位置，那么第 n 对括号的有效组合可以表示成（p）q 的状态转移方程。

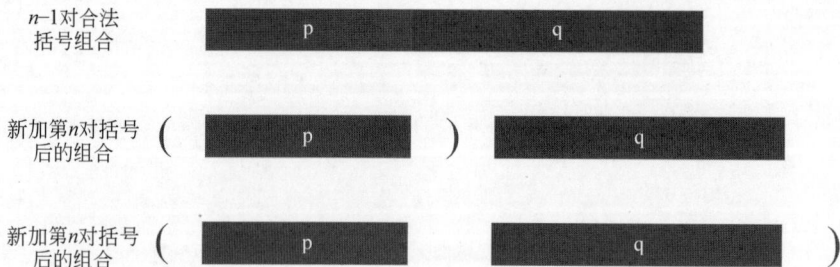

图 4-46 动态规划算法中加入新括号的情况

p 和 q 的组合可以通过枚举它们的长度获得。需要说明，动态规划的思想是假设所有长度小于 n 的合法括号组合都是已知的，也就是说，所有 $1\sim n-1$ 对括号的合法组合都已经得到了，那么可以从 0 到 $n-1$ 开始枚举 p，相应地，q 的长度就是 $n-1-j$，$0 \leqslant j \leqslant n-1$，转移得到 n 对有效括号。把 p 的各种长度都遍历完，所有新括号可以加入的位置就确定了，这样就又得到了 n 对括号的各种组合情况，然后继续加入第 $n+1$ 对括号。

在上面动态规划求解的过程中,如何得到前面 $n-1$ 对括号的合法组合是一个重要问题。可以把这个问题倒过来,先求最简单的一对括号组合,即只有一种组合,然后利用上面的思路添加新的括号,得到两对括号的所有合法组合,然后再继续添加新括号。这个过程就是自底向上求解的动态规划实现过程。

举一个例子,计算 $n=3$ 时的合法括号组合。$n=0$ 时,状态为空串,$n=1$ 时,合法组合只有{ "()"}一种,$n=2$ 时,可由 $n=1$,$n=0$ 的合法状态(p)q 转移得到下面的两种情况。

① p=" ",q="()",转移得到{ "()()"};

② p="()",q=" ",转移得到{ "(())"}。

这样就得到了 $n=2$ 的所有合法组合,当 $n=3$ 时,可由 $n=2$,$n=1$,$n=0$ 的合法状态转移得到以下几种情况。

① p="",q="()()",转移得到{ "()()()"};

② p="",q="(())",转移得到{ "()(())"};

③ p="()",q="() ",转移得到{ "(())()"};

④ p="()()",q=" ",转移得到{ "(())()"};

⑤ p="(())",q="",转移得到{ "((()))"}。

即 $n=3$ 的合法状态有五种:{ "((()))","()()()","(())()","()(())","(())()"}。

上述方式取的有效括号组合一定不会重复。

(2) 伪代码。

```
Dynamic Programming
Input.n
Output. 括号的合法组合
Method.
1      //dp 存储括号组合
2      dp[0] = {""}, dp[1] = {"()"}
3      if n == 1 Return dp[1]
4      for i = 2 to n
5          for p = 0 to i - 1
6              P_size = dp[p].size()
7              for j = 0 to P_size - 1
8                  q = i - 1 - p , q_size = dp[q].size()
9                  for k = 0 to q_size - 1
10                     S = '(' + dp[p][j] + ')' + dp[q][k];
11                     dp[i].push_back (S)
12     return dp[n]
```

(3) 复杂度分析。

时间复杂度:每一次状态转移的操作都比较简单,对于 n 对括号,最多转移次数为 n,但是转移过程还需要代价,时间复杂度是 $O(n^4)$。

空间复杂度:动态规划求解的过程中需要大量存储前面求得的结果,总量可以达到 $2^0+2^1+2^2+\cdots+2^{2n}=2^{2n+1}-1\in O(2^{2n})$,所以空间复杂度是 $O(2^{2n})$。

4.3.13 作业调度问题

1. 问题描述

假设 n 个作业的集合 $N=\{1,2,\cdots,n\}$，要在由 2 台机器 M_1 和 M_2 组成的流水线上完成加工。加工顺序是先由机器 M_1 加工，再由机器 M_2 加工。M_1 和 M_2 加工作业 i 所需的时间分别为 a_i 和 b_i，$i=1,2,\cdots,n$。作业调度问题要求确定这 n 个作业的最优加工顺序，使得加工所需的时间最少。

假设有两个作业 J 与 K，M_1 加工时间为 $\{a_1=30,a_2=3\}$，M_2 加工时间为 $\{b_1=20,b_2=10\}$。

求解方法：M_1 先开始工作，它可以选择先加工 J，也可以选择先加工 K，有下面两种情况（图 4-47），可以看到最短的完成时间是第二种调度策略，用时 53s。

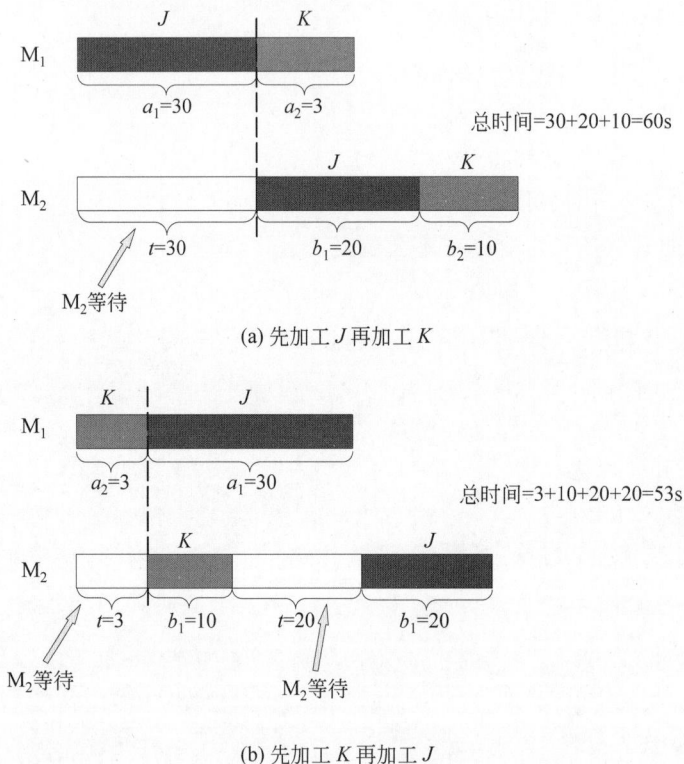

(a) 先加工 J 再加工 K

(b) 先加工 K 再加工 J

图 4-47 求解的两种情况

2. 求解方法：动态规划

先分析一下这个问题最优解的空间结构。原始问题是关于 n 个作业的最优调度，其中包含的子问题是 $n-1$ 作业的最优调度，如何让子问题暴露出来？一个简单的思路就是先选择第 i 个任务加工，它在 M_1 上的加工时间是 a_i，在 M_2 上的加工时间是 b_i，如果 M_2 在加工第 i 个任务时需要等待的时间为 t 秒，就会出现下面两种情况，如图 4-48 所示。

① $a_i>t$：M_2 等待的时间与 M_1 的执行时间重叠，此时，完成第 i 个任务的最短时间 $=a_i+$ 完成剩下的 $N-\{i\}$ 集合中任务的最短时间，注意，完成剩下的 $N-\{i\}$ 集合中任务时，M_2 必须等待 b_i 的时间来完成第 i 个任务；

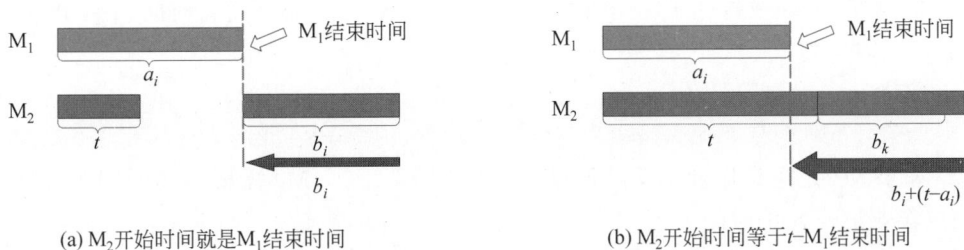

(a) M_2开始时间就是M_1结束时间　　　　　(b) M_2开始时间等于t-M_1结束时间

图 4-48　第 i 个任务调度的两种情况

② $a_i \leqslant t$：M_2 等待的时间超出了 M_1 的执行时间，此时，完成第 i 个作业的最短时间＝a_i＋完成剩下的 $N-\{i\}$ 集合中作业的最短时间，注意，完成剩下作业的 M_2 的等待时间不是 b_i，而是 b_i+t-a_i，其中多出来的时间 $t-a_i$ 就是 M_2 多等待的时间。

根据前面的分析，可以构建动态规划方程。假设子集 $S \subseteq N$，在一般情况下，机器 M_1 开始加工集合 S 中的作业 i 时，机器 M_2 还在加工其他作业，要等时间 t 才可以使用，t 可能是 b_i，也可能大于 b_i。定义 $T(S,t)$ 表示两个机器完成 S 中作业所需的最短时间。前面分析的两种情况可以综合为

$$T(S,t)=\min_{i \in S}\{a_i + T(S-\{i\}),b_i + \max\{t-a_i,0\}\} \tag{4-24}$$

其中，$\max\{t-a_i,0\}$ 的意思是：当 $t>a_i$ 时，机器 M_2 除了需要时间 b_i 完成作业 i，还要等待时间 $t-a_i$ 才能开始加工作业 i；当 $t \leqslant a_i$ 时，机器 M_2 不用等待就可以开始加工作业 i。也就是说，对于机器 M_2 而言，作业 i 须在时间 $\max\{t,a_i\}$ 之后才可以开始。因此，在机器 M_1 上完成作业 i 之后，在机器 M_2 上还需以下时间才能完成作业 i 的加工。

$$b_i + \max\{t,a_i\} - a_i = b_i + \max\{t-a_i,0\} \tag{4-25}$$

而 $i \in S$ 表示要尝试所有作业 i，观察执行哪个作业 i 能使执行时间最少。

边界条件：如果 $S=\{\}$，则 $T(S,t)=t$。

流水线作业调度问题的最优值为 $T(N,0)$，即完成所有作业的最短时间，刚开始作业时，M_2 不用再花费时间来完成下一个任务，所以等待时间是 0。相应地，完成所有任务所需的最短时间是 $T(N,0)=\min_{1 \leqslant i \leqslant n}\{a_i+T(N-i,b_i)\}$。

下面证明这个问题具有最优子结构。假设 $\pi=[\pi_1,\pi_2,\cdots,\pi_n]$ 是 n 个流水线作业的最优调度，π_1 是第一个完成的任务，它所需的加工时间为 $a_{\pi_1}+T_1$，其中，T_1 是在机器 M_2 的等待时间为 b_{π_1} 时，两个机器完成剩下的作业$(\pi_2,\cdots,\pi_n)$所需时间。令 $S=N-\pi_1$，根据 $T(S,t)$ 的定义，则有 $T_1 \geqslant T(S,b_{\pi_1})$。注意，$T_1$ 不一定是最短时间，而 $T(S,b_{\pi_1})$ 是最短时间。

如果 $T_1>T(S,b_{\pi_1})$，设 $\pi' \triangleq [\pi_2',\pi_3',\cdots,\pi_n']$ 是作业集合 S 在机器 M_2 的等待时间为 t_{π_1} 情况下的最优调度，则 $\pi_1,\pi_2',\pi_3',\cdots,\pi_n'$ 是 n 个作业的一个调度，且该调度所需的时间为 $a_{\pi_1}+T(S,b_{\pi_1})<a_{\pi_1}+T_1$。这个结论与 π 是所给 n 个流水线作业的一个最优调度矛盾。故有 $T_1 \leqslant T(S,b_{\pi_1})$。因此 $T_1=T(S,b_{\pi_1})$，也就是说，机器 M_2 的等待时间为 b_{π_1} 时，两个机器完成剩下的作业$(\pi_2,\cdots,\pi_n)$所需时间必须是最优的，即该问题具有最优子结构的性质。

前面例子中的两个作业 J 与 K，M_1 需要的加工时间为$\{a_1=30,a_2=3\}$，M_2 需要的加工时间为$\{b_1=20,b_2=10\}$，使用动态规划求解两个作业 J 与 K 的调度问题。

① 如果 M_1 先完成作业 J，剩下的作业集合 $S=\{K\}$，M_2 需要等待时间 $b_1=20$，完成作业集合 S 的时间为

$$T(\{K\},b_1)=a_2+T(\{\},b_2+\max(b_1-a_2,0))$$
$$=3+T(\{\},10+20-3)=3+27=30 \tag{4-26}$$

② 如果 M_1 先完成作业 K，剩下的作业集合 $S=\{J\}$，M_2 需要等待时间为 $b_2=10$，M_2 完成作业集合 S 的时间为

$$T(\{J\},b_2)=a_1+T(\{\},b_1+\max(b_2-a_1,0))$$
$$=30+T(\{\},20+\max(10-30,0))=50 \tag{4-27}$$

综合这两种情况，可得：

$$T(\{J,K\},0)=\min\begin{cases}a_1+T(\{K\},b_1)=30+T(\{K\},10)=30+30=60\\a_2+T(\{J\},b_2)=3+T(\{J\},20)=3+50=53\end{cases} \tag{4-28}$$

第5章 贪 心 法

‖ 5.1 贪心法概述

苏格拉底、柏拉图和亚里士多德是古希腊著名思想家、哲学家,合称"古希腊三贤"。苏格拉底是柏拉图的老师,柏拉图是亚里士多德的老师。有一天,柏拉图问他的老师苏格拉底:"老师,什么是爱情?"苏格拉底说:"你去麦田捡麦穗,记住只能捡一次,不能回头。"柏拉图就去了,不一会,柏拉图回来了,但是什么也没有带回来,苏格拉底就问他,"你怎么什么也没捡到啊?"柏拉图:"我在地里看到几个特别大的麦穗,可是我不确定这个是不是地里最大的,于是就没有捡。但是,之后也没有发现更好的麦穗,所以我最后什么都没捡到。"苏格拉底说:"这就是爱情。"

有一天,柏拉图又问苏格拉底:"老师,什么是婚姻?"苏格拉底说:"你去那片树林砍一棵最高大的树,但不能走回头路,而且只能砍一次。"这次,柏拉图带了一棵并不算最高大但是看着还不错的树回来了。苏格拉底就问他:"你怎么砍了这样一棵树回来?"柏拉图说:"我穿过森林时,看到了几棵非常好的树,这次我吸取了上次的教训,就砍了下来。我很怕如果不选它,就又会空手而归。"苏格拉底说:"这就是婚姻。"

这个故事和贪心法有什么关系呢? 其实,这个故事体现了寻优问题求解的两个思路,一个是寻找全局最优,另一个是寻找局部最优。在捡麦穗的故事里,柏拉图想找到问题的全局最优解,结果发现很困难,因为他没办法遍历整个麦田。在砍树的故事里,柏拉图发现寻找全局最优非常困难,就转而在他周围选了一棵比较高大的树,这个就是局部最优解。

在算法设计策略中,贪心法是求解寻优问题的一种通用策略,其核心思想是把一个大问题通过一步操作转换为小问题,这个操作基于贪心选择准则,保证这一步获得最大收益,即寻找局部最优解,至于这个局部最优解是不是能保证原问题达到全局最优,贪心法是无法保证的。不同的贪心选择准则可以得到不同的结果,找到正确的贪心选择准则是设计贪心算法的关键。贪心法适用于求解CPU任务调度、最小生成树、最短路径、旅行商问题、分数背包问题、装箱等寻优问题。

举一个找零钱的例子,给定无限多的 m 种面额的硬币,面额大小排序为 $d_1 > \cdots > d_m$,现在要找一个总额为 n 的零钱,问题是如何使用最少的硬币数目。例如,$d_1 = 25c$,$d_2 = 10c$,$d_3 = 5c$,$d_4 = c$,$n = 48c$。对于这个问题,如果采用贪心法求解,首先要考虑问题怎么变小? 一个很简单的想法是先找一个硬币,这样 n 就变小了,问题也就小了。问题就变为:这一个硬币怎么选? 一般会优先选 $25c$,因为它能让问题变得最小,这个选择就是局部最优,因为只考虑了这一步的获益。当这个问题变成 $48c - 25c = 23c$ 时,这个小问题求解采用了和原问题同样的策略，继续选择两个 $10c$，最后选择 3 个 c 的零钱，这样就得到贪婪解<1, $2,0,3>$。从这个例子可以看出，贪心法的贪心选择准则（贪心策略）是求解问题的关键，即在当前状态得到局部最优，仅考虑目前状态，不考虑长远结果。这样做是有风险的，例如，当 $n=30c$ 时，如果按照前面的贪心准则，就会得到贪婪解$<1,0,5>$，而事实上，最优解是<0, $3,0>$。这说明贪心法不能保证得到最优解。但是，贪心法很简单，实现效率高。

下面再举一个活动选择的问题。假设你在迪士尼主题公园玩，公园里有很多活动，每个活动开始和结束的时间都不同。为了简化问题，忽略活动之间的行走时间。现在的问题是：怎么选择游玩的活动顺序，才能使你玩的活动项目最多？先给出这个问题的数学描述，假设有 n 个活动，记 $S=\{a_1,a_2,\cdots,a_n\}$，a_i 是第 i 个活动，该活动的持续时间是 $[s_i,f_i)$，s_i 是开始时间，f_i 是结束时间，找出 S 的最大子集 A，满足：①活动之间的时间不重叠；②活动的个数 $|A|$ 达到最大。

不失一般性，假设 $f_1 \leqslant f_2 \leqslant \cdots \leqslant f_n$，例如，4 个活动的开始时间和结束时间如表 5-1 所示，图 5-1 给出了 4 个活动之间的前后时间关系。

表 5-1　4 个活动的开始时间和结束时间

活动 i	1	2	3	4
s_i	0	1	2	3
f_i	2	4	6	7

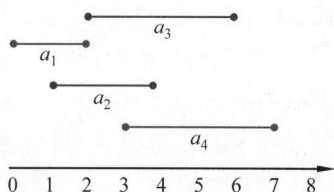

图 5-1　4 个活动的前后时间关系

如果选用最早结束时间优先的贪心准则，也就是哪个活动结束得越早，就优先选择哪个活动。在上面的例子中，a_1 最早结束，就先选择 a_1，由于 a_2 与 a_1 时间重叠，所以在剩下的活动中不考虑 a_2，只剩下活动 a_3 和 a_4。原问题是 4 个活动的选择问题，而现在变成了 2 个活动的选择问题，问题规模变小了，这就是前面所说的贪心法的基本思想：利用一个操作（选取一个活动）将问题规模变小，这个操作基于局部最优的原则。在活动选择问题中选用了最早结束时间优先，基于这个贪心准则，选取下一个活动，问题的规模可以变得更小，在小问题中继续使用该贪心准则，直至问题解出。这时得到的一系列操作序列，就是问题的解。

现在，活动选择问题已经利用贪心法解出了，得到的解是最优的吗？下面证明一下。证明的思路分两步：第一步先证明如果有最优解，则最优解中一定包含 a_1，也就是最早结束的那个活动；第二步再证明最早结束时间优先的贪心准则一定得到最优解。

定理 1：如果活动 a_1 在所有活动中具有最早结束时间，则最优解中一定包含 a_1。

证明：假设集合 A 是活动选择问题的最优解，a_1 是贪心法选择的最早结束时间的活动，如果 $a_1 \in A$，则定理得证。

如果 $a_1 \notin A$，可以在集合 A 中找到最早结束的活动 a，因为 $a_1 \notin A$，必然 $a_1 \neq a$。那么，a_1 和 a 的关系可能有图 5-2 中的两种情况，第一种情况是 a_1 和 a 时间上不相互重叠，第二种情况是 a_1 和 a 重叠。第一种情况可以排除，因为如果 a_1 和 a 没有时间重叠，那么 a_1 可以直接加入集合 A 中，使集合 A 的元素个数增加，这就与集合 A 是最优解的这个前提互相矛盾。那么只剩下第二种情况了，即 a_1 和 a 在时间上是重叠的，这时，只需要利用 a_1 替换 a 即可，这时集合 A 的元素个数不变，但是包含了最早结束的活动 a_1，从而定理得证。

定理 2：最早结束时间优先的贪心准则一定得到最优解。

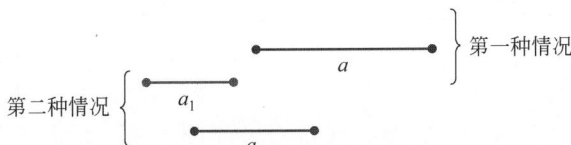

图 5-2　a_1 和 a 的关系

证明：a_1 是贪心准则选择的最早结束的活动，令 S^* 是不与 a_1 重叠的活动子集，则

$$S^* = \{a_i \mid i = 2, \cdots, n, \text{且 } s_i \geqslant f(a_1)\}$$

令 B 为 S^* 的最优解，从 S^* 的定义可知，集合 $A^* = \{a_1\} \bigcup B$ 是可行的，并且是原问题的解。下面利用反证法证明 A^* 是最优解。假设 A^* 不是最优解，而 A 是最优解，则 $|A^*| < |A|$。由前面的定理 1 可知，A 中必然包含 a_1，且 $|A - \{a_1\}| > |A^* - \{a_1\}| = |B|$。但是，$A - \{a_1\}$ 也是 S^* 的解，与 B 是 S^* 的最优解矛盾。这意味着 A^* 一定是原问题的最优解。

根据贪心准则就可以正确选择第一个活动，那么，这个问题就缩小为在 S^* 中求解活动选择问题，可以继续重复使用这个贪心准则。

5.2　贪心法中的计算思维

贪心法是算法设计策略中一种常用的方法，体现了计算思维在求解问题时的分解、局部最优选择、抽象与建模等特点。

（1）问题分解。

贪心法通过贪心准则将大问题转换为小问题，这个问题转换的特点是计算思维的一个重要特征，就是强调将复杂的问题分解为更小、更易求解的小问题。

（2）局部最优选择。

寻优是计算思维的一个特征。在贪心法中，问题的解决通常是通过一步步的局部最优选择来解决的，每一步都基于前一步的解决结果，再选择当前状态下的最优解，进而推动整个寻优过程。

（3）抽象与建模。

计算思维侧重于识别问题中的模式和规律，即将问题的实际细节简化为更高层次的抽象表示，便于计算机处理。贪心法把整个问题求解转换为一系列局部决策，这个过程本身就是对问题的一个抽象过程，贪心法需要识别出每一步寻找局部最优解的抽象模式，以及问题中的重复结构或规律，这种模式识别能力可以把问题求解抽象为数据结构和算法的形式，是计算思维抽象与建模特点的体现。

贪心法在实际问题中体现了计算思维的一些关键思考方式，包括问题分解、寻优、抽象化和建模等。这些思维方式有助于更高效、简单地解决特定类型的问题。

5.3　贪心法的实践案例

5.3.1　最少站台问题

1. 问题描述

假设 n 辆火车的到达时间 arr 和离开时间 dep 已知，问题是最少需要多少个站台，才能保证各个时间段的火车都能入站。

$n=6$；

到达时间 arr[]＝{9:00,9:40,9:50,11:00,15:00,18:00}；

离开时间 dep[]＝{9:10,12:00,11:20,11:30,19:00,20:00}；

由于[9:40,12:00]这个时间段的火车最多，为 3 辆，所以需要的最少站台数为 3。

2. 解决方法：贪心法

（1）算法原理。

本节要求的是最少站台数，其实就是找到每个到达-离开的时间段相重叠的最大个数。对于每个时间段，可以利用贪心法求重叠最多的时间段个数。而最少站台数就是在所有时间段对应的重叠个数中取最大值。

为了快速得到重叠时间段的个数，需要对到达时间进行排序，如图 5-3 所示，然后针对每一趟火车的停留时间段，找与之重叠的时间段。在找重叠时间段的过程中，采用了贪心法的思路，就是从当前火车到达时间开始向后搜索所有火车，只要停留时间与当前火车停留时间重叠，就计入重叠数，直至找到全部重叠时间的火车。

图 5-3　重叠时间段—计数（同一标识代表一辆火车的到达和离开时间）

上面的例子可以拆解为以下情况。

- 第 1 辆火车的到达时间为 9:00，离开时间为 9:10，没有和这个时间段重叠的其他火车，即这段时间需要最少站台数为 1。
- 第 2 辆火车的到达时间为 9:40，离开时间为 12:00，这个时间段内有第 2、3、4 辆火车停靠，需要最少站台数为 3。
- 第 3 辆火车的到达时间为 9:50，离开时间为 11:20，这个时间段内有第 3、4 辆火车停靠，即这段时间需要最少站台数为 2。
- 第 4 辆火车的到达时间为 11:00，离开时间为 11:30，这个时间段内有第 3、4 辆火车停靠，即这段时间需要最少站台数为 2。
- 第 5 辆火车的到达到时间为 15:00，离开时间为 19:00，这个时间段内有第 5、6 辆火车停靠，即这段时间需要最少站台数为 2。
- 第 6 辆火车的到达时间为 18:00，离开时间为 20:00，这个时间段内有第 5、6 辆火车停靠，即这段时间需要最少站台数为 2。

目前得到的相互重叠的最大时间段为 3 段，即最少需要 3 个站台。

（2）伪代码。

```
Greedy Programming
Input. 达到时间 arr,离开时间 dep
Output. 最少站台个数
```

```
Method.
min_Platform(arr,dep,n)
1    res = 1
2    for i = 1 to n
3        min_plat = 1
4        for j = 1 to n
5            If i != j
6                    If arr[i]>= arr[j]&&dep[j]>= arr[i] ||
   dep[i]>= arr[j]&&dep[i]<= dep[j]
7                        min_plat ++;
8        res = max (res, min_plat)
9    Return res
```

（3）复杂度分析。

时间复杂度：由于使用了两层循环完成，时间复杂度是 $O(n^2)$。

空间复杂度：$O(1)$。

（4）堆优化。

根据到达时间对火车进行排序，然后检查下一班火车的离开时间是否小于前一班火车的离开时间，如果小于则说明出现重叠，增加所需的站台数量，否则不增加。

对于该思路，可以利用一个小顶堆来高效解决，堆始终存储当前的最早离开时间。

到达时间记为 arr[]＝{9:00,9:40,9:50,11:00,15:00,18:00}；

离开时间记为 dep[]＝{9:10,12:00,11:20,11:30,19:00,20:00}。

假设对所有火车的到达时间从小到大排序，把 9:00 简写为 900，则排序后的火车顺序是{(900,910),(940,1200),(950,1120),(1100,1130),(1500,1900),(1800,2000)}。

- 小顶堆初始时存储第 1 辆到达的火车的离开时间 910；
- 第 2 辆火车的到达时间 940 大于存储在小顶堆的离开时间 910，说明它们没有相交，对重叠数量没有贡献，可以把堆顶元素 910 弹出，再把离开时间 1200 加入堆，堆顶变为 1200；
- 第 3 辆火车的到达时间 950 小于存储在小顶堆的离开时间 1200，说明出现重叠，重叠数量加 1，此时把新的离开时间 1120 加入堆，对小顶堆进行调整，堆顶元素变为 1120；
- 第 4 辆火车的到达时间 1100 小于存储在小顶堆的离开时间 1120，说明出现重叠，重叠数量加 1，此时把新的离开时间 1130 加入堆，对小顶堆进行调整，堆顶元素仍然是 1120，堆里目前有三个元素；
- 第 5 辆火车的到达时间 1500 大于存储在小顶堆的离开时间 1120，说明它们没有相交，对重叠数量没有贡献，可以把堆顶元素 1120 弹出，再把离开时间 1900 加入堆，重新调整堆后，堆顶变为 1130；
- 第 6 辆火车的到达时间 1800 大于存储在小顶堆的离开时间 1130，说明它们没有相交，对重叠数量没有贡献，可以把堆顶元素 1130 弹出，再把离开时间 2000 加入堆，堆顶变为 1200。

小顶堆的调整过程如图 5-4 所示。从上述过程可以看出，小顶堆的目的就是快速找出目前最早的离开时间，方便后面到达的火车进行比较，由于堆调整的复杂度是 $O(\log n)$，可以保证调整效率比较高。

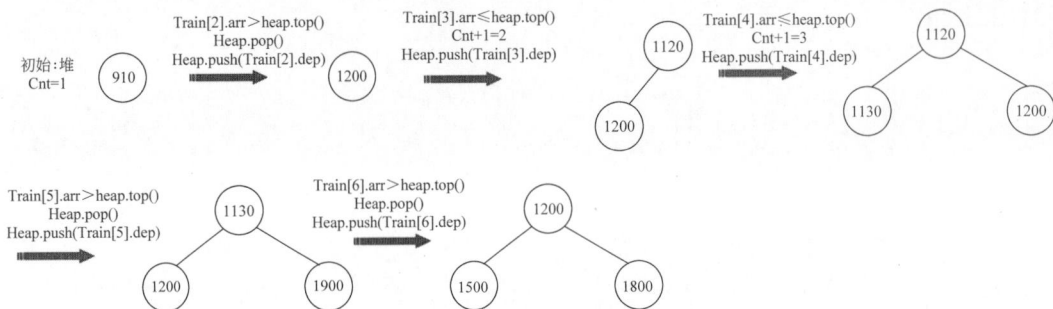

图 5-4　小顶堆的调整过程

（5）堆优化伪代码。

```
Greedy Programming
Input. 达到时间 arr,离开时间 dep
Output. 最少站台个数
Method.
min_Platform(arr,dep,n)
1    for i = 1 to n
2      train[i] = { arr[i],dep[i] }
3    sort (train.arr)
4    heap.push (train[0].dep)
5    cnt = 1
6    for i = 2 to n
7        if heap.top() >= train[i].arr
8                    cnt ++
9        else heap.pop()
10       heap.push (train[i].dep)
11   return cnt
```

（6）堆优化复杂度分析。

时间复杂度：由于采用堆调整的策略,时间复杂度是 $O(n\log(n))$。

空间复杂度：存储堆的代价是 $O(n)$。

（7）排序优化。

这个优化思路按所有时间排序,包括到达时间和离开时间,计数当前已到达但未离开的火车数量,它的最大值即为所需最少站台数。图 5-5 列出了这个求解过程。

（8）排序优化伪代码。

```
Greedy Programming
Input. 达到时间 arr,离开时间 dep
Output. 最少站台个数
Method.
min_Platform(arr,dep,n)
1    sort(arr,arr + n)
2    sort(dep,dep+ n)
3    i = 2, j = 1, count = 1
4    while i < n && j < n
```

```
5        if arr[i] <= dep[j]
6              count ++, i++
7        else count --,j ++
8        res = max (res,count)
9    return res
```

时间	状态	计数
900	到达	1
910	离开	0
940	到达	1
950	到达	2
1100	到达	3
1120	离开	2
1130	离开	1
1200	离开	0
1500	到达	1
1800	到达	2
1900	离开	1
2000	离开	0
min_count		3

排序完时间：
arr[]={900,940,950,1100,1500,1800}
dep={910,1120,1130,1200,1900,2000}

图 5-5　排序-计数求解过程

（9）排序优化复杂度分析。

时间复杂度：由于采用了排序算法，排序效率是 $O(n\log(n))$，而遍历排序结果的效率是 $O(n)$，所以总的时间复杂度是 $O(n\log(n))$。

空间复杂度：不需要辅助空间，所以空间复杂度是 $O(1)$。

5.3.2　最短超级字符串

1. 问题描述

给定一个字符串列表，在所有字符串中没有一个字符串是另一个字符串的子字符串。现在的问题是：找到一个最短的超级字符串，使它包含列表中的所有字符串作为其子字符串。

例如，输入一个字符串列表：[CATGC,CTAAGT,GCTA,TTCA,ATGCATC]，输出超级字符串为：GCTAAGTTCATGCATC。该超级字符串包含了字符串列表中的每个子字符串，同时也是最短的。

2. 解决方法：贪心法

（1）算法原理。

这个问题需要构造一个包含所有子字符串的最短字符串，根据贪心算法的思想，需要先找到局部最优解,然后利用局部最优解构建全局最优解。这里的贪心策略就是利用两个字符串合并成一个超级字符串,然后通过超级字符串替换原来的两个字符串,这样字符串列表就少了一个字符串。重复这个过程,就可以在最终的字符串列表中得到全局超级字符串。

以上面的字符串列表为例,利用局部最优解构造全局最优解的过程如图 5-6 所示。

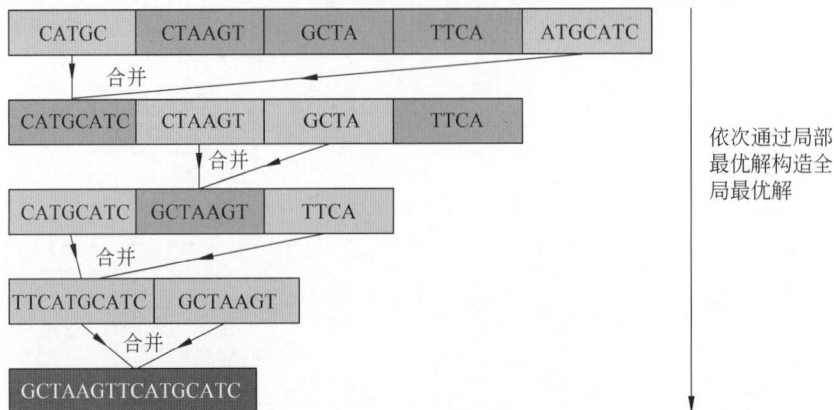

图 5-6 通过局部最优解构造全局最优解

下面讨论如何求出局部最优解,即如何将两个字符串合并,得到它们的超级字符串。假设两个字符串为 a、b,a 的字符串长度为 n,b 的字符串长度为 m。若 a、b 中有相同的子字符串,那么超级字符串的结构就是:"其中一个字符串的前半段+两个字符串相同部分+另一个字符串的后半段"。注意,这里要找的相同子字符串需要同时出现在 a 的前半段和 b 的后半段,或者 b 的前半段和 a 的后半段,不能随意在 a 和 b 中找相同子字符串。例如,a="CATGC",b="ATGCATC",a 和 b 都包含的字符串是"ATGC",这个子串是 a 的后半段,同时是 b 的前半段,但是如果找的公共子串是"TGC",这个子串在 b 的中间,那么合并时就会截断 b,无法得到超级字符串。

假设两个字符串相同部分的长度为 i,针对下面两种情况分别分析。

① 若 a 的前半段与 b 的后半段相同,此时公共子串 c 就是 a 字符串的下标 0 到 $i-1$ 的子字符串,也是 b 字符串的下标 $m-i$ 到 $m-1$ 的子字符串,合并后的字符串包括 b 字符串以及 a 下标从 i 开始之后的子字符串,如图 5-7 所示。

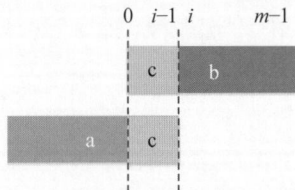

② 若 b 的前半段与 a 的后半段相同,此时 b 字符串的下标 0 到 $i-1$ 的子字符串与 a 字符串的下标 $n-i$ 到 $n-1$ 的子字符串相同,合并后的字符串包括 a 字符串以及 b 下标从 i 开始的子字符串,如图 5-8 所示。

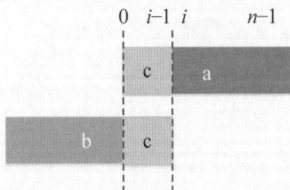

图 5-7 a 的前半段与 b 的后半段相同   图 5-8 b 的前半段与 a 的后半段相同

下面可以从 i 的长度入手,根据上述两种情况考虑,依次增加 i 的长度,找到超级字符串最短的情况,即局部的最优解,也就是贪心法的思想。

以[CATGC，ATGCATC]为例，其求解局部最优解的过程如图 5-9 所示。

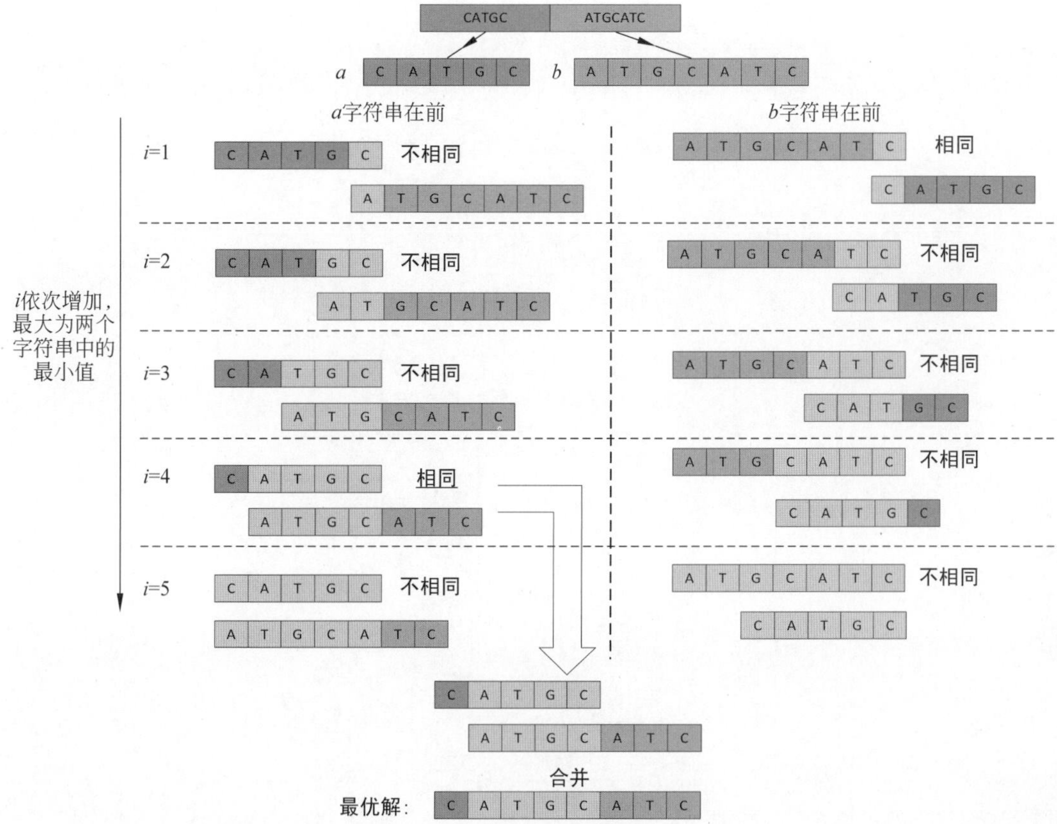

图 5-9　合并两个字符串的过程

注意，在该过程中，若出现多次子字符串匹配相同的情况，要取 i 最大的情况，因为要求的是最短超级字符串，最优解合并出来的字符串需要是最短的。

根据以上过程，可以得到两个字符串合并的超级字符串，也就是局部最优解，然后替换原字符串序列中的两个字符串，再重复上述过程，就可以求出全局最优解。

（2）伪代码。

```
Greedy Algorithm
Input. 字符串集合 S
Output. 最短超级字符串
Method.
findShortestSuperstring(words)
1    n = words.size()              //记录字符串的个数
2    while (n != 1)                //若字符串列表长度大于1,说明存在可以合并的字符串
3        max = INT_MIN             //存储两个字符串之间相同部分最长的长度
4        for (i = 0; i < n; i++)   //依次比较两个字符串
5            for (j = i + 1; j < n; j++)
6                r = findOverlappingPair(words[i], words[j], str)
                 //寻找两个字符串 words[i] 和 words[j] 的公共子串 str,返回 str 的长度 r
```

```
7              if (max < r)              //找到相同部分长度最长的情况
8                  max = r              //记录最长的相同部分长度,用于后续比较
9                  res_str.assign(str)  //res_str记录合并后的字符串
10                 p = i, q = j         //记录比较的两个字符串在列表中的位置
11         n--                          //减少列表长度,替换局部最优解
12         if (max == INT_MIN)words[0] += words[n] //若没有找到可以匹配的两个字符串,
                                        //将最后一个字符串与第一个字符串合并,作为此时的局部最优解,以便消去最后一个
                                        //字符串,减少列表长度
13         else        //若找到局部最优解,则将位置靠前的字符串的位置替换为合并后的字符串,
                       //靠后的字符串则用来存储被消去的最后一个字符串
14             words[p] = res_str
15             words[q] = words[n]
16     return words[0]      //当局部最优解全部求出,第一位的字符串即为全局最优解
```

```
findOverlappingPair(s1, s2, str)   //函数 findOverlappingPair 来求取字符串 s1 和 s2
                                    //的合并字符串 str
1    max = INT_MIN                          //用于存储合并后字符串的长度,设为最小以便后续更新该值
2    m = s1.length()
3    n = s2.length()
4    for (i = 1; i <= min(m, n); i++)            //相同的子字符串的长度 i
5        if (s1.compare(m - i, i, s2, 0, i) == 0)//若 s1 的后半段与 s2 的前半段相同
6            if (max < i)                        //若该相同子字符串的长度大于最大值
7                max = i                         //替换最大相同的子字符串的长度
8                str = s1 + s2.substr(i)         //合并后的字符串
9    for (i = 1; i <= min(m, n); i++)   //若 s2 的后半段与 s1 的前半段相同,处理方法同上
10       if (s1.compare(0, i, s2, n - i, i) == 0)
11           if (max < i)
12               max = i
13               str = s2 + s1.substr(i)
14   return max   //此时合并后的字符串已经通过引用的 str 存下,返回相同部分最长的长度
```

5.3.3 重排字符串问题

1. 问题描述

给定一个字符串,通过重新排列字符,使得字符串中相邻位置的字符互不相同。举两个例子:

① 给定字符串 s＝"aaabc",输出:"abaca"可以保证相邻字符互不相同;

② 给定字符串 s＝"aaba",输出:不存在一个新的排列结果满足条件。

2. 解决方法:贪心法 1

(1) 算法原理。

从字符串中字符摆放的顺序来分析,出现在最前面的字符还有可能在后面出现,所以在所有字符中出现的概率最大,字符出现的概率会随着位置靠后越来越小,这也意味着相邻字符重复出现的概率会变小。按照这个思路,贪心法的核心思想是把出现频率高的字符放在

最前面,同时保证相邻的字符不会重复。如果可以按照这个规则把所有字母都放进去,就表示字符串可以重新排列,否则,就表示不能重新排列。

贪心法的实现过程是,先统计每个字符出现的次数,把高频出现的字符放在前面,同时与前一个已经放好的字符保持不同,放完以后,该字符的出现频次就相应地减少 1。然后处理下一个字符,以此类推。

由于需要先处理高频字符,这里可以用一个大顶堆来维护每个字母的出现频率,出现频率高的字符放在堆顶。以字符串"aaabc"重排为例,具体实现过程如图 5-10 所示。三个字符"a""b""c"的出现频率分别是 3、1、1,用 Pre 记录前一个已经放好的字符,Ans 表示当前的排列结果。根据三个字符出现的频次构建一个大顶堆,堆顶是字符"a",这样就先把"a"出堆,这时"a"的频次更新为 2,然后调整大顶堆,堆顶是"b"(由于"a"是当前放好的字符,此时不能在堆中出现),然后"b"出堆,这时"a"又可以重新入堆,但是"b"不能在堆里。如此反复,直至堆为空。

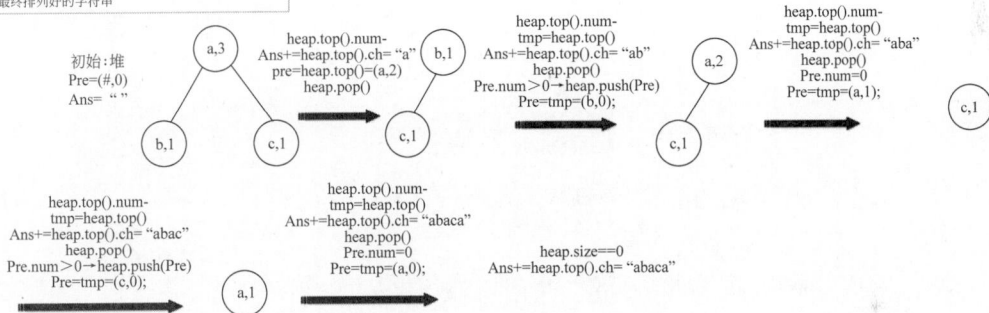

图 5-10 重排过程

(2) 伪代码。

```
Greedy Programming
Input. 字符串 str
Output. 相邻元素不同的字符串
Method.
rearrangeString (str)
1    n = str.length()
2    for i =0 to n count[str[i]-'a']++              //统计字符频率
3    for c ='a' to 'z'
4        val = c -'a'
5        if count[val] Q.push(key {c,count[val] })    //放入大顶堆 Q,并调整
6    Ans = "" Pre = {'# ',0}        //Ans 存储最终结果,Pre 存储前一个字符
7    while ! Q.empty()
8        tmp = Q.top()             //取出频率最大的字符
9        Ans += tmp.ch             //tmp.ch 是字符
10       if Pre.num > 0 Q.push (Pre)   //前一个字符放回堆里
11       tmp.num --               //tmp 的字符频率减一
```

```
12      Pre = tmp
13   if n != strlen(Ans) return "Not possible"
14   else return Ans
```

（3）复杂度分析。

时间复杂度：每次堆调整代价为 $O(\log n)$，处理完所有字符需要代价 $O(n\log n)$。

空间复杂度：存储堆需要空间 $O(n)$。

3. 解决方法：贪心法 2

（1）算法原理。

使用出现频率最高的字符填充结果字符串的所有奇数位置。如果奇数位置有剩余，就用下一个字符继续把这些位置填满。一旦奇数位置填满了，就用下一个字符填充偶数位置。这样，可以确保两个相邻的字符是不同的。

假定字符串的长度为 n，如果最高出现的频率大于 $(n+1)/2$，则不可能通过排列得到结果。排列过程如图 5-11 所示。

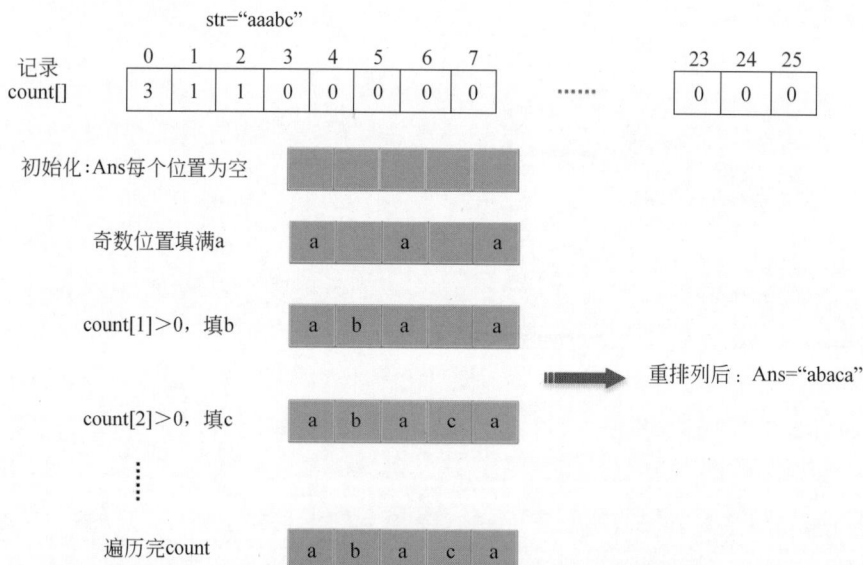

图 5-11　重排列过程

（2）伪代码。

```
Greedy Programming
Input. 字符串 str
Output. 相邻元素不同的字符串
Method.
rearrangeString (str)
1    n = str.length()
2    max_num = 0,max_ch = '# '
3    if n == 0 return "Not possible"
4    for i = 0 to n count[str[i] - 'a'] ++    //统计字符频率
5    for i = 0 to 25                          //寻找出现频率最高的字符
```

```
6        if count[i] > max_num
7            max_num = count[i]
8            max_ch=i + 'a'
9    if max_num > (n +1)/2 return      //最高频率超过了(n +1) / 2 则返回
10   idx = 0
11   string Ans (n,'')
12   while max_num                      //放到奇数位置
13            Ans[idx] = ch_max
14            idx += 2
15            max_num --
16   count[max_ch -'a'] = 0
17   for i =0 to 25                     //放剩余的字符,先放偶数位置,再放奇数位置
18      while count[i] > 0
19          ind = (ind >= n) ? 1:ind
20          Ans[ind] = a + 'i'
21          ind += 2
22          count[i] --
23   return Ans
```

（3）复杂度分析。

时间复杂度：只需要遍历字符串计算频率，算法时间复杂度为 $O(n)$。

空间复杂度：存储结果字符串，空间复杂度为 $O(n)$。

5.3.4 图顶点填色问题

1. 问题描述

给定一个无向图，现在需要按照下面的要求给图中的顶点填色。

① 相邻的顶点的颜色不同；

② 使用尽可能少的颜色给地图的每一个顶点填色。

图 5-12 是一个图顶点填色示例图，注意，无向图不一定是平面图，平面图是可以画在平面上并且使得不同的边可以互不交叠的图。而如果一个图无论如何都无法画在平面上，并使得不同的边互不交叠，那么这样的图不是平面图，也可以称为非平面图。这个图填色问题就可能不是平面图，所以填涂的颜色有可能超过四色，那么就需要关心最少的颜色有多少。

图 5-12 图顶点填色示例

2. 求解方法：贪心法

（1）算法原理。

贪心法是指在对问题进行求解时，总是做出当前的最好选择，也就是说，不从整体最优考虑，而是每次做出局部最优决策，使问题进入下一个阶段。如果某个问题的最优解包含其子问题的最优解，就称该问题有最优子结构性质。当问题的整体最优解可以通过一系列局部最优的选择达到时，该贪心算法就可以得到全局最优解。

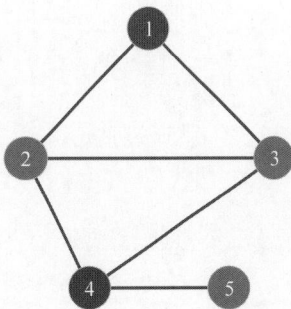

贪心法的核心是选择合适的贪心策略使问题规模变小,当问题规模变小后,继续使用相同的策略使问题规模变得更小,直至原问题被求解。对于本节的填色问题,问题的规模就是需要填色的顶点个数,顶点个数越少,问题规模就越小。如果所有顶点都填好色了,这个问题就求解了。

按照这个问题规模缩减的思路,需要确定的贪心策略就是选择哪个顶点先填色,以及填什么颜色,这个策略确定好以后,问题规模就可以减小了。根据问题的要求,相邻顶点的颜色不能相同,那么很自然的一个想法就是选择度最多的顶点先填色,因为这个顶点的相邻顶点最多,如果这个顶点填好色了,其他顶点就容易选择颜色填涂了。

定义一个顶点的色彩饱和度,就是其相邻顶点的不同颜色数量(对于已经填色的相邻点)。色彩饱和度最高的顶点颜色约束最多,可以选择的颜色也最少。那么,对于当前的一个填色情况而言,要做出的局部最优选择就是选择目前限制最多的点,也就是图中未填色且色彩饱和度最高的点,因为它们能选择的色彩数量最少。另外,在填色时应该尽量选择其他点已经用过但是相邻点没有被用过的颜色。以图 5-13 为例来描述算法过程。

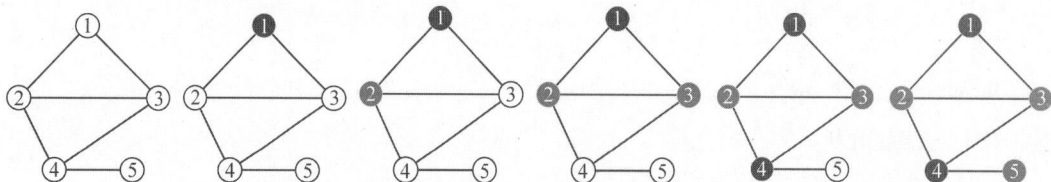

图 5-13　贪心法填色过程

- 原始图中没有任何顶点被填色,所以可以选择任意一个顶点填色,这里选择顶点 1,并填入蓝色;
- 下面寻找色彩饱和度最高的点,顶点 2 和顶点 3 的色彩饱和度都为 1,选择顶点 2 并填入橙色;
- 继续寻找色彩饱和度最高的点,顶点 3 的色彩饱和度为 2,将其填入绿色;
- 继续寻找色彩饱和度最高的顶点 4,注意,需要尽可能地使用之前使用过而且相邻顶点未使用的颜色,这里填入蓝色;
- 最后,需要给顶点 5 涂上之前使用过的但是相邻顶点未使用的颜色,这里涂上橙色或者绿色。

这样,就通过贪心算法求出了一个图的顶点填色问题。

(2) 伪代码。

```
Graph Coloring Problem
Input. 无向图
Output. 填色后的图
Method.
Priority_queue Q      //所有顶点入优先队列 Q,Q 记录各顶点饱和度,初始状态所有顶点饱和
                      //度均为 0
1   for i = 1 to n    //n 是顶点个数
2       c[i]=-1       //c 记录顶点的颜色
3   while(!Q.empty())
```

4	u=Q.pop()	//取出最大饱和度的顶点
5	for v in adj[u]	//v 是 u 的邻接顶点
6	if c[v] != -1　used[c[v]]=true	//标注 v 不可使用的颜色
7	for i in range of color	//选择之前使用过的但是相邻顶点未使用的颜色
8	if used[i]==false Break	
9	c[u]=i	//给 u 填色
10	for v in adj[u]	
11	if c[v]==-1	//v 未填色
12	调整 v 可以填涂的颜色,以及色彩饱和度	

（3）复杂度分析。

时间复杂度：图中有 n 个顶点和 m 条边,需要给 n 个顶点涂色,而涂色的过程需要访问每一条边以更新涂色关系,每次涂色需要对堆进行操作,堆操作的复杂度是 $O(\log n)$,故时间复杂度为 $O((n+m)\log n)$。

空间复杂度：需要一个堆和一系列数组来进行操作,空间复杂度为 $O(n)$。

5.3.5　奶茶找零问题

1. 问题描述

假设有一家奶茶店,每一杯奶茶的售价为 5 元。顾客排队按顺序购买奶茶,每位顾客每次只买一杯奶茶,然后付 5 元、10 元或 20 元。店主必须利用前面顾客的付款给后面每位顾客正确找零,注意,一开始没有任何零钱。

假设顾客付款的金额是一个整数数组 $bills$,其中 $bills[i]$ 是第 i 位顾客的付款。请判断店主是否能给每位顾客正确找零,示例如下。

输入：$bills=[5,5,5,10,20]$;

输出：true;

解释：

对于前 3 位顾客,按顺序收取 3 张 5 元的钞票。

对于第 4 位顾客,收取一张 10 元的钞票,并找零 5 元。

对于第 5 位顾客,找还一张 10 元的钞票和一张 5 元的钞票。

由于所有客户都得到了正确的找零,所以输出 true。

2. 解决方法：贪心算法

（1）算法原理。

根据贪心算法的思想,需要将大问题化解为小问题,并在依次求解小问题的最优解的基础上,推导出大问题的最优解。对于奶茶找零问题,假设共有 n 个顾客,顾客依次排队付款,可以将当前顾客之前的找零问题视为小问题,即第 1 位顾客到第 $i(i\in\{1,2,\cdots,n-1\})$ 位顾客的找零问题是需要解决的子问题,而第 1 位顾客到第 n 位顾客的找零问题是需要解决的大问题。

当面对大问题时,可以通过找零的方式把大问题转换为小问题,已知钞票面额有 5 元、10 元、20 元。那么给顾客找零时,按照顾客给的面额,可以分为以下三种情况。

① 当顾客支付 5 元时,直接收取 1 张 5 元;

② 当顾客支付 10 元时,需要找零 1 张 5 元,同时收取 1 张 10 元;

③ 当顾客支付 20 元时,需要找零 1 张 5 元和 1 张 10 元,或找零 3 张 5 元,同时收取 1 张 20 元。

需要考虑的是,当情况③出现时,应该选择哪种找零方法。由于在所有的找零情况中,只有找零"1 张 5 元""1 张 5 元和 1 张 10 元""3 张 5 元"三种情况。若先用找零"3 张 5 元"的方法给情况③找零,那么后续可能出现无法给情况②找零"1 张 5 元",这说明 5 元的需求量会比 10 元更高,所以优先考虑用"1 张 5 元和 1 张 10 元"的找零方法给情况③找零,若没有 10 元,再用"3 张 5 元"的找零方法。

于是就可以根据当前需要找零的面额个数,判断每位顾客能否正确找零。当有顾客无法正确找零时,就可以得到最大问题的解为 false;若所有顾客都可以正确找零,最大问题的解为 true。

根据上述解决方法,可知找零不需要 20 元,所以需要记录当前拥有的 5 元、10 元的面额数量,辅助判断能否找零。由于一开始手头没有任何零钱,所以初始状态下 2 个面额数量的值均为 0。

沿用上述示例,从第 1 个顾客开始,依次判断当前第 i 个顾客能否顺利找零。其贪心法的求解过程如图 5-14 所示。

根据图 5-14 可知,每一位顾客都成功找零,所有大问题的解自然也就推导出来,返回值 true。

（2）伪代码。

```
Greedy Algorithm
Input. 字符串 S
Output.是否能找零
Method.
lemonadeChange(bills)
1     //five,ten 用于存储 5 元、10 元的数量
2     for (i=1;i<=n; i++)                    //遍历 bills 中顾客支付的数额
3         if (bill[i] == 5)five++           //若支付 5 元,直接收取
4         else if (bill[i] == 10)           //若支付 10 元
5             if (five > 0)                 //若有 1 张 5 元,则用 1 张 5 元找零,收取 10 元
6                 five--
7                 ten++
8             else return false             //若没有 1 张 5 元可找零,则找零失败
9         else                              //若支付 20 元
10            if (five > 0 & ten > 0)       //若有 1 张 5 元和 1 张 10 元,可找零
11                five--
12                ten--
13            else if (five > 2)five -= 3   //否则,若有 3 张 5 元,可找零
14            else return false             //若两种找零方法都没有,则找零失败
15    return true                           //遍历所有顾客,没有找零失败的,则找零成功
```

（3）复杂度分析。

时间复杂度:由于要遍历每位顾客的付款数额,时间复杂度是 $O(n)$。

空间复杂度:只需要记录 2 种面额的数量辅助判断,空间复杂度是 $O(1)$。

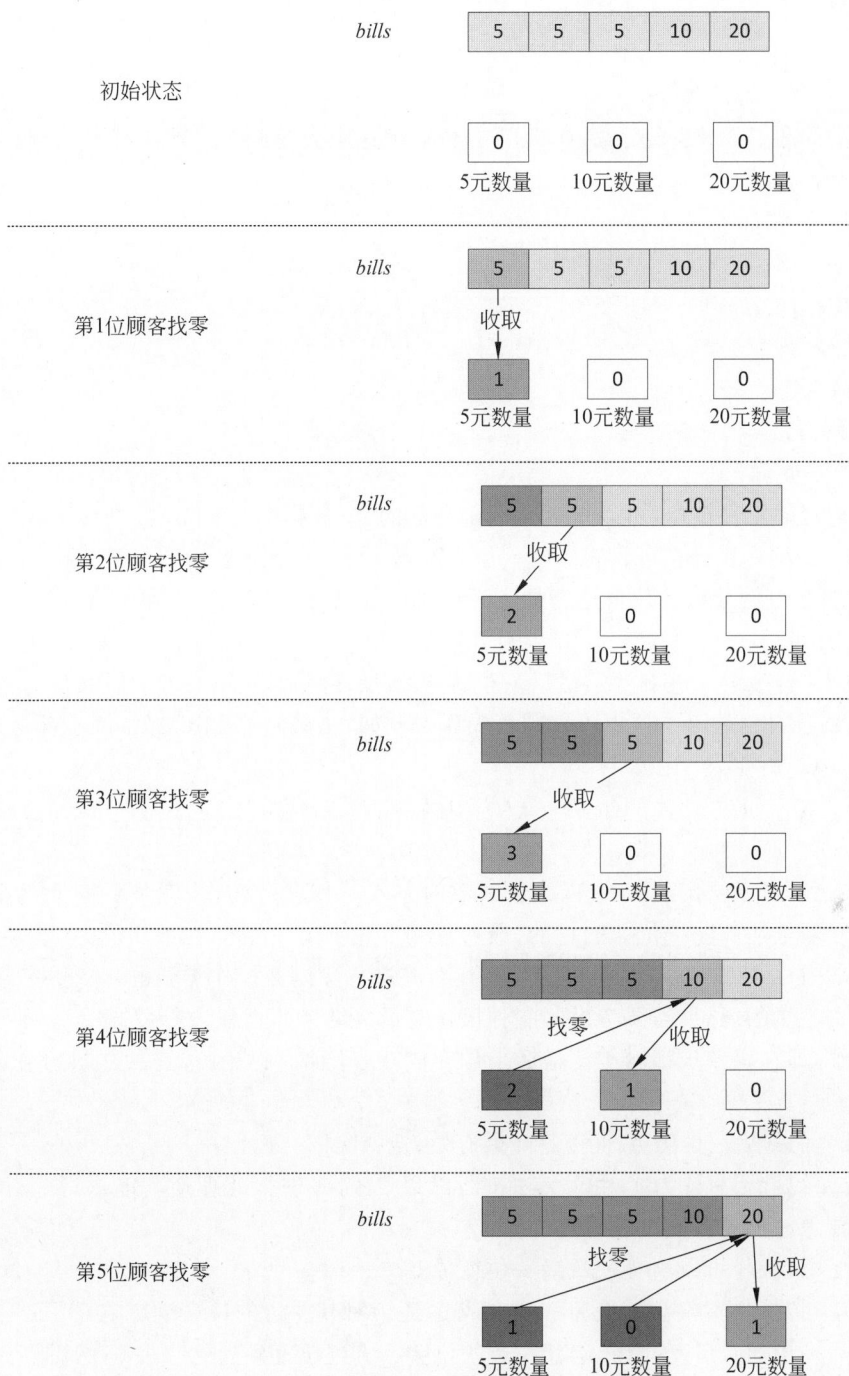

图 5-14　奶茶找零贪心法求解过程

5.3.6 将整数 n 变成 1

1. 问题描述

给定一个整数 n，可以有如下三种操作。

① 加 1;

② 减 1;

③ 如果是 2 的倍数,除以 2。

现在的问题是:最少经过多少步操作,可以把这个数变成 1。例如,给定 $n=15$,至少经过以下 5 步操作可以把 15 变成 1。

① $15+1=16$;

② $16/2=8$;

③ $8/2=4$;

④ $4/2=2$;

⑤ $2/1=1$。

2. 求解方法:贪心法

(1) 算法原理。

分析给定的三种操作,可以发现它们都与数的二进制有关。

① 加 1:若一个二进制数的最后一位为 0,该操作将其变为 1;若最后一位为 1,该操作将其变为 0,且对倒数第二位也进行加 1 操作。例如,二进制数 1100 加 1 后变为 1101,二进制数 1101 加 1 后变为 1110。

② 减 1:若一个二进制数的最后一位为 1,该操作将其变为 0;若最后一位为 0,该操作将其变为 1,且对倒数第二位也进行减 1 操作。例如,二进制数 1100 减 1 后变为 1011,二进制数 1101 减 1 后变为 1100。

③ 除以 2:如果该数的最后一位为 0,则删掉。例如,二进制数 1100 除以 2 后变为 110。

可以看到,对于给定的数 n,以二进制数的方式对其进行操作,就是要将 n 的最后一位的 0 不断删除来达到减少位数的目的,最后只剩下一个 1。当然,在最高位为 1,其他位都为 0 时,对其减 1 也能减少位数,但是这显然比对其进行除以 2 操作需要的步骤更多。

根据贪心法的思想,需要考虑每一种操作对最终结果的贡献,然后对于每一种情况做出局部最优解,即在每一步都希望使最后一位变成 0。下面来讨论 n,其二进制的最后一位的两种情况。

① 当 n 的最后一位为 0,直接删除最有效,选择除以 2 操作;

② 当 n 的最后一位为 1,由于无法进行除以 2,需要进行处理使其能进行除以 2 操作。那么只需要考虑加 1 和减 1 哪个更优。

● 减 1:该操作可以直接使最后一位变成 0;

● 加 1:该操作不仅会使最后一位变成 0,还会对其左边的位产生影响,下面展开讨论。

对最后一位加 1 后,就意味着其左边的位会一直进位直到遇到一个 0,然后将它变成 1。例如,如果 0101 加 1 后,进位成 0110,那么该操作就需要 1 次除以 2 操作变成 011,然后两次减 1 变成 1,总共 4 次操作;如果对 0101 减 1,变成 0100,然后需要两次除以 2 操作,总共 3 次操作,这说明减 1 更有效。

如果 01111 加 1,会一直进位成 10000,那么该操作就会产生多个连续的 0,再需要 4 次除以 2,总共 5 次操作;但是如果 01111 减 1,就变成 01110,加一次除以 2 操作就变成 0111,继续重复,共需要 6 次操作。也就是说,如果加 1 出现 3 次以上的连续 0,那么加 1 的操作就是更优的。

综上所述,贪心策略如下:

① 若 n 当前的最后一位为 0 时,直接除以 2。

② 若 n 当前的最后一位为 1 且有连续三个或以上个 1 时,对其加一。

③ 若 n 当前的最后一位为 1 且无连续三个 1 时,对其减一。

以 $n=47$ 为例,先将其转换为二进制数:101111。

① 最后一位为 1,且有三个以上连续的 1,加 1,将其变为 110000。

② 有 4 个 0,进行四次除以 2 把 0 删去,变为 11。

③ 最后一位为 1,且连续的 1 的数量小于 3,减 1,变为 10。

④ 最后一位为 0,除以 2,变为 1。

(2) 伪代码。

```
Input. 整数 n
Output. 最少操作次数
Method.
1    while n!=1
2        if n%2==0        n/=2
3        else if n%2==1 & checkSuccessive1(n) //判断 n 是否有连续 3 个 1
4            n++
5            else n--
```

(3) 复杂度分析。

时间复杂度:对 n 进行三种操作,其中通过加 1 和减 1 将 n 变为能除以 2 的情况,该操作的时间是常数级别的,而除以 2 操作使 n 变成 1 的复杂度是 $O(\log n)$,故总时间复杂度为 $O(\log n)$。

空间复杂度:不需要额外的空间,空间复杂度为 $O(1)$。

第6章 图论算法

‖ 6.1 图论基本算法

6.1.1 图的基本概念

图由一系列的节点和边组成,可以表示为 $G=(V,E)$,其中,V 为节点的集合,E 为边的集合。E 中的每条边 e 都是 V 上的一个二值关系:一条从 a 出发连向 b 的边 e 可以表示为一个有序的节点对 $e=(a,b)$。如果图中边有方向,则为有向图,否则为无向图。图 6-1 列出了一个有向图和一个无向图,以及两个图的表示。对于一个图,如果 $|E| \approx |V|$,则称之为稀疏图,对于一个图,如果 $|E| \approx |V|^2$,则称之为稠密图。

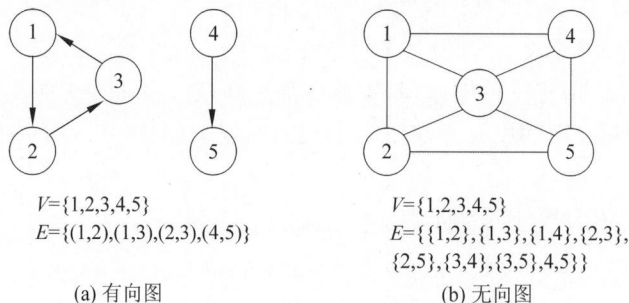

$V=\{1,2,3,4,5\}$
$E=\{(1,2),(1,3),(2,3),(4,5)\}$

$V=\{1,2,3,4,5\}$
$E=\{\{1,2\},\{1,3\},\{1,4\},\{2,3\},$
$\{2,5\},\{3,4\},\{3,5\},4,5\}\}$

(a) 有向图　　　　　　　　　(b) 无向图

图 6-1　图的表示

在一个无向图中,节点的度指的是与该节点关联的边的条数。在一个有向图中,节点的度分成出度和入度两种,节点的出度指的是从该节点出发的边的条数,节点的入度指的是进入该节点的边的条数。图 6-1(a)中节点 3 的入度为 1,出度为 1;图 6-1(b)中节点 2 的度为 3。关于无向图和有向图的度有以下两个结论。

命题 1:如果 G 是一个无向图,则 $\sum\limits_{v \in V} \text{degree}(v) = 2|E|$,其中,degree 为节点的度,$|E|$ 是边的条数。

命题 2:如果 G 是一个有向图,则 $\sum\limits_{v \in V} \text{indegree}(v) = \sum\limits_{v \in V} \text{outdegree}(v) = |E|$,其中 indegree 为入度,outdegree 为出度。

加权图指的是每条边都有一个权值的图,权值通常是一个边加权函数 $w:E \rightarrow R$,加权图的权值常用于表达节点之间的关系,例如最小生成树问题、最短路径问题等。图 6-2 是两个加权图的例子。

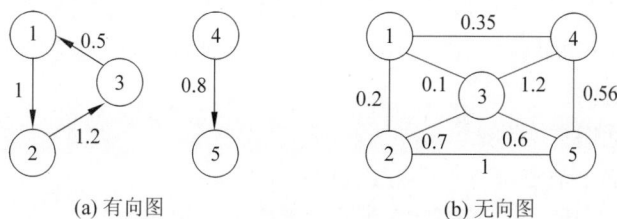

(a) 有向图　　　　　　　　(b) 无向图

图 6-2　加权图

图有一个比较重要的概念是连通性,它涉及路径的概念。一条路径由一系列的节点组成,相邻两个节点由一条边相连。对于一条路径,如果它所包含的节点没有重复,则称之为一条简单路径。在简单路径中,任何一个节点都不会被访问 2 次以上。如果一条路径的起点和终点一致,则称之为环,如图 6-2(a)中节点{1,2,3}构成一条路径,也是一个环。如果一个图包含一个环,则称之为有环图,否则称之为无环图。

对于一个无向图,如果任意两个节点之间都存在一条路径连接,则称这个无向图为连通图;对于一个有向图,如果任意 2 个节点之间都存在一条有向路径连接,则称之为强连通图。

一个图中的连通分支是该图中最大的连通子图,该子图中再添加节点就无法连通了,如图 6-2(a)中节点{1,2,3}构成一个连通分支,节点 4 是一个连通分支,节点 5 是另外一个连通分支,注意节点{4,5}不是一个连通分支,因为节点 5 不能到达节点 4。图 6-2(a)中一共三个连通分量;图 6-2(b)中的只有一个连通分支,就是整图。

比连通分支更强的连通概念是完全图。如果(u,v)为 G 中一条边,则称节点 u 与节点 v 邻接。对于一个有向或者无向图,如果任意两个节点之间都有边邻接(对于有向图需要两个方向的边),则称之为完全图,如图 6-3 所示,两张图都是完全图。图中有一类问题就是寻找完全子图。例如,社交关系图中两两互相认识的人群,如果每个人都是节点,相互认识的关系是边,这些人群构成一个完全子图;在生物信息学领域,蛋白质结构预测模型就是在图中发现完全子图的问题;在电气工程中,完全子图可以用来分析通信网络;在化学中,完全图可以描述化学数据库中与目标结构高度相似的化学物质。

下面介绍两种有特殊用途的图:二分图和树。二分图是一个无向图 $G=(V,E)$,其中, V 可以划分为 V_1 和 V_2 两个集合,对于任意条边$(u,v)\in E$,都有 $u\in V_1$ 且 $v\in V_2$,或者 $v\in V_1$ 且 $u\in V_2$,也就是任何一条边都跨接在集合 V_1 和 V_2 之间,如图 6-4 所示。二分图常常用于建立两类不同对象之间的关系,例如公司与求职人员之间的关系、球员与俱乐部之间的关系。在现代编码理论中,二分图的一侧节点可以表示密码数字,另一侧节点表示数字的组合。

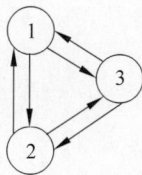

图 6-3　完全图

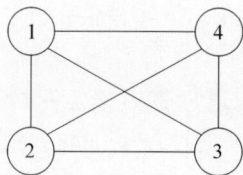

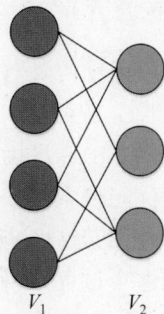

图 6-4　二分图

树是图的一个特例,一棵树是一个无环、连通的无向图,一个森林为一个无环无向图,就是由多棵树组成的图,如果树中有一个节点被设置为根节点,则称之为有根树。如果 G 是一棵树,则满足以下性质。

- G 是无环连通图;
- G 中的任意 2 个节点都有唯一的连通路径;
- G 是连通的,但是从 G 中删除任意一条边后 G 都将不连通;
- G 是连通无环的,且 $|E| = |V| - 1$;
- G 是无环的,但是如果将任意一条边加至 G 中,则会在 G 中生成一个环。

6.1.2 图的数据结构表示

在计算机中描述图时,有两种数据结构表达形式,一种是邻接矩阵(简称邻接阵),另一种是邻接表。邻接矩阵利用行和列表示图中节点,矩阵的元素为 1 或者其他权值时表示两个节点之间有边,矩阵元素为 0 表示两个节点之间没有边,如图 6-5 所示。邻接表是一个链表结构,每个节点作为表头,连接与其相邻的节点。

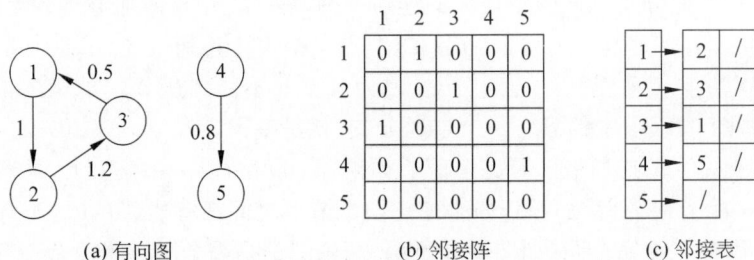

图 6-5　图的邻接阵和邻接表

邻接阵的优点是对于稠密图比较节约空间,因为邻接表需要额外空间存储指针。邻接阵查询边 (i,j) 是否存在的复杂度为 $O(1)$,是比较高效的。邻接阵的缺点是,访问节点 v 的所有邻居的复杂度为 $O(|V|)$,效率较低,同时对于稀疏图,邻接阵的存储非常耗费空间。

邻接表的优点是对于稀疏图可以节约存储空间,现实问题又大多数都是稀疏图,因此邻接表是图的常用数据结构。在邻接表中访问一个节点 v 的所有邻居节点时,复杂度为 $O(\text{degree}(v))$,相对邻接阵比较高效。邻接表的缺点是判断边 (v,u) 是否存在时比较耗时,复杂度也是 $O(\text{degree}(v))$,同时对于具有矩阵运算的算法,邻接表使用起来不太方便。

6.1.3 广度优先搜索

有很多图问题需要对图进行遍历。例如,G 是否连通?有向图 G 是否强连通?G 是否包含一个环?G 是否为一棵树?寻找图的连通分支、拓扑排序等。广度优先搜索(Breadth-First Search,BFS)和深度优先搜索(Depth-First Search,DFS)是图的经典搜索算法。下面先介绍广度优先搜索。

给定一个图 $G = (V, E)$ 和源节点 s,通过 BFS 遍历图 G 时,从 s 出发访问所有可以达到的节点。在这个过程中,使用三种颜色(white,gray,black)来描述节点的状态,当节点为白色(white),表示该节点还未被访问;被访问过的节点为灰色(gray)和黑色(black),灰色节点表示它被访问过,但是还没有访问它的所有邻接节点;黑色节点表示它被访问过,而且也

已经访问了它的所有邻接节点,所有节点的颜色变化顺序为 white→gray→black,代码如下
所示。

```
BFS(G,s)
for eachu u∈G.V-{s}
  u.color = white
  u.d = ∞                      //u.d 记录从 s 到 u 的距离
  u.π = NIL                    //u.π 记录 u 在 BFS 树中的前驱节点
s.color = gray
s.d = 0
s.π = NIL
Q = φ                          //Q 是一个先进先出的队列
Enqueue(Q,s)
while (Q≠φ)
  u = Dequeue(Q)
  for each v in adj[u]
    if (v.color == white)      //v 还没被访问
      v.color = gray
      v.d = u.d +1
      v.π = u                  //u 为 v 的前驱(父亲节点)
      Enqueue(Q,v)
    u.color = black            //u 已经遍历完成
```

在 BFS 过程中,每个节点有三个属性,分别为 v.d、v.π、v.color,其中,v.d 记录节点 v 距
离初始节点 s 的距离,v.π 记录的是节点 v 的前驱节点,v.color 就是节点 v 的颜色。图 6-6
给出了一个无向图的 BFS 过程,从节点 1 开始搜索,节点 1 入队,标注值 v.d=0,当前颜色

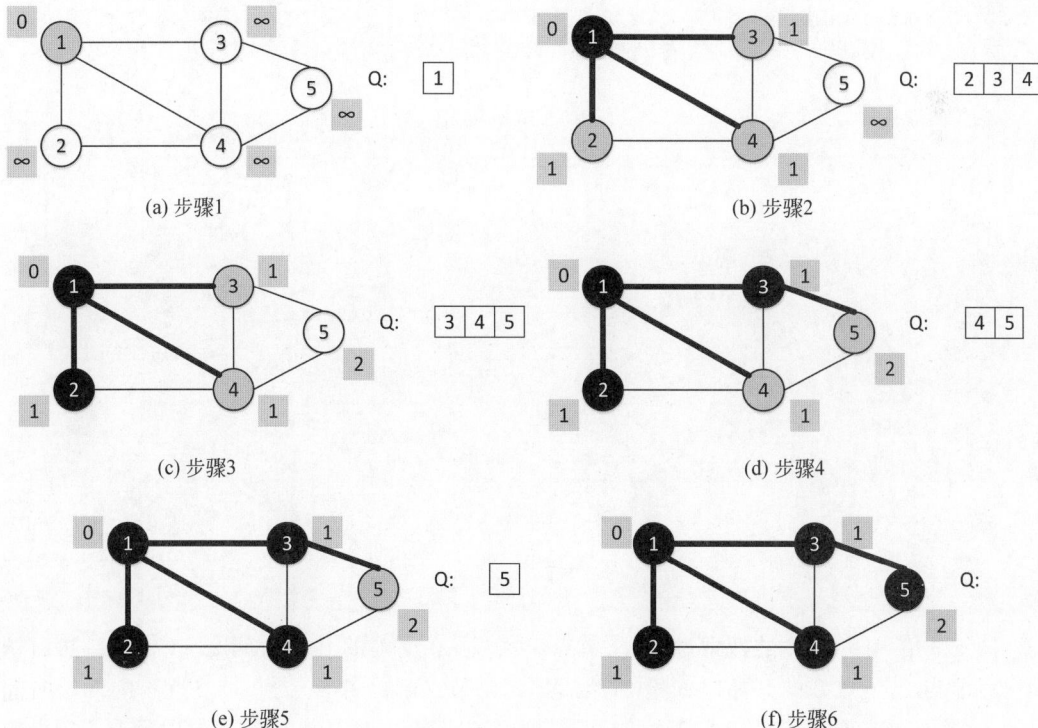

(a) 步骤1

(b) 步骤2

(c) 步骤3

(d) 步骤4

(e) 步骤5

(f) 步骤6

图 6-6　BFS 搜索过程

是灰色,节点 1 出队,节点 1 的邻接节点 2、3、4 入队,因为节点 1 是这三个节点的前驱,前驱关系用粗边表示。节点 2、3、4 的标注值就是节点 1 的标注值加 1,即标注为 1。这时节点 1 及其所有邻接节点都已经被访问,所以节点 1 变成黑色。接下来,节点 2 出队,因为节点 2 的邻接节点都是被访问过的,没有白色节点,所以节点 2 访问结束,变成黑色。然后节点 3 出队,其邻接节点 5 入队,节点 5 的标注值是节点 3 的标注值加 1,即标注为 2,节点 3 变成黑色,如此反复,直至队列为空。

如果利用邻接表作为图的数据结构,则 BFS 算法的复杂度为 $O(|V|+|E|)$,如果利用邻接矩阵作为图的数据结构,则 BFS 算法的复杂度为 $O(|V|^2)$。

6.1.4 深度优先搜索

深度优先搜索的特点是每次搜索时优先往更深的节点搜索,而不是一次性把所有邻接节点展开。与 BFS 类似,对节点进行分类,没有被访问的节点为白色;被访问过的节点,但是还没有访问它的所有邻接节点的为灰色;如果节点被访问了,而且它的所有邻接节点都被访问了为黑色。

DFS 搜索不同于 BFS 的地方在于,它不用记录访问深度,但是需要记录两个重要的时间戳 v.d、v.f,时间戳记录了访问顺序,只要是访问一个节点,顺序就加一次。两个时间戳中,v.d 是节点第一次被访问的时间(开始时间),v.f 是节点最后一次被访问的时间(结束时间),此时节点变成黑色。DFS 代码如下所示。

```
DFS(G)
for each u∈ G.V-{s}
  u.color = white
  u.π = NIL              //记录 u 在 DFS 树中的前驱节点
time = 0
for each u∈ G.V
  if u.color == white
    DFS-visit(G,u)


DFS-visit(G,u)
time = time + 1
u.d = time
u.color = gray
for each v in G.adj[u]
  if (v.color == white)
    v.π = u              //u 为 v 的前驱
    DFS-visit(G,v)
u.color = black          //u 已经遍历完成
time = time + 1
u.f = time
```

图 6-7 给出了 DFS 的搜索过程,从节点 1 出发,节点 1 的开始时间是 1(灰色);然后访问白色节点 2,节点 2 的开始时间是 2;然后再访问节点 2 的邻接节点 4,节点 4 的开始时间是 3;继续访问节点 3,节点 3 的开始时间是 4;再访问节点 5,节点 5 的开始时间是 5。由于节点的邻接节点都访问完了,所以节点 5 的结束时间是 6(黑色),颜色变成黑色;再返回节

点 3,节点 3 的邻接节点都被访问过了,节点 3 结束时间是 7,颜色变成黑色。依次类推,直到节点 1 的所有邻接节点都被访问完,颜色变成黑色,DFS 算法结束。

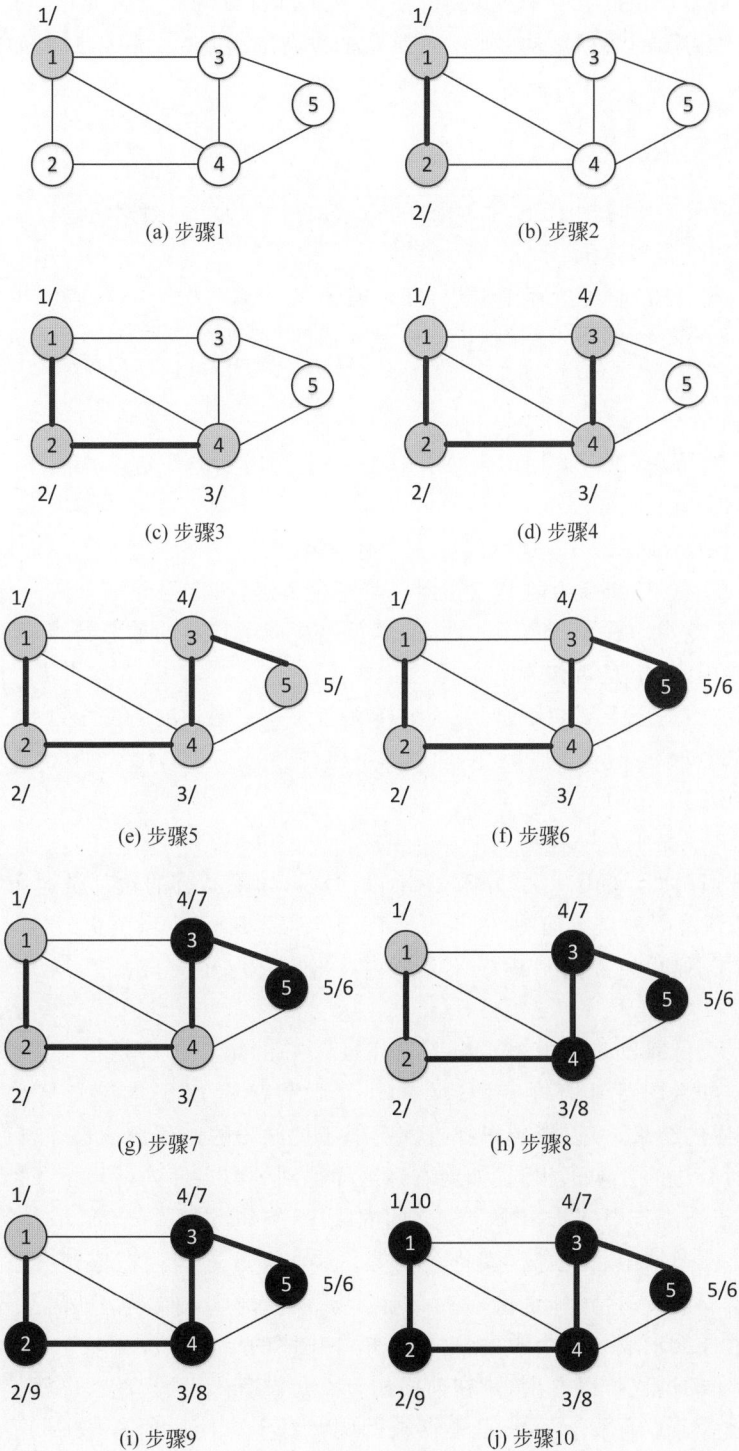

图 6-7　DFS 搜索过程

DFS 算法能够遍历图中的所有节点,图中的一个连通分量是由一次 DFS-Visit 调用完成的,DFS 调用几次 DFS-Visit 就会得到几个连通分量。DFS 算法会产生一个 DFS 森林,它包含了一系列的 DFS 树,每棵 DFS 树都由一系列的灰色节点指向白色节点的边组成。如果将邻接表作为图的数据结构,则 DFS 算法的复杂度为 $O(|V|+|E|)$,如果将邻接矩阵作为图的数据结构,则 DFS 算法的复杂度为 $O(|V|^2)$。

6.1.5　图搜索算法应用

利用图的两种遍历算法 BFS 和 DFS,可以解决一些简单的图论问题。

(1) 无向图 G 是否连通。

利用 DFS 遍历图,遍历过程中调用 DFS-Visit(G,v) 一次之后,检查图中是否还有白色的节点(未访问节点)。如果没有,则说明图是连通的,否则图不连通。这个算法的复杂度是 $O(|V|+|E|)$。

(2) 寻找连通分支。

利用 DFS 遍历图,每次调用 DFS-Visit(G,v) 能遍历到的所有节点属于一个连通分支,算法的复杂度是 $O(|V|+|E|)$。

(3) 判断一个有向图 G 中是否包含一个有向环。

利用 DFS 遍历图,如果当前节点指向一个灰色节点,必定形成一个有向环,否则不包含有向环。当前节点指向一个灰色节点时,其实就是指向了自己的前驱节点,所以已成环。

(4) 一个无向图 G 是否包含一个环。

前面的算法也适用于无向图,但是无向图无环时是一棵树或者一个森林,这时它最多包含 $|V|-1$ 条边,如果一个无向图有多于 $|V|$ 条边,则一定有环,因为 DFS 算法在发现环之前最多只会遍历 $|V|$ 条边。

(5) 无向图 G 是不是一棵树。

利用 DFS 遍历图,调用一次 DFS-Visit(G,v) 后,如果所有的边都被遍历了,且没有环,则图 G 是一棵树。因为是无向图,如果没有环,DFS 最多访问 $|V|$ 条边,所以,如果有 $|V|$ 条边已经被访问了,则可以提前判断 G 不是树,算法效率为 $O(|V|)$。

(6) 拓扑排序。

一个有向无环图(Directed Acyclic Graph,DAG)的拓扑排序是指对图中节点的排序,在这个排序中,如果图 G 中存在有向边 (v_i,v_j),则节点 v_i 必须排在节点 v_j 之前。图 6-8 是一个拓扑排序的结果,可以看到拓扑排序类似于把原图的边任意拉长,然后把节点重新排成一排,保证所有边的方向都相同(如向右),这样得到的节点序列就是拓扑排序结果。拓扑排序主要适用在工作中安排多个步骤之间的顺序,例如,组织一个活动时,需要确定场地、确定人员名单、发邀请函、订酒店、安排会场等。这些步骤之间存在依赖关系,如果人员名单没有确认,就不能发邀请函,也没办法安排会场,所以确认人员名单就需要先处理,然后再发邀请函等,这样就形成了一个顺序,这就是拓扑排序的结果。

从拓扑排序的过程可以看出,排在前面的节点是没有入度的节点,也就是没有依赖关系的节点,那么这种节点有没有可能是不存在的呢?对于有向图而言,如果所有节点都有入度,那么必然是有环的,因此拓扑排序仅适用于无环有向图。既然可以找到入度为零的节点,那么一个很自然的拓扑排序算法就可以得到了。

拓扑排序结果

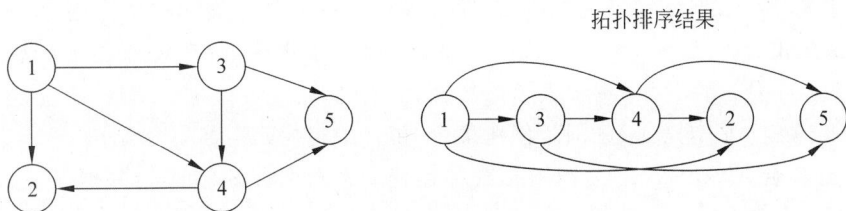

图 6-8   拓扑排序

拓扑排序算法一：找到一个没有入度的节点 v，删除 v 以及和 v 相连的边，在剩下的图中继续重复上述过程，直至图为空，如图 6-9 所示，这个算法的时间复杂度为 $O(|V|+|E|)$。

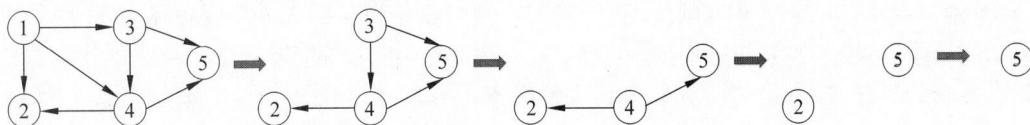

图 6-9   拓扑排序算法一

这个算法的核心是快速确定入度为 0 的节点，通常用邻接表来存储图的数据结构，这个表描述的是节点的出度，可以通过扫描图的邻接表，建立一个入度的邻接表，在这个表中处理拓扑排序就简单很多。

另外一个拓扑排序算法基于 DFS，DFS 提供两个时间点，一个是初次访问时间 v.d，另一个是结束时间 v.f，对于无环有向图而言，如果 DFS 的结束时间最晚，就意味着这个节点是没有入度的。基于这个思路，就有了第二个拓扑排序算法。

拓扑排序算法二：调用 DFS(G)，计算每个节点 u 被 DFS 访问的结束时间，当一个节点被 DFS 访问结束时，将该节点插入一个链表中，返回整个链表，这个链表将按节点结束时间从大到小排序。该算法的时间复杂度为 $O(|V|+|E|)$。图 6-10 列出了两种不同的 DFS 访问顺序，但它们产生的拓扑排序结果都是 1、3、4、5、2，其中，图 6-10（a）以节点 1 出发搜索，而图 6-10（b）以节点 4 出发，可以看出，无论将哪个节点作为初始节点，节点 1 都是最后一个结束的，因为节点 1 没有入度，在拓扑排序中也是排在最前面的。

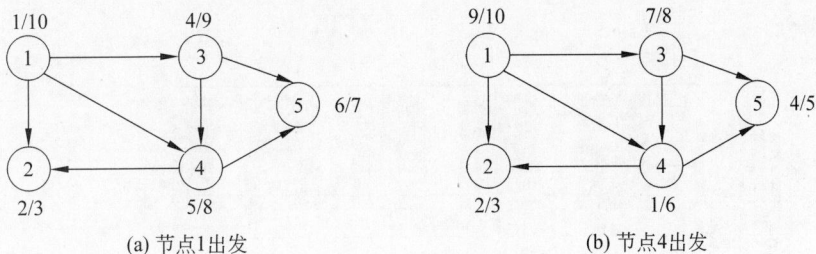

(a) 节点1出发

(b) 节点4出发

图 6-10   拓扑排序算法二

6.1.6   连通性

（1）无向图的连通分量。

前面介绍了利用 DFS 判断图的连通分量的算法，这里再介绍一种基于并查集的无向图的连通性判断算法。

并查集是一个数据结构,用于对集合进行操作。一个并查集维护一个由一系列不相交的集合构成的集合 $S = \{S_1, S_2, \cdots, S_k\}$,其中 S_i 是一个集合,所有集合之间互不相交。每个集合都有一个代表性元素,用于表示该集合。

并查集有三个基本操作,分别是创建集合、集合中查找元素和集合合并。

① 创建集合 $MakeSet(x)$:利用元素 x 创建一个新集合 $S_i = \{x\}$,并把 S_i 加入并查集 S 中;

② 集合 S 中查找元素 x,$FindSet(x)$:返回元素 x 所在集合 S_i 的代表性元素;

③ 将包含元素 x 和元素 y 的集合合并,$Union(x, y)$:如果 $x \in S_x$,$y \in S_y$,则 $S = (S - S_x - S_y) \bigcup \{S_x \bigcup S_y\}$。两个集合相同,当且仅当它们的代表性元素相同,例如,如果 $FindSet(x) = FindSet(y)$,则 x 和 y 在同一个集合中。$Union(x, y)$ 函数可以调用 $FindSet(x)$ 找到 S_x,调用 $FindSet(y)$ 找到 S_y。在 S 中,将 S_x 的集合和 S_y 的集合用 $S_x \bigcup S_y$ 替换,在新的集合 $S_x \bigcup S_y$ 中选择新的代表性元素,一般可以用 S_x 或 S_y 中的任意一个代表性元素。

在很多语言中,并查集可以用更简单的数组实现,但是链表可以更清晰地表达并查集的概念,因此下面用链表示意并查集的三个操作过程。

① $MakeSet(x)$:如图 6-11 所示,构建一个链表头,表达一个新集合,链表头指向元素 x。

② $FindSet(x)$:返回元素 x 所在集合的代表性元素,如图 6-12 中 S_x 的代表性元素 a。

③ $Union(x, e)$:集合 S_x 和 S_y 合并。

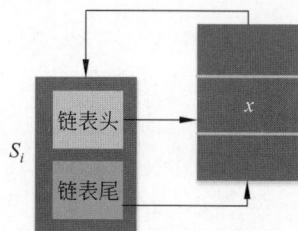

图 6-11 创建一个集合

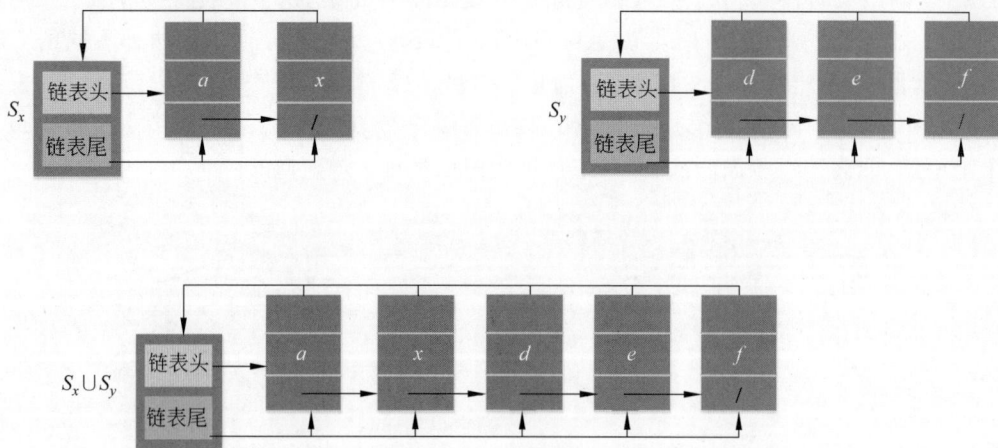

图 6-12 合并操作

并查集可以用来判断无向图的连通分量,其核心思想是利用集合表示一个连通分量。对于图中的一个连通分量,可以通过边把这些节点属于的集合合并成一个大集合,这个大集合中的所有节点都属于同一个连通分量。对图中所有节点各自创建一个独立集合,然后针对图中每条边进行处理,如果这条边的两个端节点各属于不同的集合,则将两个集合合并,这意味着两个节点通过这条边成为一个连通分量,如果两个端点属于同一个集合,则集合保持不变,这说明这两个节点本身就属于同一个连通分量。而不属于同一个连通分量的两个节点之间没有边,必定是不可能合并的,不会出现在同一个集合中。并查集确定连通分量的伪代码如下。

```
Connect-Componets(G)
for each vertex v∈G.V
    MakeSet(v)
for each edge (u,v)∈G.E
    if FindSet(u)≠FindSet(v)
        Union(u,v)
```

图 6-13 给出了一个并查集确定连通分量的过程。

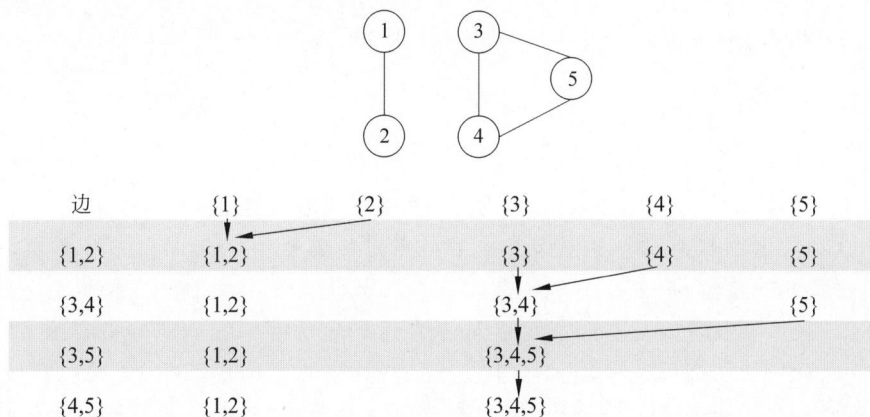

边	{1}	{2}	{3}	{4}	{5}
{1,2}	{1,2}		{3}	{4}	{5}
{3,4}	{1,2}		{3,4}		{5}
{3,5}	{1,2}		{3,4,5}		
{4,5}	{1,2}		{3,4,5}		

图 6-13 并查集确定连通分量

(2) 有向图的强连通分量。

一个有向图 $G=(V,E)$ 的强连通分量(Strongly Connected Components)是最大的节点集合,该集合中的任意节点互通。有向图的强连通分量是一个等价关系,可以抽象成一个点,便于后续的处理。有向图的强连通求解难度要比无向图的连通分量大,下面介绍一个强连通分量的求解算法。

先介绍一下转置图的概念,假设 $G=(V,E)$ 是一个有向图,G 的转置图为 $G^T=(V,E^T)$,其中,$E^T=\{(u,v):(v,u)\in E\}$。转置图的概念很简单,就是把原有向图的边的方向调转,而其他部分都保持不变,就是转置图。如果原图用邻接表表示,计算 G^T 就需要遍历整个邻接表,建立一个新的邻接表用来存储转置图,其时间复杂度为 $O(|V|+|E|)$。需要注意的是,G 和 G^T 具有相同的强连通分量。下面是一个有向图强连通分量的求解算法。

输入:G

输出:强连通分量集合

① 调用 DFS(G) 计算每个节点 u 被 DFS 访问的结束时间 u.f;

② 计算 G^T;

③ 调用 DFS(G^T),在 DFS 的主循环中,以 u.f 下降的顺序遍历节点;

④ 对于在第 3 行中输出的 DFS 树,每棵 DFS 树中的节点形成一个强连通分支。

这个算法的时间复杂度是 $O(|V|+|E|)$。图 6-14 给出了一个强连通分量求解过程的

示例,先在原图 G 上进行一次 DFS,每个节点的开始时间和结束时间见标注。根据原图得到转置图 G^T,再在 G^T 上进行 DFS,注意,搜索的顺序是有要求的。由于原图最后结束的节点是 1,所以在 G^T 上进行 DFS 必须从节点 1 开始,访问了节点 2、3 后回到节点 1,此时节点 1 的访问结束,则节点 1、2、3 构成一个强连通分量。剩下的节点 4 和节点 5 中,节点 4 结束时间更晚,则从节点 4 开始访问,然后访问节点 5,回到节点 4,节点 4 访问结束,节点 4 和节点 5 构成另一个强连通分量。这个算法为什么能得到强连通分量呢?下面的三个引理给出了算法设计的原理。

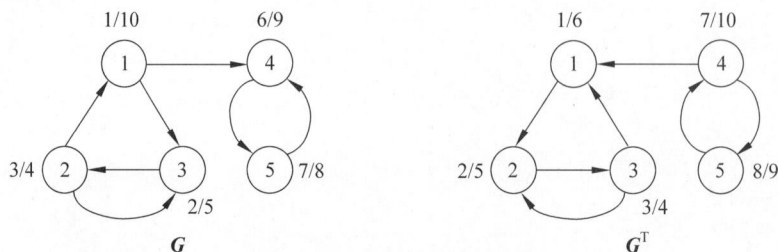

图 6-14　强连通分量算法过程

引理 1:设 C 和 C' 为有向图 $G=(V,E)$ 的两个不同的强连通分量,设节点 $u,v\in C$,节点 $u',v'\in C'$,假定图 G 包含一条从节点 u 到节点 u' 的路径 $u\sim u'$,那么图 G 不可能包含一条从节点 v' 到 v 的路径 $v\sim v'$。

图 6-15 解释了引理 1 表述的内容,两个灰色区域表示两个强连通分量 C 和 C',如果 u 到 u' 存在一条路径,那么反过来,就不存在 v' 到 v 的路径,原因很简单,如果存在 v' 到 v 的路径,那么 C 和 C' 之间就相互连通了,因为 C 是强连通分量,其中任意节点之间都可以相互到达,这样 C 中的任意节点都可以通过 u 到 u' 的路径到达 C' 的节点,而 C' 的节点都可以通过 v' 到 v 的路径达到 C 中的任意节点。

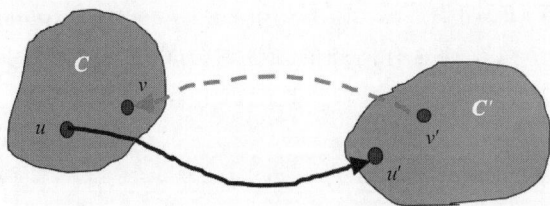

图 6-15　引理 1 示意

引理 2:设 C 和 C' 为有向图 $G=(V,E)$ 的两个不同的强连通分量,假如存在一条边 $(u,v)\in E$,这里 $u\in C,v\in C'$,则 C 的最晚结束时间大于 C' 的最晚结束时间。

图 6-16 解释了引理 2 的内容,两个灰色区域表示强连通分量 C 和 C',如果 u 到 v 存在一条路径,那么 C 中总有至少一个节点的结束时间比 C' 中所有节点的结束时间都晚。这里不做详细证明,仅给出一个简单的解释,假设从 C 开始 DFS,通过 u 到达 v,进入 C',因为 C' 不能到达 C(见引理 1),所以 DFS 需要在 C' 中遍历所有节点之后,才能退出 C',通过 u 到 v 的路径返回到 C,然后 C 中的节点才能结束。反过来,如果从 C' 开始 DFS,因为 C' 不能到达 C(见引理 1),所以 DFS 需要在 C' 中遍历所有节点之后,才能退出 C',然后访问 C 中的节点。这两种情况都得出同样的结论:C 中有至少一个节点的结束时间比 C' 中所有节点的结

束时间都晚。

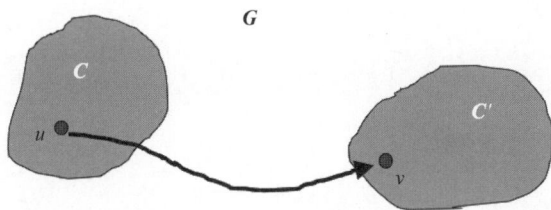

图 6-16　引理 2 示意

引理 3：设 C 和 C' 为有向图 $G=(V,E)$ 的两个不同的强连通分量，假如存在一条边 $(u,v)\in E^{\mathrm{T}}$，这里 $u\in C$，$v\in C'$，则 C 的最晚结束时间小于 C' 的最晚结束时间。

图 6-17 解释了引理 3 的内容，在转置图 G^{T} 中的边 $(u,v)\in E^{\mathrm{T}}$ 对应原图 G 中的边 $(v,u)\in E$，根据引理 2，就可以得出结论：C' 中至少有一个节点的结束时间比 C 中所有节点的结束时间都晚。

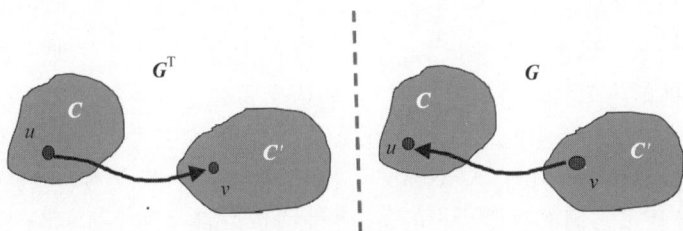

图 6-17　引理 3 示意

基于前面的三个引理，解释一下强连通分量算法的原理，如图 6-18 所示，设 C 和 C' 为有向图 $G=(V,E)$ 的两个不同的强连通分量，有一条边 $(v,u)\in E$，$v\in C'$，$u\in C$，在第一次 DFS 后，根据引理 2，C' 的结束时间晚于 C 的结束时间。在转置图中，边 $(v,u)\in E$ 变成边 $(u,v)\in E^{\mathrm{T}}$，再次在转置图中进行 DFS 时，从原图 DFS 结束时间最晚的节点开始，这就意味着一定是在 C' 中开始搜索，注意，在 C' 中遍历时，是无法到达 C 的（见引理 1），也就是这次 DFS 只能在 C' 中搜索，就完成了一个强连通分量的遍历。

图 6-18　强连通分量算法原理

6.1.7　最小生成树算法

对于一个连通的无向图 $G=(V,E)$，其生成树是指一棵能把图 G 中所有节点都挂上去的树。对于图 G 而言，生成树并不唯一。如果图 G 是加权图，可以进一步计算生成树的代价，就是把树中所有 $|V|-1$ 条边的权重累加，作为生成树的代价。这样就产生了一个新的

问题,如何得到代价最小的生成树,也就是最小生成树问题。图 6-19 给出了一个生成树和最小生成树的例子,其中,图 6-19(b)是最小生成树。

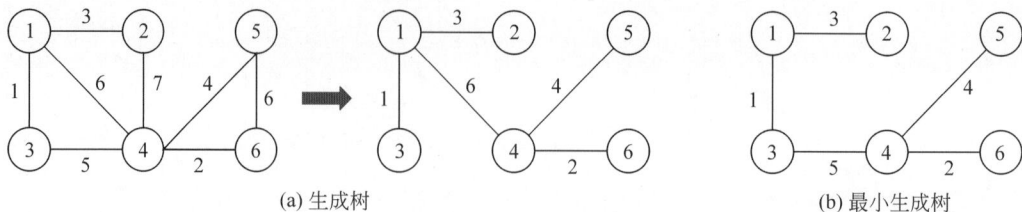

(a) 生成树　　　　　　　　　　　　　　　　　　　　(b) 最小生成树

图 6-19　最小生成树

最小生成树可以用于解决线路敷设、管网敷设、道路规划、快递投递等问题,这些问题的核心在于以最小的代价把所有节点连接起来。最小生成树的经典算法包括 Kruskal 算法和 Prim 算法,这两个算法都是基于贪心法的求解策略,但是在具体的求解过程中各不相同。

（1）Kruskal 算法。

Kruskal 算法的思路很简单,按照贪心法,原问题可以分解为子问题序列求解问题,最小生成树是由一条边一条边不断生成的,那么小树长成大树只需要增加一条边即可,这个边的选择仅基于目前的生成树的情况,是一个局部选择问题。可以通过贪心准则来解决,一个很直接的想法就是在可以选择的边中选择权重最小的,因为它可以让生成树更轻,但是这条边不可以产生环。这样就产生了 Kruskal 算法:初始化每个节点为一个连通分支,对于两个连通分支,选择连接它们的权值最小的边,通过这条边将这两个连通分支合并,不断地重复这一过程,直至生成树的边数达到 $|V|-1$。图 6-20 示意了 Kruskal 算法的过程。

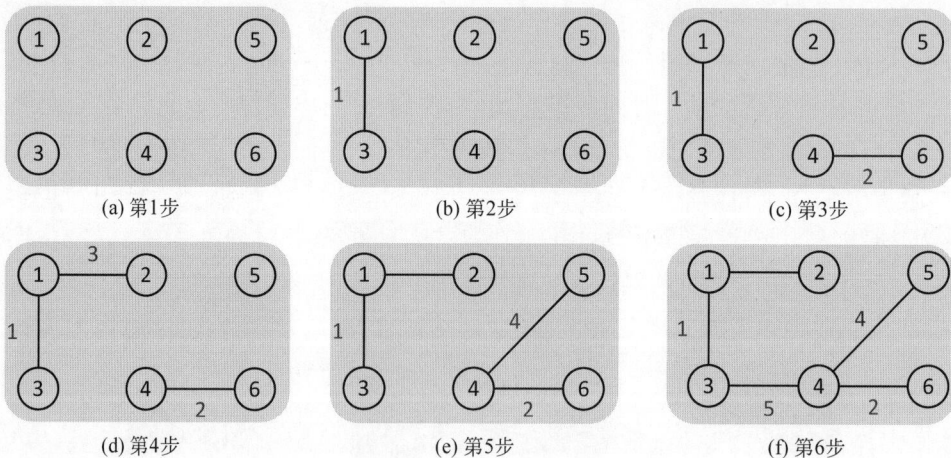

(a) 第1步　　　　　　　　　　(b) 第2步　　　　　　　　　　(c) 第3步

(d) 第4步　　　　　　　　　　(e) 第5步　　　　　　　　　　(f) 第6步

图 6-20　Kruskal 算法

那么,Kruskal 算法是如何实现的呢?分析一下算法过程就可发现,需要解决的问题包括:①如何判断一条边是连接了两个不同的连通分量,还是在同一个连通分量内部?②连通分量如何表达?如何合并?

在分析了算法实现的这些关键问题后,选取可以解决这个问题的数据结构,因为这两个问题都涉及连通分量,可以选取并查集这个数据结构。首先,一个连通分量就是一个集合,正好用并查集表示,除此之外,合并问题也被解决了,因为并查集本身就有合并操作。其次,针对问题①，这条边有两个节点，一个节点在一个集合内，如果两个节点所在集合相同，这条边就在同一个连通分量，如果两个节点在不同的集合内，就说明这条边连接了两个不同的连通分量，可以进行合并。这样，基于并查集的 Kruskal 算法就容易实现了，伪代码如下。

```
Kruskal(G,w)
A=∅
for each vertex v∈ G.V
    MakeSet(v)
//对图中边的权重从小到大排序
  for each 排序后的边(u,v)
    if FindSet(u)≠FindSet(v)
      A=A∪{(u,v)}
      Union(u,v)
    return A
```

Kruskal 算法中第一个 for 循环有 $|V|$ 个 MakeSets 操作，时间效率为 $O(|V|)$，边排序的效率是 $O(|E|\log|E|)$，第二个 for 循环针对边进行，循环次数为 $O(|E|)$，循环体内每个 FindSet 的代价为 $O(1)$，每个 Unions 操作效率为 $O(\log|E|)$，同时考虑到 $|E|\leqslant|V|^2$，则 $\log|E|\leqslant2\log|V|=O(\log|V|)$。所以，Kruskal 算法的总时间复杂度为 $O(|E|\log|E|)$ 或者 $O(|E|\log|V|)$。

（2）Prim 算法。

Prim 算法也是利用贪心法的思想求解最小生成树，最小生成树每次生长的过程就是增加一条边，这条边的选择也是基于目前生成树的情况，属于局部寻优问题。不同于 Kruskal 算法，Prim 算法生长的原则是在生成树上的节点和非生成树上的节点之间选择最轻的边，如图 6-21(a)所示，图中节点 1、3 是当前生成树上的节点，加粗的边是生成树上的边。此时，非生成树上的节点是 2、4、5、6，Prim 算法在选择新的生成树的边时，要求这条边的一个节点在生成树上（只有节点 1、3 可选），另一个节点不在生成树上（节点 2、4、5、6 可选），满足这个条件的边只有(1,2)、(1,4)、(3,4)，这三条边中最轻的边是(1,2)，所以生长后的生成树如图 6-21(b)所示。在这个过程中，选择最轻的边就是局部寻优问题，而 Prim 算法选择这条边的原则是基于节点的类型，也就是树节点和非树节点之间的边。

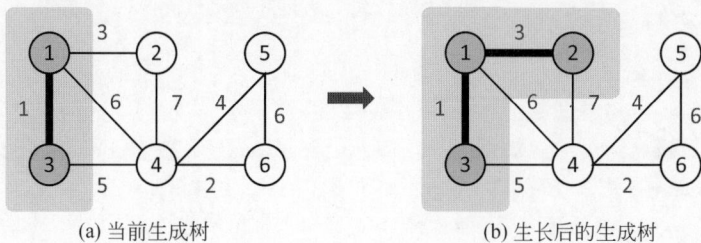

(a) 当前生成树　　　　　(b) 生长后的生成树

图 6-21　Prim 算法

如何实现 Prim 算法呢？显然，这个过程是比 Kruskal 算法更复杂。下面分析一下实现 Prim 算法主要需要解决的几个关键问题：①如何区分树节点和非树节点？②如何确定一条边，从而使该边的一个节点是树节点，而另一个节点是非树节点？③如何快速地找到问题②的最轻边？

为了解决问题①,需要找一个数据结构,它能把所有非树节点存储起来,那么不在这个数据结构中的节点自然就是树节点了。

问题②和图的搜索有关,假设从树节点 u 出发,寻找的邻接节点 v,如果 v 是非树节点,则边 (u,v) 就符合要求,这样问题②就解决了。

针对问题③,需要注意,选择的是当前生成树中所有节点和非树节点之间连接的最轻边,并不是与当前树节点 u 连接的最轻边。为了实现这一点,Prim 算法为每个非树节点设置了一个键值 v.key,表示非树节点 v 与当前生成树连接边的最小值,如图 6-21(a)所示,节点 4 与树节点连接的边是 $(1,4)$ 和 $(3,4)$,这两条边都是符合要求的,但是 $(3,4)$ 更轻,所以节点 4 的键值是 5,而不是 6。需要强调的是,节点的键值是不断修正的,因为生成树在生长,新的树节点可能使节点 4 与树的连接更轻,所以键值是不断在改变的,但基本原则是键值会变得越来越小。这个原则是 Prim 算法最精华的地方。因为所有非树节点的键值是该节点与生成树最轻的连接,只需要选最轻的边,也就是把具有最小键值的非树节点从数据结构中取出来,同时把这条边记录下来就可以了。进一步地,为了更快地寻找最轻的边,可以选用优先队列存储非树节点,然后按照键值从小到大排列,这样每次出队的就是最轻的节点,对应的就是最轻边。

下面是 Prim 算法的伪代码,Q 是优先队列,语句 1 到语句 5 都是准备工作,可以看到,所有节点都入队了,因为此时所有节点都是非树节点,具有键值∞。语句 6 是把入口节点 r 的键值调整为 0,这时节点 r 就推到了队列头,但是此时节点 r 并没有出队。从语句 8 开始,队列出队,节点 u 一旦出队,就成为树节点,然后搜索节点 u 的所有邻接节点 $v(v\in Q)$,如果边 (u,v) 权重比节点 v 的键值 v.key 小,就说明节点 v 与树的新连接边 (u,v) 比节点 v 以前的连接权重 v.key 更轻,就要调整节点 v 的键值,也就重新调整了节点在队列中的顺序,把最轻边对应的非树节点推到了队列头,下次出队时,这条边就成了树边。

```
Prim (G,w,r)
1    Q=∅
2    for each vertex u∈G.V
3        u.key=∞
4        u.π=NIL
5        Insert(Q,u)
6    Decrease-key(Q,r,0)      //对优先队列中的元素 r 赋键值 0,并调整队列元素顺序
7    while Q≠∅
8        u=Extract-Min(Q)      //取出优先队列的队头元素,u 是树节点
9        for each v∈G.Adj[u]
10           if v∈Q and w(u,v)<v.key  //边(u,v)中的 u 是树节点,而 v 是非树节点,而且更轻
11               v.π=u           //记录 v 的前驱节点
12               Decrease-key(Q,v,w(u,v)) //将 v 的键值调整为新边权重,并调整队列元素顺序
```

图 6-22 给出了 Prim 算法的执行过程,从节点 1 开始,当节点 1 出队后,访问节点 1 的所有邻接的非树节点 2、3、4,它们的键值都变成了边的权重(因为这些键值的初值是∞)。然后,根据键值排序后,节点 3 推到队列头,下次出队。接着访问节点 3 的邻接非树节点 4,注意,这条边的权重 5 小于节点 4 原来的键值,说明节点 4 与节点 3 的树连接比它与节点 1 的树连接更轻,所以将节点 4 的键值更新为 5。如此重复下去,直至队列为空。

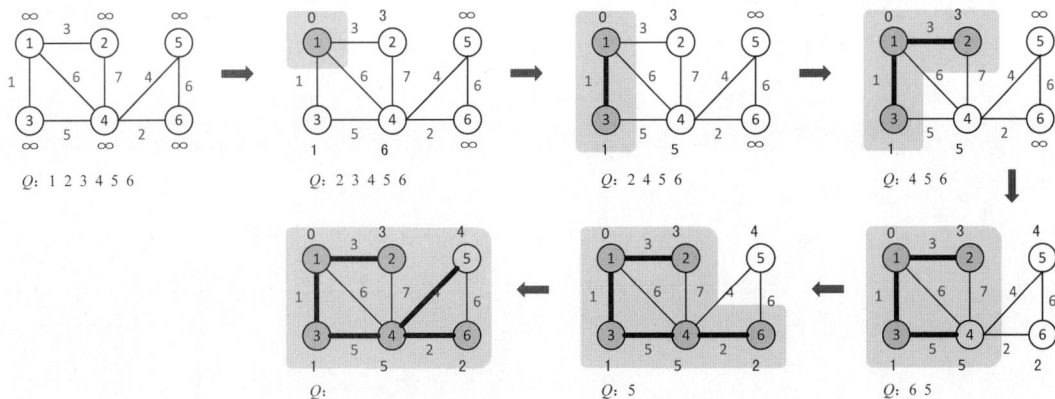

图 6-22　Prim 算法的执行过程

Prim 算法需要多次访问节点的邻接节点,所以适合采用邻接表。在 Prim 算法实现过程中,初始化将所有节点入队,效率为 $O(|V|)$,while 循环针对节点进行,循环次数是 $O(|V|)$,每次循环体内针对邻接节点进行,这个遍历过程与 BFS 类似,总的循环次数是 $O(|V|+|E|)$,循环内的 Decrease-key 主要操作是调整优先队列元素顺序,效率是 $O(\log|V|)$,所以 Prim 算法效率也是 $O(|E|\log|E|)$ 或者 $O(|E|\log|V|)$。如果一个图是稀疏图,边比较少,适合用 Kruskal 算法;如果是稠密图,边的个数远远大于点的个数,适用 Prim 算法。从实现的难易程度比较,Kruskal 算法依赖的并查集是很多语言都支持的数据结构,实现比较简单。

6.1.8　最大流算法

1. 最大流基本概念

最大流算法是针对流网络的流量估计算法,该算法可以广泛应用于分配问题、连通度问题、航班调度、项目选择、淘汰赛等。流网络是一个有向图 $G=(V,E)$,其中每条边 (u,v) 均有一个非负容量 $c(u,v)\geqslant 0$,如果 (u,v) 不是 E 中的边,则假定 $c(u,v)=0$。流网络中有两个特殊的节点,分别是源点 s 和汇点 t,其中源点 s 只有出度,汇点 t 只有入度。如图 6-23 所示,所有有向边上标注的权重分母就是流网络的边容量,分子就是图中的流量。流量从源点 s 发出,在图中各节点

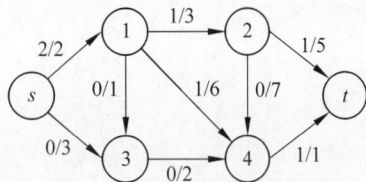

图 6-23　流网络

转发,转发的过程中流量不会凭空增加或丢失,而是通过中转到达汇点 t。边的容量可以理解为转发的能力上限,例如,图 6-23 中边 $(1,3)$ 的容量为 $c(1,3)=1$,如果从源点发出流量 2,则边 $(1,3)$ 容量不足导致无法转发,但是通过节点 2 和节点 4 可以转发。在一个复杂的有向图中,节点连接关系复杂,怎么才能知道从源点发出的最大的流量是多少? 这个问题就是最大流问题。

在求解最大流问题之前,需要先解释流的概念,然后再介绍经典的 Ford-Fulkerson 方法,以及一种具体的实现算法——E-K 算法。

设 $G=(V,E)$ 是一个流网络,其容量函数为 c。设 s 为网络的源点,t 为汇点。G 的流

是一个实值函数 $f: V \times V \rightarrow R$，且满足下列三个性质。

① 容量限制：对所有 $u, v \in \boldsymbol{V}$，要求 $f(u,v) \leqslant c(u,v)$；

② 反对称性：对所有 $u, v \in \boldsymbol{V}$，要求 $f(u,v) = -f(v,u)$；

③ 流守恒性：对所有 $J \in \boldsymbol{V} - \{s, t\}$，要求 $\sum\limits_{u \in V} f(u,v) = 0$。

则称 $f(u,v)$ 是从节点 u 到节点 v 的流。

流函数的第一个性质表示流量不能超过容量。第二个性质表明流是有方向的，如果从 u 到 v 有流 $f(u,v)$，这就意味着从 v 到 u 有一个 $-f(u,v)$ 的反向流，它在流图中是一个重要的概念，可以用于退回流，也利于流守恒的表达。第三个性质就是流守恒定理，对于一个给定的节点 v，公式 $\sum\limits_{u \in V} f(u,v) = 0$ 中的 u 指的是图中所有节点，例如，图 6-23 中节点 1 转发 2 的流量时，流入节点 1 的流量是 2，流出的流量总和也是 2，假设 $v = 1$，则 $f(s,1) + f(2,1) + f(3,1) + f(4,1) = 2 - 1 + 0 - 1 = 0$。流守恒定理说明经过非源点或非汇点的节点转发的总网络流为 0，也就是流在任何中间转发节点都不会凭空增加或减少，如果定义流出为正流，流入为负流，则净流就是正流与负流之和。对于所有非源点和非汇点的节点而言，流守恒意味着净流为 0。

进一步地，可以把流函数的定义扩展到节点集合之间，$f(\boldsymbol{X}, \boldsymbol{Y}) = \sum\limits_{x \in X} \sum\limits_{y \in Y} f(x,y)$，例如，在图 6-23 中，令 $\boldsymbol{X} = \{1, 2\}$，$\boldsymbol{Y} = \{3, 4\}$，则 $f(\boldsymbol{X}, \boldsymbol{Y}) = f(1,3) + f(1,4) + f(2,3) + f(2,4) = 0 + 1 + 0 + 0 = 1$。这样，流守恒就可以表达为另一种形式，$\forall u \in \boldsymbol{V} - \{s, t\}$，有 $f(u, \boldsymbol{V}) = 0$。特别地，记源点的流为 $f(s, \boldsymbol{V} - s) = f(s, \boldsymbol{V})$，汇点的流为 $f(\boldsymbol{V} - t, t) = f(\boldsymbol{V}, t)$。据流守恒性，除了源点和汇点外，对于所有节点而言，总的净流量等于 0，而只有源点和汇点的净流不为 0。

引理 1：设 $\boldsymbol{G} = (\boldsymbol{V}, \boldsymbol{E})$ 是一个流网络，f 是 $\boldsymbol{G}$ 中的一个流，下列等式成立。

① 对于所有 $\boldsymbol{X} \subseteq \boldsymbol{V}$，$f(\boldsymbol{X}, \boldsymbol{X}) = 0$；

② 对于所有 $\boldsymbol{X}, \boldsymbol{Y} \subseteq \boldsymbol{V}$，$f(\boldsymbol{X}, \boldsymbol{Y}) = -f(\boldsymbol{Y}, \boldsymbol{X})$；

③ 对于所有 $\boldsymbol{X}, \boldsymbol{Y}, \boldsymbol{Z} \subseteq \boldsymbol{V}$，其中 $\boldsymbol{X} \cap \boldsymbol{Y} = \varnothing$，有 $f(\boldsymbol{X} \cup \boldsymbol{Y}, \boldsymbol{Z}) = f(\boldsymbol{X}, \boldsymbol{Z}) + f(\boldsymbol{Y}, \boldsymbol{Z})$，$f(\boldsymbol{Z}, \boldsymbol{X} \cup \boldsymbol{Y}) = f(\boldsymbol{Z}, \boldsymbol{X}) + f(\boldsymbol{Z}, \boldsymbol{Y})$。

下面证明源点流出的流等于汇点流入的流。

$$|f| = f(s, \boldsymbol{V}) = f(\boldsymbol{V}, \boldsymbol{V}) - f(\boldsymbol{V} - s, \boldsymbol{V})$$
$$= -f(\boldsymbol{V} - s, \boldsymbol{V})$$
$$= f(\boldsymbol{V}, \boldsymbol{V} - s)$$
$$= f(\boldsymbol{V}, t) + f(\boldsymbol{V}, \boldsymbol{V} - s - t)$$
$$= f(\boldsymbol{V}, t)$$

上面的推导中，$f(s, \boldsymbol{V})$ 是源点流出的流，$f(\boldsymbol{V}, t)$ 是汇点流入的流，推导中利用了 $f(\boldsymbol{V}, \boldsymbol{V}) = 0$，$f(\boldsymbol{V}, \boldsymbol{V} - s - t) = 0$ 的流守恒性。

2. Ford-Fulkerson 方法

最大流问题就是要求 $f(s, \boldsymbol{V})$ 的最大值，下面介绍用著名的 Ford-Fulkerson 方法求解最大流问题。Ford-Fulkerson 方法是一种迭代求解方法，其核心思想是在流网络中寻找从源点 s 到汇点 t 的路径，观察这条路径上可以通过的流量，将这个流量增加到现有的流量中,这样流就增大了,然后重复这个过程。Ford-Fulkerson 方法的关键在于,寻找从源点 s 到汇点 t 的路径时,流是可以回退的。如图 6-24 中,节点 1 到节点 2 的流量是 2,这条边的容量是 3,如果现在流量在节点 2 中转,中转的流量是 1,那么它无法直接通过边(2,3),因为已经达到最大容量。可以通过边(1,2)把流量退还回去,因为节点 1 到节点 2 有大小为 2 的流,已经形成通路,入流 1 可以顺着这条路退回,这样节点 2 就可以到达节点 1,然后通过节点 1 到达节点 3,形成通路。需要强调,退还流的前提是要有流存在才能退回,如果节点 1 到节点 2 的流是 0,就不能退还。退还流是 Ford-Fulkerson 方法的一个重要操作,一条边上的流是由交汇的结果形成的。例如,节点 1 到节点 2 的流是 2,节点 2 借助这条路径,把入流 1 退还,最后的流变为 1,仍然是从节点 1 到节点 2 的流。

为了实现这个过程,Ford-Fulkerson 方法就不能在原流图上寻找路径了,而是要在残留图 G_f 上寻找。残留图是基于原流图构造的,残留图中边 (u,v) 标注残留容量 $C_f(u,v) = c(u,v) - f(u,v)$。如图 6-25 所示,原流图中节点 1 到节点 2 的流是 1,而在残留图中,一条边变成两条边,从节点 1 到节点 2 还剩 2 的残留容量,同时,通过退还流,可以得到从节点 2 到节点 1 的残留容量 1。从这个例子可以看出,残留图可以帮助 Ford-Fulkerson 方法找到更多从源点到汇点的路径,这条路径称为增广路径。

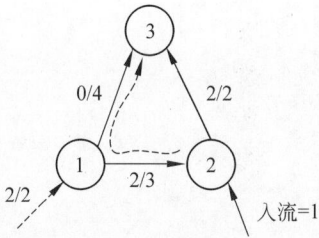

图 6-24　流退还

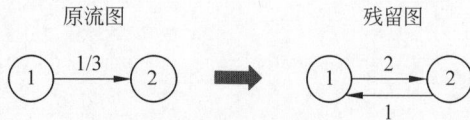

图 6-25　残留图

图 6-26 给出了一个用 Ford-Fulkerson 方法求解最大流的过程,其中加粗的路径表示在残留图中找到的从源点到汇点的通路,迭代流量不断增大,直至找不到通路。

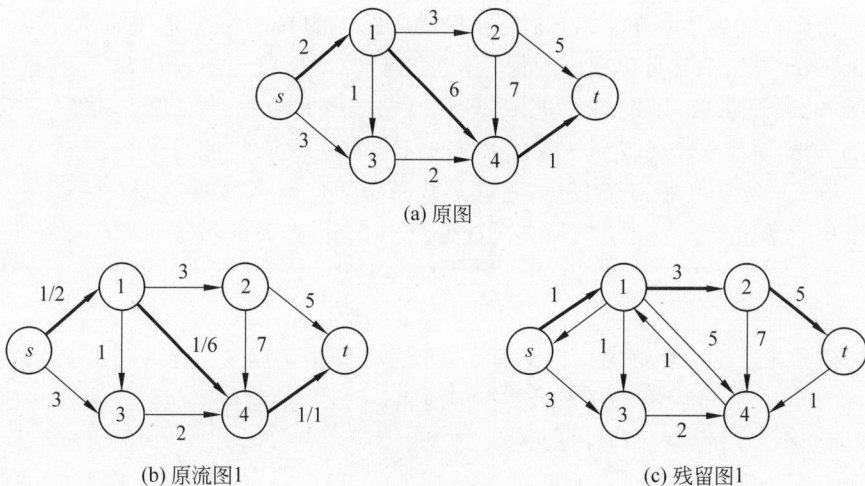

图 6-26　Ford-Fulkerson 方法求解最大流

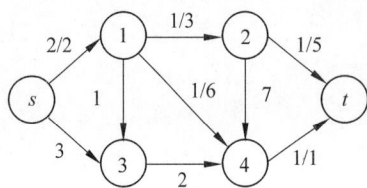

(d) 原流图2

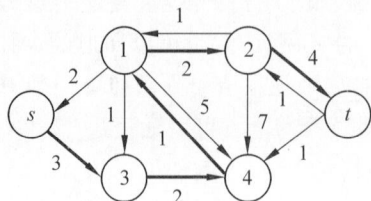

(e) 残留图2

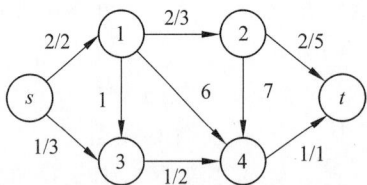

(f) 原流图3

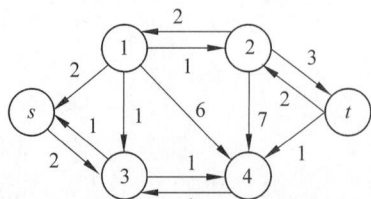

(g) 残留图3

图 6-26 （续）

Ford-Fulkerson 方法的伪代码如下。

```
Ford-Fulkerson(G,s,t)
1  for each(u,v)∈E(G)
2      do f[u,v]←0
3         f[v,u]←0
4  while 残留网络中存在从源点 s 到汇点 t 的通路 p
5      do min{Cf(u,v):(u,v)is in p}
6      for each (u,v) in p
7          do f[u,v]←f[u,v]+Cf(p)
8             f[v,u]← - f[u,v]
```

Ford-Fulkerson 方法最差的算法效率是 $O(|E||f^*|)$，其中 f^* 是最大流值。算法效率估计中，假设每次流值增量为 1，每次寻找增广路径的最差情况是访问所有边。如果在 Ford-Fulkerson 方法第 4 行中用广度优先搜索来计算增广路径 p，即增广路径是残留网络中从 s 到 t 的最短路径，则能够改进 Ford-Fulkerson 的界，这种实现方式称为 Edmonds-Karp(EK)算法，其算法效率为 $O(|V||E|^2)$。EK 算法效率的证明比较复杂，下面简单说明一下，由于 EK 算法利用 BFS 搜索，每次寻找一条增广路径的效率是 $O(|V|+|E|)$，可以证明，图中一条边成为关键边的最多次数是 $|V|/2$ 次，而关键边是在增广路径上的边，所有关键边最多有 $|V||E|/2$ 条，也就是增广路径最多有 $|V||E|/2$ 条，所以算法效率是 $O(|V||E|^2)$。

图 6-27 给出了 EK 算法的执行过程，队列 Q 用于进行 BFS。从源点 s 开始，s 入队，并标注$(-,\infty)$，其中括号内第一项表示节点的前驱，第二项是路径当前的流值，这个值会随着路径变长而变小。s 的邻接节点 1、3 入队，节点 1 标注$(s+,2)$，其中"$s+$"表示节点 1 的前驱是 s，"$+$"表示现在是前向边，如果是退还流的边，就用"$-$"表示。2 表示流到节点 1 处的最大流值是 2，它是通过边$(s,1)$的剩余容量 $2-0=2$ 与前驱 s 的流值取最小得到的，节点 3 同理；节点 1 出队后，邻接节点 2、4 入队，都标注为$(1+,2)$，如此继续，直至到达汇点 t。这

时汇点 t 标注的是(2+,2),通过节点 2 的标注找到前驱节点 1,再到原点 s,这条增广路径就找到了,这条路径上的流是 2,然后把这个流压到所有路径上。这个过程就是 EK 算法的一次迭代过程,下一次把节点状态和队列清空,重复上面的过程。

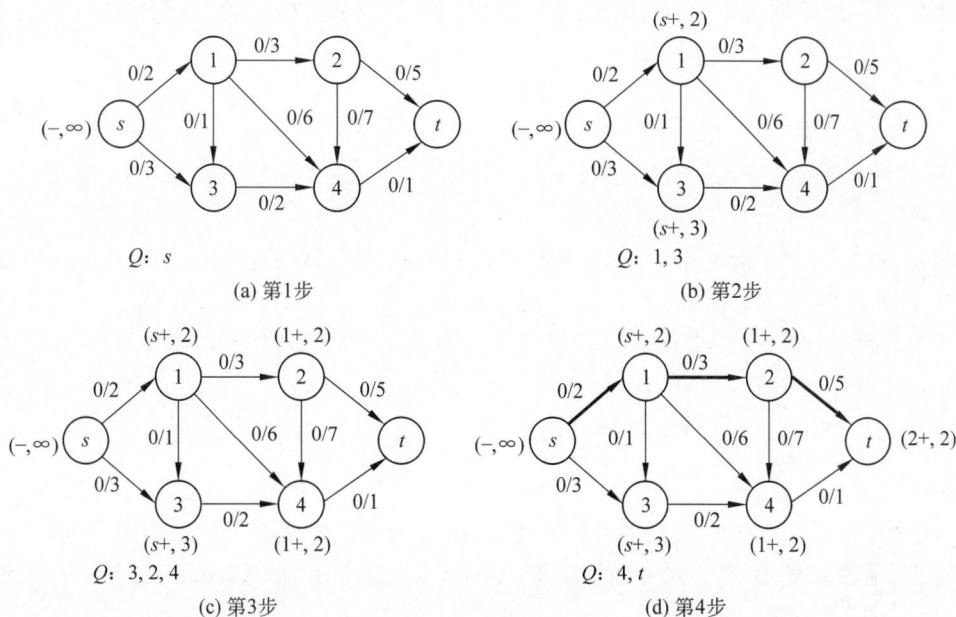

(a) 第1步   (b) 第2步

(c) 第3步   (d) 第4步

图 6-27   EK 算法

3. 最大流最小割定理

最大流最小割定理是保证 Ford-Fulkerson 方法正确的关键。该定理描述的内容是:一个流如果是最大流,则其残留网络中不包含增广路径,反之亦然。下面介绍一下最大流最小割定理,不做具体证明,只解释该定理描述的含义。

先介绍下面几个概念。

割 (S,T):流网络 $G=(V,E)$ 的割 (S,T) 是一个划分,该划分将 V 分为 S 和 $T=V-S$ 两个集合,使得 $s\in S,t\in T$。如图 6-28 所示,虚线就是一个割,这个割将流图分成两部分,左边的 S 部分包含源点 s,右边的 T 部分包含汇点 t。

净流 $f(S,T)$:对于割 (S,T),如果 f 是当前一个流,则穿过割 (S,T) 的净流是从 S 到 T 的正网络流减

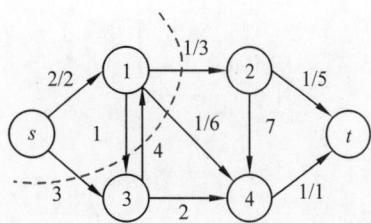

图 6-28   流图的割

去从 T 到 S 的正网络流。对于图 6-28 所示的割,其从 S 到 T 的正网络流是 $1+1=2$,而从 T 到 S 的正网络流为 0,所以净流是 2。

割容量 $c(S,T)$:割 (S,T) 的容量 $c(S,T)$ 是由 S 到 T 的边容量累计得到的,由 T 到 S 的边容量不包括在内,所有参与割容量计算的都是正值。对于图 6-28 所示的割,其由 S 到 T 的容量是 $3+1+6+3=13$,反向的容量 4 不计入,所以割容量是 13。流网络存在很多不同的割,每种割都有自己的割容量,其中具有最小容量的割称为最小割。

引理:设 f 是源点为 s、汇点为 t 的流网络 G 中的流。假设 (S,T) 是 G 的一个割,则它

的净流为 $f(S,T)=|f|$。

证明：根据流守恒性质可知，对于非源点 $S-\{s\}$ 满足：

$$f(S-\{s\},V)=0$$

割 (S,T) 的净流为

$$
\begin{aligned}
f(S,T) &= f(S,V)-f(S,S) \\
&= f(S,V) \\
&= f(S-s,V)+f(s,V) \\
&= f(s,V) \\
&= |f|
\end{aligned}
$$

该引理说明，对于流网络 G，无论有什么样的割，其净流都是相同的。但是，不同割的割容量是不同的。

推论：对于流网络 G 中任意流 f，其值的上界为 G 的任意割的容量。

证明：设 (S,T) 为 G 中的任意割，f 为任意流，则

$$|f|=f(S,T)=\sum_{u\in S}\sum_{v\in T}f(u,v)\leqslant\sum_{u\in S}\sum_{v\in T}c(u,v)=c(S,T)$$

该不等式表明，任意一个割对应的净流值不能大于割的容量。由于所有割的净流都相同，因此净流也不能大于最小割的容量。也就是说，最大流的值不超过最小割的容量。

定理（最大流最小割定理）：如果 f 是具有源点 s 和汇点 t 的流网络 $G=(V,E)$ 中的一个流，则下列条件是等价的。

① f 是 G 的一个最大流；

② 残留网络 G_f 不包括增广路径；

③ 对 G 的某个割 (S,T)，有 $|f|=c(S,T)$。

最大流最小割定理描述的是，如果 f 是 G 的一个最大流，则对应的残留网络 G_f 不包括

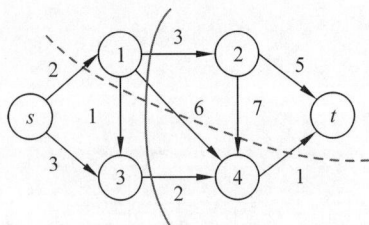

图 6-29 最小割

增广路径。也就是说，残留网络 G_f 中找不到从源点 s 到汇点 t 的通路，同时最大流的值也是流图中某个割的容量。由上述推论可知，任意流值都不大于最小割的容量，也就是说，最大流的值就是最小割的容量。反过来，如果残留网络 G_f 中找不到从源点 s 到汇点 t 的通路，此时，就达到了最大流，也就是 Ford-Fulkerson 方法停止的条件，从而保证了 Ford-Fulkerson 方法的正确性。图 6-29 中虚线为该流图的最小割，割容量是 3，

实线也是一个割，它的容量是 11。从图 6-26 的求解过程可以看出，该流图的最大流是 3，与最小割的容量一致。

4. 整数定理

假设流图 G 中有一条边 e，$c(e)$ 是边 e 的容量，$f(e)$ 是通过边 e 的流量，如果图 G 中所有边 e 的容量 $c(e)$ 都是整数，则存在最大流 f，其中每条边的流值 $f(e)$ 都是整数。

整数定理描述的是，对于具有整数容量的图而言，其流值必然是整数。可能很多读者觉得很奇怪，难道不应该是这样的吗？事实上，就流值 $f(e)$ 而言，它只要不大于容量 $c(e)$ 就可以，所以非整数的流值是完全合理的。因此，整数定理的结论在很多分析中很有用，例如，

一个流图中所有边容量都是 1,那就意味着流值只能是 0 或 1,这就为很多匹配问题提供了线索,两个节点只能是匹配或者不匹配的,不存在似是而非的结论。

最大流算法还可以用于求解线性规划问题。在线性规划问题中,通常需要对流进行整数约束。但是有趣的是,这种整数约束其实并不重要,因为整数定理指出,只要所有需求数据都是整数,那么仅由整数组成的线性规划就存在最优解。也就是说,任何基本可行解都仅由整数组成,包括最优解,这样就可以简单地通过求解线性规划来求解整数规划。

6.2　图论算法应用实例

6.2.1　蛇梯问题

1. 问题描述

蛇梯板是一种跳跃游戏,当玩家在某个格子时,可以投掷骰子,根据骰子的大小决定下一次跳跃的位置。例如,如果玩家当前在格子 2,投出的骰子是 4,就跳到格子 6。如果玩家到达梯子底部的单元格,则玩家必须爬上梯子,如果到达蛇头的单元格,则必须向下到达蛇的尾巴(无法从梯子顶部到达尾部,也无法从蛇尾直接到达蛇头)。如图 6-30 所示,当玩家到达第 3 个单元格时有一个梯子,则此时玩家爬上梯子到达第 22 个单元格。又或者当玩家到达第 17 个单元格,此单元格为蛇头的单元格,因此玩家需要向下到达蛇尾的单元格,即第 4 个单元格。

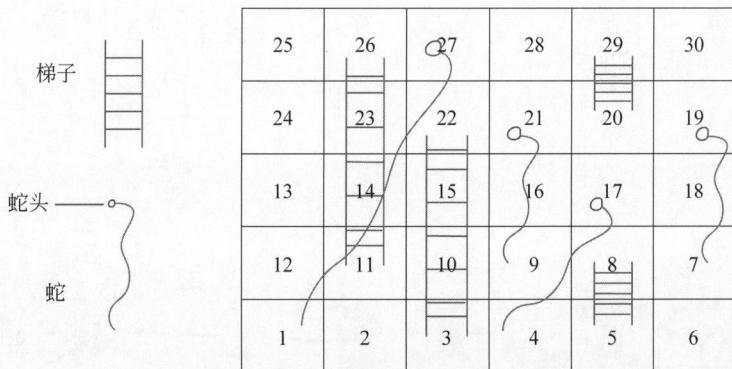

图 6-30　蛇梯板示意

给定一个蛇梯板,假设玩家可以完全控制骰子投掷的结果(从 1 到 6),找到从第一个单元格到达目的地或者最后一个单元格所需的最小骰子投掷次数。

在如图 6-30 所示棋盘中,从单元格 1 到达单元格 30 所需的最小投掷次数为 3 次。

步骤如下。

(1) 投掷一个骰子(结果为 2)到达单元格 3,通过梯子到达单元格 22,如图 6-31 所示。

(2) 投掷骰子(结果为 6) 到达单元格 28,如图 6-32 所示。

(3) 投掷骰子(结果为 2) 到达单元格 30,如图 6-33 所示。

因此,最少需要投掷的次数为 3 次,投掷结果为(2,6,2)。也有其他解决方案,例如(2,2,6)、(2,4,4)、(2,3,5)等。

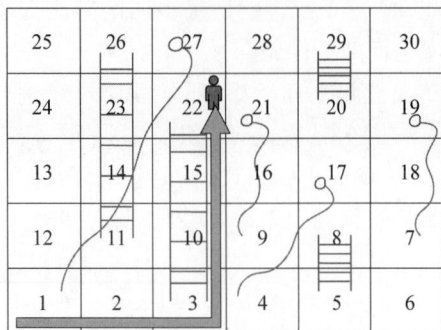

图 6-31　第 1 次投掷

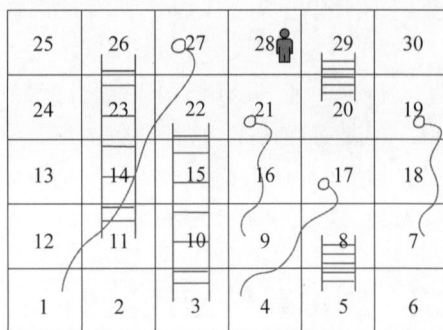

图 6-32　第 2 次投掷

2. 求解方法

(1) 算法原理。

将给定的蛇梯板看作一个有向图,有向图的节点就是板中所有单元,问题就简化为寻找图中的最短路径。

骰子的点数是可以控制的,因此每一个节点都可以到达它接下来的 6 个节点中的任意一个,如图 6-30 中节点 1 可以到达节点 2、3、4、5、6、7,但是节点 3 有一个梯子,所以节点 1 就可以直接通过梯子到达节点 22,如图 6-34 中白色的节点。另外,节点 5 也有一个梯子,所以节点 1 也可以通过梯子到达节点 8。这样就可以得到节点 1 的邻接节点。进一步地,以节点 7 为例,节点 7 可以到达节点 8、9、10、11、12、13,其中节点 11 有梯子,可以到达节点 26。图 6-34 显示了整个蛇梯板的部分有向图,图中所有边的权重相同,所以可以使用图的广度优先搜索来找到最短路径。

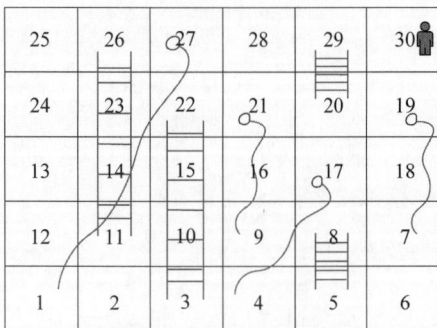

图 6-33　第 3 次投掷

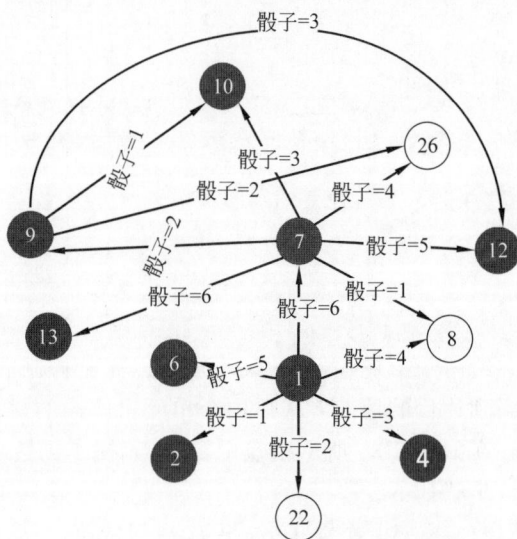

图 6-34　蛇梯板对应的部分有向图

(2) 伪代码。

要实现上述想法,需要先创建一个 move 数组来判断各个节点是否有梯子或者蛇,若没有,则 move[i] 为 -1,若有,则 move[i] 等于梯子顶部或者蛇尾的单元格索引。同时,需要一个 visit 数组来判断是否已经访问过当前节点，避免重复访问。

```
Input. 蛇梯板大小 n
       move 记录蛇和梯子
Output. 到达各节点的最少骰子投掷数 dist
Method.
getMinDiceThrows(move,n)
1  //visit 记录节点是否被访问过,q 是 BFS 用的队列,dist[1:n]=0
2  q.push(1)                    //从 1 号单元格开始搜索
3  visit[1]=true                //设置为已访问
4  while(!q.empty())
5    num=q.front()              //取出队头元素 num
6    if(num==n)     break       //如果已经是目标节点则退出
7    for(i=num+1; i<=num+6&&i<=n; i++)//将当前节点通过骰子可到达的节点入队
8      if(!visit[i])            //若节点未访问
9        dist[i]=dist[num]+1    //计算投掷次数
10       visit[i]=true
11       if(move[i]==-1) q.push(i)    //如果该节点没有梯子或者蛇,则邻接节点入队
12       else
13          q.push(move[i])     //梯子或者蛇可以到达的节点入队
14          dist[move[i]]=dist[i]    //更新投掷次数
15 return dist[num]             //返回目标节点到初始节点的最少投掷次数
```

（3）复杂度分析。

时间复杂度：由于有向图中节点数 $|V|=n$，而每个节点的边数最多为 6，所以总边数 $|E|=6n$，BFS 的时间复杂度为 $O(|V|+|E|)=O(n)$。

空间复杂度：需要一个队列存储入队节点，空间复杂度为 $O(n)$。

6.2.2　桥问题

1. 问题描述

如果在一个无向连通图中，移除一条边时，连通图不再连通，即一个连通分量变为两个及以上连通分量，那么称这条边为桥，如图 6-35 所示。现给定一个无向连接图，请找出其中的桥。

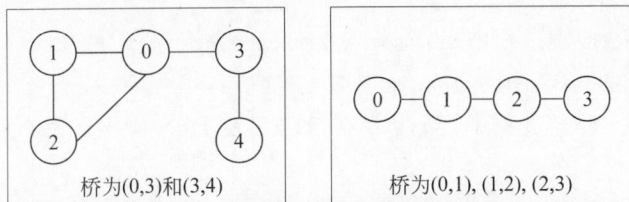

图 6-35　桥问题

2. 解决方法：蛮力法

（1）算法原理。

根据问题要求，需要判断每条边是否为桥。蛮力法的思路是依次访问每条边 (u,v)，在

图中去除边(u,v),以u或v为根节点,通过DFS或BFS访问所有能访问到的节点,若存在一些节点不能被访问,就说明在去除边(u,v)的情况下该图不再连通,则(u,v)为桥。

(2)复杂度分析。

时间复杂度:无论是DFS还是BFS,每条边的处理时间复杂度都是$O(|V|+|E|)$,所以蛮力法的复杂度是$O(|E|\times(|V|+|E|))$。

空间复杂度:遍历图的空间复杂度是$O(|V|+|E|)$。

3. 解决方法:Tarjan算法

(1)算法原理。

对于边(u,v),如果通过该边能从u到达v,称u为父节点,v为子节点,那么:

① 若(u,v)为桥,则移除(u,v)后,u和v就无法再通过其他路径到达彼此节点。

② 若(u,v)不为桥,移除(u,v)后,u仍然能到达v,说明u能够间接地访问v的父节点。

因为基于无向图,所以从v到达u也是同样的情况。也就是可以不通过(u,v),使得u与v能够通过其他路径访问到彼此节点。

那么,问题就转换为:移除边(u,v)后,判断u是否能够访问到v的祖先。如图6-36所示,若(u,v)为桥,则移除(u,v)后一个连通分量变为两个连通分量;若(u,v)不为桥,则移除(u,v)后,u仍能通过(u,w)访问到v的祖先w,再通过(w,v)访问到v。

根据Tarjan算法判断桥的基本原理,就可以通过DFS逐个访问图中每个节点,在这个过程中,需要考虑边(u,v)中的节点u是否无须通过(u,v)就能访问v的祖先,如果是,边(u,v)就不是桥,否则,边(u,v)就是桥。

Tarjan算法是基于DFS构造的,先用有向图解释算法过程。有向图经过DFS搜索后会产生4种边:

① 树边:DFS的父子关系形成的边,如图6-37中黑色的粗边a;

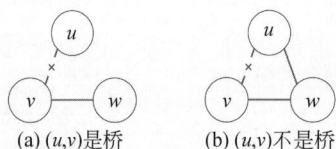

图6-36 Tarjan算法判定桥的原理

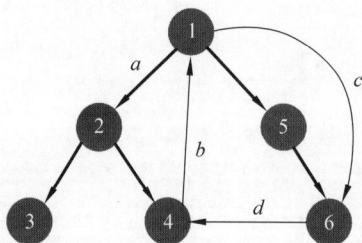

图6-37 DFS中的4种边

② 反向边:DFS搜索过程中,当前节点指向一个灰色节点的边,该灰色节点是当前节点的祖先形成的,如图6-37中的边b;

③ 前向边:DFS搜索过程中,当前节点指向它在DFS树中的后代节点的非树边,如图6-37中的边c;

④ 交叉边:不是树边、反向边、前向边的其他边,如图6-37中的边d。

强连通分量有一个重要性质:如果节点u是某个强连通分量在搜索树中遇到的第一个节点,那么这个强连通分量的其余节点肯定是在搜索树中以节点u为根的搜索树中。Tarjan算法在DFS搜索的过程中需要维护的信息如下所示。

visited(v):记录节点v是否被访问过。

disc(v)：记录通过 DFS 第一次到达节点 v 的时间，由于父节点 u 会比子节点先被访问，所以父节点 u 的 disc 值要小于子节点 v 的 disc 值。

low(v)：当节点 v 作为根节点进行 DFS 时，会产生一棵搜索树。low(v) 记录节点 v 不通过搜索树就能访问到的节点的最小访问时间，也就是通过一条反向边或者交叉边可以到达的时间戳最小的节点 w 的时间戳，并且要求 w 能够到达 v。low(v) 其实就是一个连通分量中最早访问的时间。

若节点 v 的 low 值比它的父节点 u 的顺序访问时间 disc(u) 值小，说明通过节点 v 能够更早地访问到它的祖先，证明节点 v 与它的父节点 u 之间不是桥，反之就是桥。如图 6-38 所示，如果节点 w 是节点 v 的祖先，节点 u 是节点 v 的父节点，当以节点 v 为根进行 DFS 时，就可以得到一棵搜索树，如果在这棵搜索树之外能找到节点 w，而节点 w 的访问时间更小，那么节点 v 的 low 值就是 w 的访问时间，即 low(v)=disc(w)。这时，边 (u,v) 就不是桥。从图 6-38 可以看出，节点 v 的 low 值其实就是 w 的访问时间，而 w 的访问时间就是这个环中最早的访问时间。

可以证明，节点 v 是某个强连通分量的根（第一个被访问的节点）等价于 disc(v)=low(v)。简单的理解是：当 disc(v)=low(v) 时，就不可能从 v 通过子树再经过其他时间戳比它小的节点回到 v，这时节点 v 其实就是这个强连通分量第一个被访问的节点。

当通过 u 搜索到一个新的节点 v 时可以有两种情况：

- 节点 u 通过树边到达节点 v，节点 u 和节点 v 在一个强连通分量中，则：

$$\text{low}(u)=\min(\text{low}(u),\text{low}(v))$$

- 节点 u 通过反向边到达节点 v，或者通过交叉边到达节点 v，并且节点 v 能再次到达节点 u，则：

$$\text{low}(u)=\min(\text{low}(u),\text{disc}(v))$$

在 Tarjan 算法进行 DFS 的过程中，每次回溯时都利用上面两种情况对节点 u 的 low 值进行更新。初始时，所有节点的 low 值和 disc 值都相同。以图 6-39 为例，说明节点的 low 值是如何不断进行更新的。

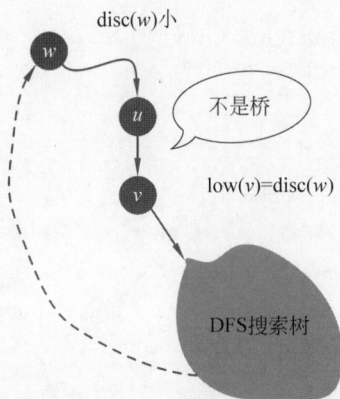

图 6-38　Tarjan 算法中的 low 值

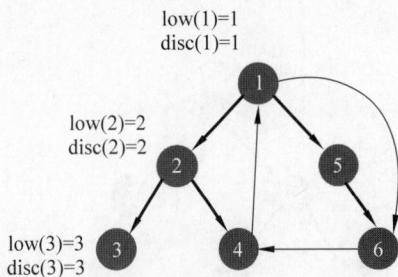

图 6-39　初始节点值

① DFS 从节点 1 开始，经过节点 2、节点 3 后，可以得到各节点的 low 值和 disc 值，如图 6-39 所示。

② 节点 3 需要回溯到节点 2,由于是树边,节点 2 的 low 值更新,$low(2)=min(low(2),low(3))=2$,如图 6-40 所示。

③ 从节点 2 搜索到节点 4,则 $disc(4)=4$,$low(4)=4$,如图 6-41 所示。

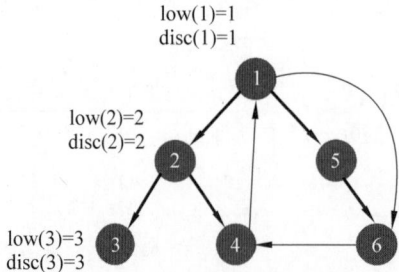

图 6-40 节点值更新

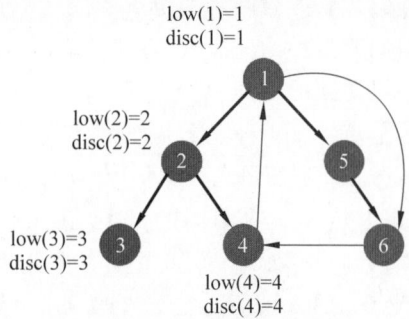

图 6-41 节点 4 增加

④ 从节点 4 通过反向边到达节点 1,由于 $disc(1)<disc(4)$,说明节点 1 是节点 4 的祖先,更新节点 4 的 $low(4)=min(low(4),disc(1))=1$,如图 6-42 所示。

⑤ 从节点 4 回溯到节点 2,因为是树边,更新 $low(2)=min(low(2),low(4))=1$,如图 6-43 所示。

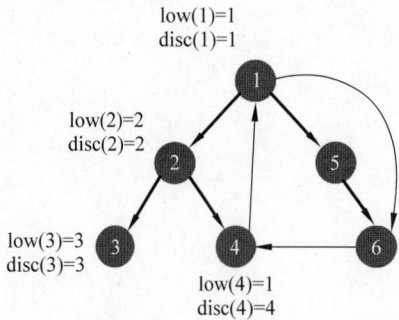

图 6-42 节点 4 更新

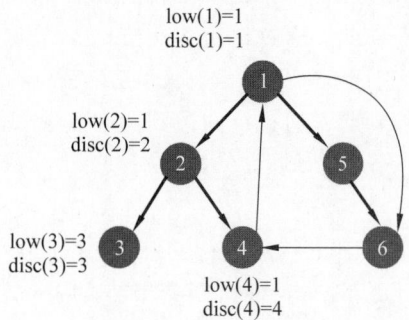

图 6-43 节点 2 更新

⑥ 从节点 2 回溯到节点 1,因为是树边,更新 $low(1)=min(low(1),low(2))=1$,如图 6-44 所示。

⑦ 从节点 1 搜索节点 5、节点 6,如图 6-45 所示。

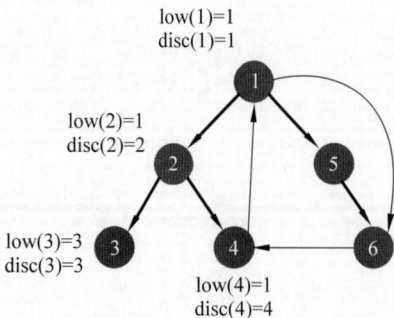

图 6-44 节点 1 更新

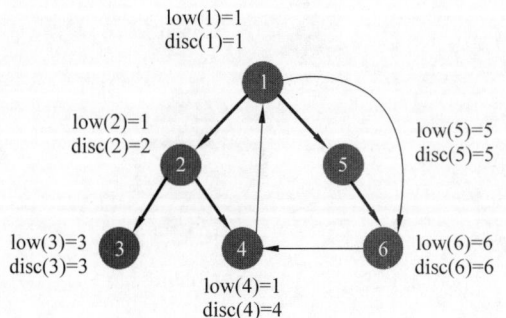

图 6-45 节点 5、节点 6 更新

⑧ 节点 6 通过交叉边到节点 4，更新 $\text{low}(6)=\min(\text{low}(6),\text{disc}(4))=4$，如图 6-46 所示。

⑨ 节点 6 回溯到节点 5，由于是树边，更新 $\text{low}(5)=\min(\text{low}(5),\text{low}(6))=4$，如图 6-47 所示。

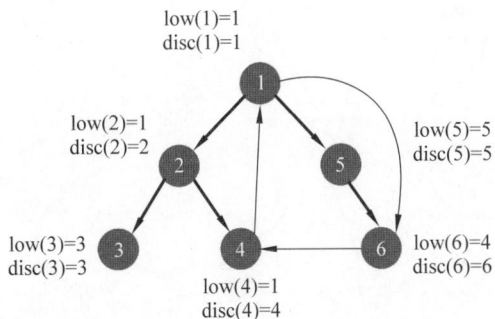

图 6-46　节点 6 更新　　　　　　　　图 6-47　节点 5 更新

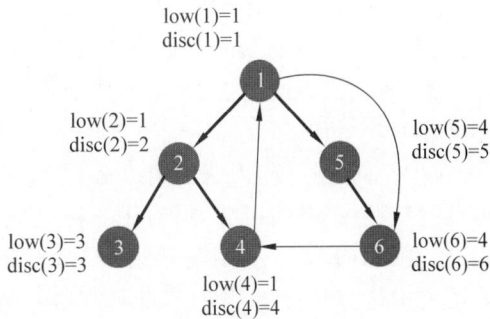

搜索完所有节点的 disc 值和 low 值后，如果 $\text{low}(v)>\text{disc}(u)$，就说明边 (u,v) 是桥，所以，上面的例子中，边 $(2,3)$ 是桥（$\text{low}(3)=3>\text{disc}(2)=2$），其他边都不是桥。

对于无向图的 DFS 过程，只有树边和反向边，算法过程与有向图一致。

(2) 伪代码。

```
Tarjan Algorithm
Input. 无向图
Output.桥
Method
bridgeUtil(u, visited, disc, low, parent)     //u 是当前节点,parent 是父节点
1  time = 0                                    //设置整体的时间戳,用于记录 DFS 顺序访问的时间
2  visited[u] = true                           //记录当前节点已经被访问
3  disc[u] = low[u] = ++time                   //初始化当前节点的访问时间
4  for (all v in adj[u])
5      if(v==parent)continue                   //当 v 节点为父节点时,舍弃
6      if(visited[v])low[u] = min(low[u], disc[v])
       //若 v 节点已经被访问过,更新 u 的最早访问时间
7      else                                    
8          parent = u                          //若 v 节点没有被访问过,且不为父节点
9          bridgeUtil(v, visited, disc, low, parent)   //以 u 为父节点进行回溯
10         low[u] = min(low[u], low[v])        //更新 u 节点的最早访问时间
11     if (low[v] > disc[u]) //若 v 节点最早访问时间大于 u 节点顺序访问时间,则该边为桥
12         count << u <<" " << v << endl;  //输出边 (u,v)
```

(3) 复杂度分析。

时间复杂度：Tarjan 算法基于 DFS 逐个访问节点，并对节点的边进行访问，所以其复杂度为 $O(|V|+|E|)$。

空间复杂度：算法采用 visited、disc、low 数组辅助存储，其空间复杂度为 $O(|V|)$。

6.2.3 查找超级节点

1. 问题描述

在图中,一个节点如果能到达图中其他所有节点,则将它称为超级节点。如图 6-48 中,
节点 1 就是超级节点,因为它可以通过 6 条不同的路径
到达其余所有 6 个节点。一个图中可能存在多个超级
节点,例如,在强连通图中,所有节点都是互相可达的,
这时就有多个超级节点。

对于无向连通图,因为所有节点之间都是可达的,
所以所有节点都是超级节点;对于不连通图,无论是有
向图还是无向图,都不存在超级节点;对于有向连通
图,需要构造算法查找哪个节点是超级节点,注意,这
里不需要找所有的超级节点,而是找到一个即可。

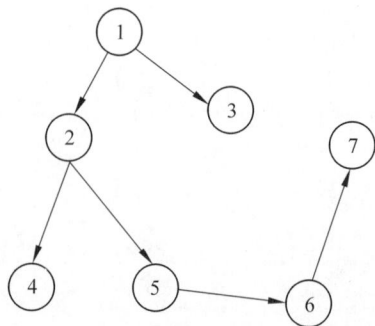

图 6-48 超级节点为节点 1

2. 解法一:暴力搜索

(1) 算法原理。

一个很直观的想法是从图中的每个节点出发进行搜索,如果该节点可以到达图中所有
节点,就说明该节点是超级节点。图搜索的算法可以采用 DFS 或者 BFS。以 DFS 为例,搜
索图 6-48,如果从节点 1 出发开始搜索(图 6-49(a)),所有节点可达,所以节点 1 是超级节
点;如果从节点 2 出发搜索(图 6-49(b)),节点 1 和节点 3 不可达,所以节点 2 不是超级节
点,如此反复就可以找到超级节点了。这个图中每个节点旁边数字的分子是 DFS 的开始时
间戳,分母是结束时间戳,这两个时间戳表明了 DFS 的访问和回溯顺序。

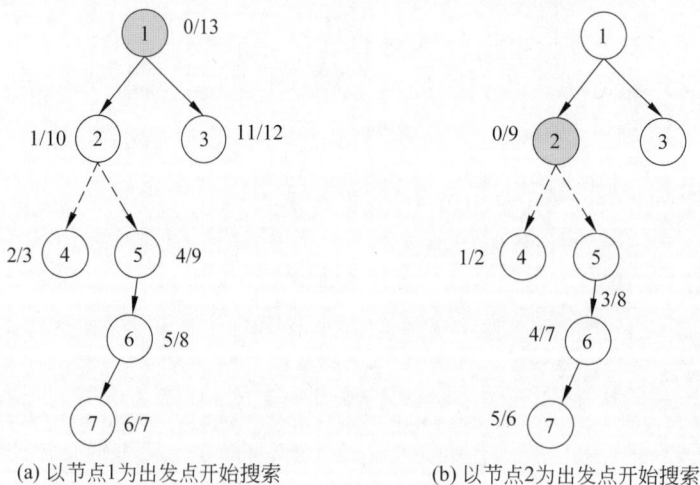

(a) 以节点1为出发点开始搜索 (b) 以节点2为出发点开始搜索

图 6-49 DFS 搜索过程

(2) 伪代码。

```
BruteForce:
Input. 图 G,节点集合 v,边集合 e,顶点个数 n
Output. 超级节点
```

```
Method.
MotherVerex (G)
1    for each vertex v of G
2        is_Mothervertex (v)

3    Function is_Mothervertex (v)        //判断节点 v 是否是超级节点
4    //vis 初始化为 false
5    DFS (v, n, e)
6    for i = 1 to n
7        if vis[i] == false    return false;
8    return true
```

（3）复杂度分析。

时间复杂度：对每个节点进行 DFS，算法时间复杂度是 $O(|V| \times (|E| + |V|))$。

空间复杂度：空间复杂度为 $O(1)$。

3. 解法二：Kosaraju 算法

（1）算法原理。

因为要进行多次图遍历，暴力搜索算法的效率很低，需要设计更高效的算法。对于连通的有向图而言，进行 DFS 时，超级节点总是最后退出的，也就是说，以超级节点为起点的 DFS 需要最长的遍历时间，具有最大的结束时间戳，如图 6-49（a）所示。

假设图中存在超级节点 v，如果 u 是非超级节点，不可能存在一条从 u 到达 v 的路径，如图 6-50 中虚线所示。下面证明这个结论。

图 6-50　超级节点 v

证明：反证法。对图中每个节点进行 DFS 遍历，假设 v 是最后完成递归的节点。对于其他任意一个非超级节点 u，如果存在 u 到 v 的路径，如图 6-50 所示，存在以下两种情况。

① 先从 u 开始 DFS 遍历，那么 v 必然比 u 先结束，因为 v 可到达所有节点，也就是可以先达到 u，这与假设矛盾；

② 先从 v 开始 DFS 遍历，那么从 v 可以到达 u，此时，因为 u 不是一个超级节点，从 u 继续遍历就有一些节点无法到达。但是由于存在从 u 到 v 的路径，那么可以从 u 回到 v，然后，v 再去访问其他节点。由于 v 是超级节点，v 会访问所有节点，包括 u 无法访问的节点。然而，这时 u 还是未结束访问的状态，这就意味着 u 比 v 的结束时间还晚，这与假设矛盾。

因此，导致矛盾的条件"v 是最后完成递归的节点，存在非超级节点 u 到 v 的路径"是不存在的。也就是说，非超级节点不能指向超级节点，而超级节点可以指向非超级节点。这也就进一步说明了一个结论：超级节点具有最晚的结束时间。可以基于以上原理，通过两个搜索步骤来查找超级节点：

第一次 DFS：找到 DFS 最晚结束的节点 v；

第二次 DFS：检验节点 v 是否可以到达图中其他所有节点，如果可以，则证明该节点为超级节点。这一步检验操作的主要目的是避免图不连通的。

如图 6-51(a) 所示，从节点 3 开始 DFS，然后从节点 5 开始 DFS，接着选节点 2 进行 DFS，可以看到节点 2 是最后一个结束的。因此，下一步从节点 2 开始进行一次 DFS（图 6-51(b)），确认是否可以到达其他节点，如果是，就判定节点 2 是超级节点。注意，这个图中节点 1 也是超级节点，DFS 时从节点 2 出发遍历先于节点 1，可以看到节点 1 先结束，节点 2 仍然是最后结束的。

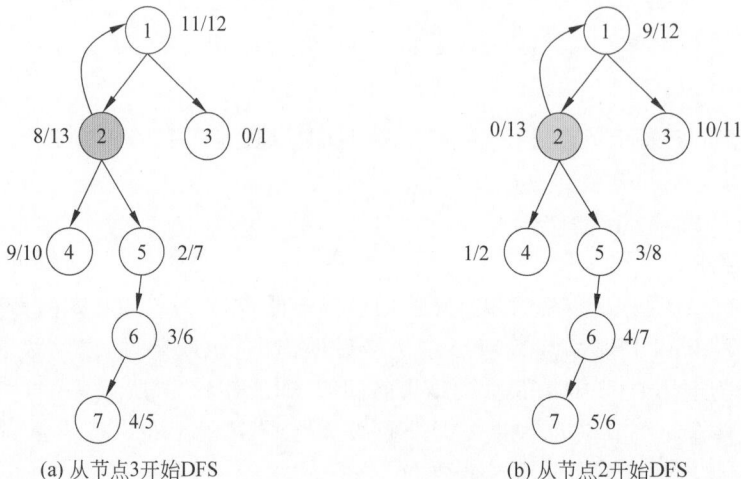

(a) 从节点3开始DFS　　　　　　　(b) 从节点2开始DFS

图 6-51　Kosaraju 算法

（2）伪代码。

```
Kosaraju's algorithm
Input. 边集合 e,节点个数 n
Output. A mother vertex
Method.
find_monthervertex()
1    //vis 记录所有节点访问情况,初值都是 false
2    for i = 1 to n
3        if(!vis[i])
4            DFS(i, n, e) V = i          //V 是当前记录的超级节点
5        if is_Mothervertex (V) == true   //第二次 DFS 检验从 V 是否可以达到其他所有节点
6            return V
```

```
Function is_Mothervertex (v)
1    //vis 记录所有节点访问情况,初值都是 false
2    DFS(v, n, e)                    //从 v 开始 DFS
3    for i = 1 to n                  //从 v 开始 DFS 之后,检查是否还有没有访问的节点
4        if(!vis[i])
5            return false            //任何没有访问的节点都意味着没有超级节点
6    return true
```

（3）复杂度分析。

时间复杂度：DFS 的时间复杂度是 $O(|V|+|E|)$，检查是否连通的时间复杂度也是 $O(|V|+|E|)$，所以算法时间复杂度是 $O(|V|+|E|)$。

空间复杂度：空间复杂度为 $O(1)$。

6.2.4　二分图匹配问题

1. 问题描述

对于一个给定的图 $G=(V,E)$，匹配图 M 是图 G 的一个子图，M 中任意两条边都没有公共节点。在匹配图 M 中，一个节点连出的边数至多是一条，而每一条边都将一对节点相匹配。反过来，如果这个节点连出一条边，就称这个节点是已匹配的。图 6-52 中，两条加粗边没有公共节点，构成一个匹配图 M。例如，节点 2、节点 4 只连出一条边，都是已匹配的节点。

图 G 的最大匹配是指边数最多的匹配图。最大匹配可能有多个，但最大匹配的边数是相同的，并且不可能超过图中节点数的一半。因为匹配图的每条边有两个节点，且不同边的节点互不相同，如果最大匹配的边数超过节点数的一半，就会出现节点共享，与匹配图的定义矛盾。最大匹配中的节点数称为图的"配对数"，图 6-52 就是最大匹配，配对数是 4。

图 G 的完美匹配（Perfect Match）也是一个匹配图，它包含了图 G 中的所有节点。图 6-52 不是完美匹配，因为节点 5 不在匹配图中。完美匹配也称作全局匹配或完全匹配。完美匹配同时也是一个原图的最小边数的边覆盖，也就是用最少的边包括所有节点的子图。

对于二分图 $G=(L \cup R,E)$，其中 L 是一个节点集合，R 是另外一个节点集合，所有边的一端节点在 L 中，另一端节点在 R 中。现在要求二分图的最大匹配，如图 6-53 所示。

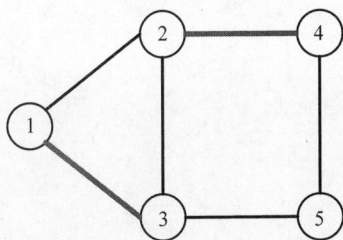

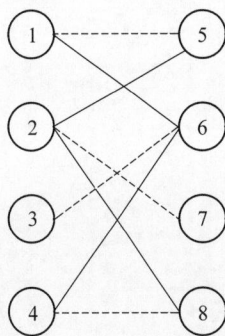

图 6-52　匹配图　　　　　　图 6-53　二分图的最大匹配

2. 解决方法：最大流算法

采用最大流算法解决问题时，需要先构造一个流网络，也就是确定源点、汇点及边的容量。为了解决二分图的最大匹配问题，在原图中增加源点 s 和汇点 t，创建一个有向图 $G'=(L \cup R \cup \{s,t\},E')$，图中所有边从 L 指向 R，边容量是无穷。增加源点 s 到 L 中所有节点的边，每条边的容量是 1；增加 R 中每个节点到汇点 t 的边，这些边的容量为 1。图 6-54 是图 6-53 的二分图对应的流网络。

推论：二分图 $G=(L \cup R,E)$ 的最大匹配数就是 $G'=(L \cup R \cup \{s,t\},E')$ 的最大流。

证明：根据二分图容量可知，每条增广路径的流值 $\in \{0,1\}$。

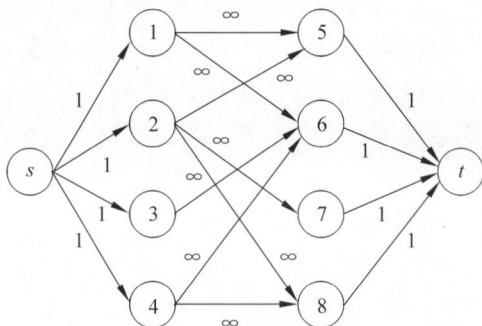

图 6-54 针对二分图构造的流网络

如图 6-54 所示，考虑 G 的一个匹配图 M，M 是从 L 到 R 的边集合，由于源点与 L 中节点的边容量只有 1，所以转发的流量 $f(e)=1$。由于 L 和 R 的每个节点最多属于匹配图 M 中的一条边，就意味着每个节点只能转发容量为 1 的流量，每单位流量对应两个节点集中的各一个点。由于在 G 基础上新构造 G' 的边容量为 1，所以其他流量均与这两个点无关，则它们之间的边即匹配中的一个元素。显然，一个匹配关系就对应 1 的流量，所以 M 的匹配数就是流量值。当 M 是最大匹配时，就对应着 G' 的最大流。

以图 6-55 为例，最大流是 4，虚线边代表匹配图 M。每次迭代产生的增广路径对应着一个匹配关系，例如，在图 6-55 中，第一条增广路径 $s→1→5→t$ 对应匹配关系 $1→5$，第二条增广路径 $s→2→7→t$ 对应匹配关系 $2→7$，第三条增广路径 $s→3→6→t$ 对应匹配关系 $3→6$，第四条增广路径 $s→4→8→t$ 对应匹配关系 $4→8$，这样就得到了二分图的最大匹配关系图。

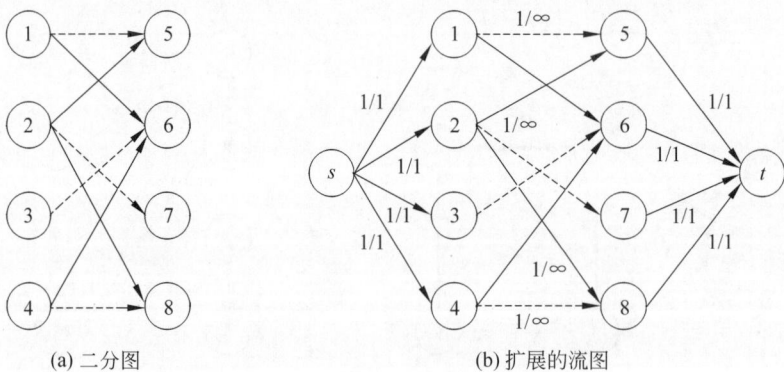

(a) 二分图

(b) 扩展的流图

图 6-55 二分图与扩展的流图

6.2.5 点连通度和边连通度

1. 问题描述

给定一个连通图，下面解释图的边连通度和点连通度。

边连通度定义：如果图 $G=(V,E)$ 是连通的，去掉一个边集合后会使图 G 不连通，则称该边集合为图的一个割。如果这个割的边数是最少的，则该图的边连通度为割的大小，表示为 $\lambda(G)$。对于单节点图而言，其边连通性无定义。

对于 $\lambda(G)=k$ 的图而言,如果去掉 k 条边,则图不连通,如果去掉 $k-1$ 条边,则图仍连通。如图 6-56 所示,如果去掉边 $(4,5)$ 和 $(3,7)$,该图就不连通了,$\lambda(G)=2$。

点连通度定义:如果图 $G=(V,E)$ 是连通的,去掉一个节点集合后会使图 G 不连通,称该点集合为割集。如果这个割集是最小的,则该图的点连通度为割集的大小,表示为 $\kappa(G)$。

对于 $\kappa(G)=k$ 的图而言,如果去掉 k 个节点,则图不连通,如果去掉 $k-1$ 个节点,则图仍连通。如图 6-56 中,$\kappa(G)=2$,也就是至少要去掉两个节点,如图节点 3、节点 5,图就不连通了。如果一个图是全连通图,同时至少有两个节点,则图的点连通度 $\kappa(G)=|V|-1$;如果 G 只有一个节点,则其点连通性无定义;如果 G 是不连通的,则图的点连通度 $\kappa(G)=0$。

现在的问题是求该图的边连通度和点连通度。

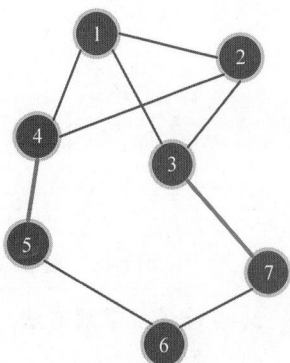

图 6-56　图的连通度

2. 边连通度求解方法:最大流

先分析有向图的情况。假设图 $G=(V,E)$ 是连通的有向图,根据边连通度的定义,如果想得到边连通度,只需要得到图 G 的最小割即可。根据最大流最小割定义,要得到最小割,对应的就是求最大流。为了求最大流,就需要为边设置容量,因为只需要求边的个数,将图中的每一条边容量设置为 1,这么做的原因是:在求最大流时,容量为 1 的边意味着只能用一次,不会重复采用。

由于图中的边容量都为 1,固定一个点为源点 u,任选另一个不是源点的点 v 为汇点,求源点 u 与汇点 v 之间的最大流,这个值就是连通 u 与 v 之间的最少边数,但并不一定是整图连通性的最少边数,所以还需要继续枚举所有汇点 v,求源点 u 与不同汇点 v 之间的最大流。最后,得到最小的最大流值即为图的边连通度。

如果是无向图,可以将其转换为有向图。无向图的一条边对应着两条有向边,即对于无向边 $e=\{u,v\}$,将其变为两条有向边 $e'=\{u,v\}$ 和 $e''=\{v,u\}$。

以图 6-57 为例来论述算法执行过程。

以节点 1 为源点、节点 3 为汇点计算最大流。最小割如图 6-58 和图 6-59 所示,对应的最大流为 2。如果汇点分别为节点 2、4、5,这个最小割依然适用,所以最大流都是 2。

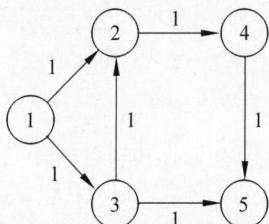

图 6-57　边连通度的网络流图

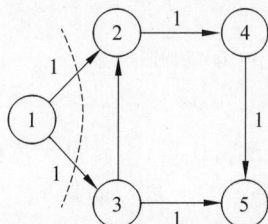

图 6-58　以节点 1 为源点

如果图 6-57 是无向图,其对应的流图如图 6-60 所示。如果以节点 1 为源点,其他点为汇点,最大流都是 2;如果以节点 2 为源点,以节点 4 为汇点,最大流是 3;如果以节点 1 为汇点,最大流是 2。所以这个无向图的边连通度是 2。

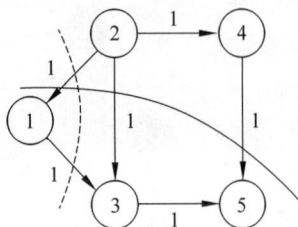

图 6-59　以节点 2 为源点　　　　　图 6-60　无向图求边连通度的网络流图

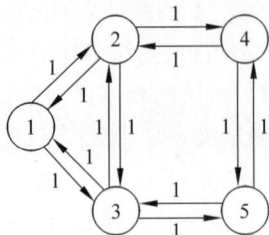

3. 点连通度求解方法：最大流

（1）算法原理。

求图的点连通度时，可以利用边连通度的算法。那么，这里的关键问题就是如何把节点连通度的求解问题转换为边连通度的求解问题？首先需要考虑的是怎么把节点变成边，从而使删除点变成删除边，而且要保证一个节点只能被删除一次。一个简单的想法就是直接把节点变成边，也就是将一个节点变成两个节点，就出现了一条边，如

图 6-61　节点变成边

图 6-61 所示，删掉这条边就对应删掉一个节点。这条新边的容量设置为 1，意思是这个节点只能删除一次。

那么，原图中的边如何处理？一个节点变成了两个节点后，原图的边必然也要随之变化。图 6-62 给出了一条有向边的处理方法，这里的边是 {4,5}，点 4 和点 5 各自变成两个点，用容量为 1 的边连接，注意这两条边都是有方向的。在流图中要保证与原图同样的连接关系，从点 4 到点 5。那么，流图中有点 4′到点 5″、点 4″到点 5′、点 4′到点 5′以及点 4″到点 5″四种连接方式，这里主要考虑连通性，只有点 4″到点 5′的边可以保证点 4 和点 5 之间是连通的。所以就有了图 6-62 的网络流图，其中点 4″到点 5′的边容量是∞，因为这条边可以被访问多次，所以其容量可以无穷大。按照这个思路，如果是无向图的边，只需要多加一条边，这样可以保证点 4 和点 5 之间都是可以连通的。

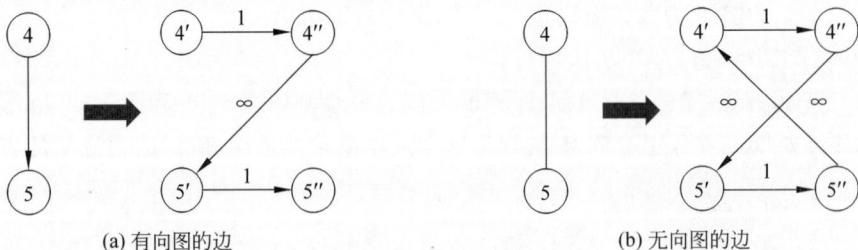

(a) 有向图的边　　　　　　　　　(b) 无向图的边

图 6-62　边的转换

得到了网络流图后，求解最大流的源点和汇点怎么选？以图 6-62 中有向边为例，如果选点 4′作为源点，最大流只能是 1，这样就限制了最大流的大小。但是选点 4″就可以避免这个问题。所以源点要选点 4″，汇点只能选点 4′。

以图 6-63 为例来论述算法过程，图中 5 个节点拆分为 10 个点，边之间的容量如图所示。以任意具有两个撇号的点为源点，例如，以点 1″作为源点，点 5′作为汇点，计算最大流为 1；以点 4′为汇点，最大流也是 1，依次类推，最小的最大流是 1，所以点连通度为 1。也就是去掉一个点就可以使图不连通，例如，去掉节点 3 或者节点 4 都可以使图不连通。

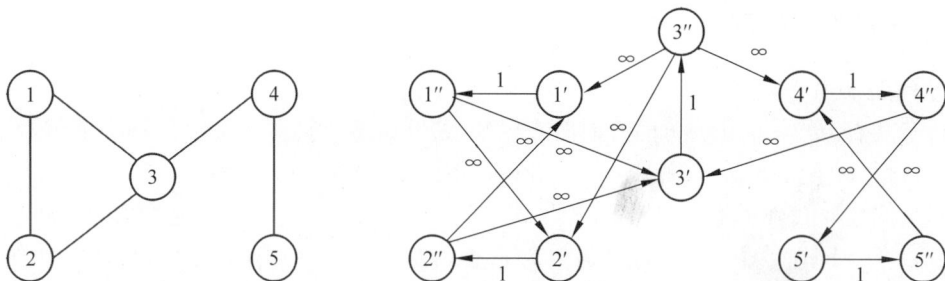

图 6-63　点连通度的网络流图

（2）伪代码。

① 边连通度伪代码。

```
Input. 图 G(V,E)
Output. 边连通度
Method.
Edge-connectivity(G)
1    设置图中所有边的容量 c 为 1
2    EdgeConnectivity = max_Init
3    选择图中任意节点为源点 s
4    for each t∈ V-{s}
5        cur = MaxFlow(G, s, t, c)        //求解图 G 中源点 s 与汇点 t 之间的最大流
6        EdgeConnectivity = min(cur, EdgeConnectivity)
7    return EdgeConnectivity
```

② 点连通度伪代码。

```
Input. 图 G(V,E)
Output. 点连通度
Method.
Vertex-connectivity(G)
1    VertexConnectivity = 0
2    g = BuildNewGraph(G)                //对图进行转化,将原图中一个节点变成两个节点
3    Vertex Connectivity = Edge-connectivity (g)
4    return VertexConnectivity
```

（3）复杂度分析。

时间复杂度：边连通度算法使用 $|V|-1$ 次最大流算法来解决（源点固定的情况下），由于每个网络的最大流量为 $|V|-1$，并且所有容量均为整数，Ford-Fulkerson 算法在时间 $O(|E|\times \text{opt})=O(|E|\times |V|)$ 内找到每个最大流量，因此总体运行时间为 $O(|E|\times |V|^2)$，遍历所有点对后，时间复杂度是 $O(|E|\times |V|^3)$。点连通度算法使用边连通算法实现，由于点连通度小于或等于边连通度，因此点连通度的时间复杂度也是 $O(|E|\times |V|^3)$。

空间复杂度：Ford-Fulkerson 算法需要记录增广路径，所以空间复杂度是 $O(|V|)$。

6.2.6 边不相交问题

1. 问题描述

对于具有源点 s 和汇点 t 的有向图 $G=(V,E)$，如果从源点 s 到汇点 t 的两条路径没有公共边，则这两条路径是边不相交的，如图 6-64 中的两条路径 $(s,2,3,7,t)$ 和 $(s,3,4,7,6,t)$。边不相交问题要找到边不相交路径的最大数量，这组路径不共享边，但是会共享节点。在通信领域，为了保证信号不中断，经常需要为业务准备工作路由和保护路由，要求工作路由和保护路由没有相交点，否则，相交点故障时，整个业务就会中断。边不相交问题可以用于解决通信网络中信号互不干扰的问题。

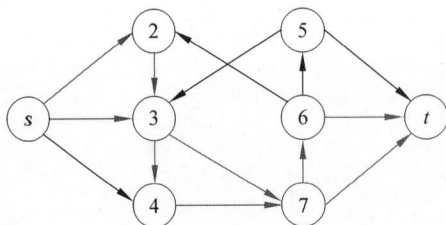

图 6-64　不相交的路径

2. 解决方法：最大流算法

（1）算法原理。

这个问题中源点和汇点是已知的，需要选择一些边构成不相交的路径。由于涉及边的选择，可以设定图中所有边的容量都为 1。下面的定理是求解该问题的关键，它说清楚了最大流与不相交路径数量之间的关系。

定理：如果边容量均为 1 的流图有 k 条从源点 s 到汇点 t 的互不相交的路径，当且仅当该流图的最大流是 k。

下面从两方面证明。

① 如果边容量均为 1 的流图有 k 条从源点 s 到汇点 t 的互不相交的路径，则该流图的最大流是 k。

证明：假设从源点 s 到汇点 t 有 k 条不相交的路径 $p_1,p_2,\cdots,p_k$。根据最大流的整数定理，如果边 e 出现在路径 p_i 中，则 $f(e)=1$，否则 $f(e)=0$。由于所有路径之间互不相交，所以流值就是 k。

如图 6-65 所示，该流图中有 2 条从源点 s 到汇点 t 的互不相交的路径 $p_1(s,2,3,7,t)$、$p_2(s,3,4,7,6,t)$，边 $(s,2)$ 出现在路径 p_1 上，所以流 $f(s,2)=1$。由于没有相交的边，每个节点中进入和流出的流都是 1，符合守恒定律。这时，从源点出发的流就正好就是路径的个数，即 2。

② 如果流图的最大流是 k，则有 k 条从源点 s 到汇点 t 的互不相交的路径。

证明：如果流图的最大流是 k，根据整数定理，每条边的流值不是 0 就是 1。假设从源点 s 出发的一条边 (s,v)，有 $f(s,v)=1$，根据守恒定律，必然存在一条边 (v,w)，使 $f(v,w)=1$；进一步地，从点 w 出发，必有一条新边 (w,u)，使 $f(w,u)=1$；如此继续下去，直至到达汇点 t。这样就得到了一条从源点 s 到汇点 t 的通路，流值为 1。重复这个过程，就可以得到 k 条边不相交的路径。为什么这些路径互不相交呢？因为每一次转发流量产生

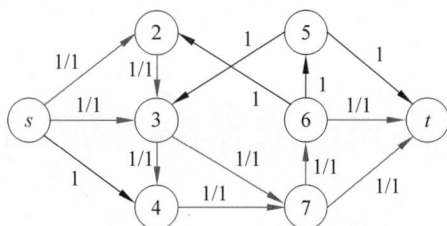

图 6-65　边不相交路径的流图

的边都是新边,例如(v,w)、(w,u),如果边出现重叠,就会出现(v,w_1)和(v,w_2)的情况,那么流入节点v的流值$f(s,v)$必然大于1,就与源点发出的流量为1矛盾了。

如图 6-65 所示,该流图的流值是2。从源点s出发的一条边$(s,2)$,有$f(s,2)=1$。根据守恒定律,该流必然经一条边从点2流出,这条边就是$(2,3)$,使$f(2,3)=1$。然后从点3出发,必然有一条新边$(3,7)$,使$f(3,7)=1$;如此继续下去,直至到达汇点t。这样就得到了一条从源点s到汇点t的通路,流值为1。下一次从源点s出发的一条边$(s,3)$,有$f(s,3)=1$,根据守恒定律,该流必然经一条边从点3流出,这条边就是$(3,4)$,使$f(3,4)=1$。注意,边$(3,4)$不会与上一个路径的边重叠,因为这条边需要把新流$f(s,3)=1$转出,如果它与前面路径中的边重叠,边的流就会超过1,这就和每条边容量为1的前提矛盾了。所以,边$(3,4)$一定不与前面路径重合,如此继续下去,直至到达汇点t。这样就又得到了一条从源点s到汇点t的通路,这条通路中所有边都与前面的通路不重合。重复这个过程,就可以得到k条边不相交的路径。

(2) 复杂度分析。

时间复杂度:由于不相交路径最多有$|E|$条,也就是最大流值为$|E|$,Ford-Fulkerson算法在时间$O(|E| \times \mathrm{opt})=O(|E| \times |E|)$内找到最大流量,因此总体运行时间为$O(|E|^2)$。

空间复杂度:Ford-Fulkerson算法需要记录增广路径,所以空间复杂度是$O(|V|)$。

6.2.7　环流问题

1. 问题描述

环流问题(Circulation Problem)是最大流问题的一个扩展版本,在环流问题中,每个节点不再满足流守恒,而是根据每个节点的情况增加流或是减少流,也可以是简单的转发。具体的问题描述为:在一个有向图$G=(V,E)$中,每条边具有$c(e)$的容量,每个节点具有一个需求$d(v)$,如果$d(v)>0$表示这个节点会吸收流,如果$d(v)<0$,表示这个节点会额外提供流,如果$d(v)=0$,表示这个节点仅仅转发。环流是这个有向图$G=(V,E)$的一个函数f,该函数满足以下两个条件。

① 对于每个边$e \in E$:$0 \leqslant f(e) \leqslant c(e)$;

② 对于每个节点$v \in V$:$\sum\limits_{e进入节点v} f(e) - \sum\limits_{e离开节点v} f(e) = d(v)$。

环流问题:给定有向图$G=(V,E,c,d)$,是否存在一个环流?

如图 6-66(a)所示,节点1的需求是-7,意味着它可以提供的流值为7;节点2的需求是8,意味着它可以吸收的流值为8;节点4的需求是0,这个节点只有转发能力,既不增加流,也不能吸收流。环流问题就是:在图 6-66(a)中,是否存在一个流,经过所有节点时满足各节点的需求。

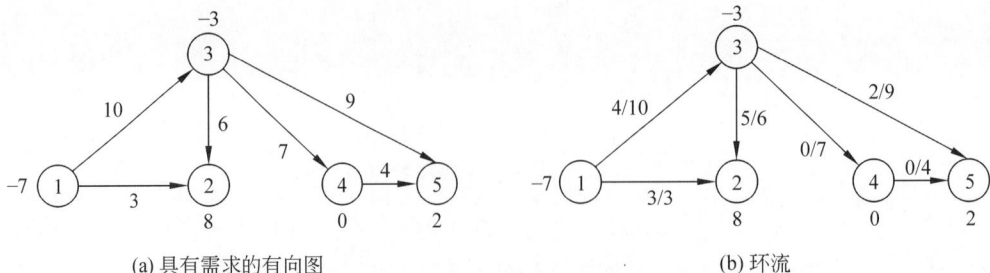

(a) 具有需求的有向图　　　　　　　　(b) 环流

图 6-66　具有需求的有向图及其环流

可以将环流问题理解为一股水流在图 G 中流动,如果流到节点 1,就会增加流值为 7 的流量,到了节点 2 就会减少流值为 8 的流量,图 6-66(b)就是图 6-66(a)的一个环流,以节点 1 为例,它发出的流量为 7,分成两部分流出,一部分流量为 4 到达节点 3,另一部分流量为 3 到达节点 2;在节点 3,流量又增加了 3,变成 7 的流量发出,一部分流量 2 到达节点 5,另一部分流量 5 到达节点 2;在节点 2,到达的流量全部被吸收,满足环流条件。节点 5 收到的流量为 2,满足了环流条件。环流问题就是要求出各条边上的流量,验证它们满足环流条件。

环流问题的必要条件是:所有节点提供的流之和等于所有节点吸收的流之和,即

$$\sum_{v:d(v)>0} d(v) = -\sum_{v:d(v)<0} d(v) := D$$

对于整图而言,流守恒是确定的,所有节点提供的流和吸收的流总和相等。例如图 6-66 中所有节点提供的流之和是 $7+3=10$,而吸收的流之和是 $8+2=10$,保持流守恒。

2. 解决方法:最大流

环流问题是最大流问题的扩充版本,如果 $D=0$,环流问题就演化成最大流问题。因此,可以利用最大流算法求解环流问题。先构造一个流网络,在图 G 中增加源点 s 和汇点 t,对于每个 $d(v)<0$ 的节点,增加一条具有 $-d(v)$ 容量的边 (s,v),对于每个 $d(v)>0$ 的节点,增加一条具有 $d(v)$ 容量的边 (v,t),这样就得到一个流图 G'。图 6-67 就是基于图 6-66 构造的流图,图中增加了源点 s 和汇点 t,由于节点 1 和节点 3 是提供流量的,因此增加了边 $(s,1)$ 和 $(s,3)$,边容量分别是 7 和 3;类似地,增加了到达汇点的边 $(2,t)$ 和 $(5,t)$。

推论:图 G 存在一个可行的环流当且仅当 G' 的最大流是 D。

从图 6-67 可以很明显地看出,从 G' 源点 s 出发的边的容量都是原图 G 中提供流的节点的需求 $-\sum_{v:d(v)<0} d(v) := D$,如果在这里放置一个割,它的容量就是 D,如果这个割是最小割,则 G' 的最大流是 D,此时,说明原图 G 存在一个可行的环流。对于图 6-67 而言,最小割是 10,所以环流就是 10。需要说明的是,如果这个割不是图中的最小割,那么原图 G 就不存在环流。删除 G' 中源点和汇点的边,得到的就是原图 G 中的环流。

3. 具有下界的环流问题

(1) 问题描述。

在一个有向图 $G=(V,E)$ 中,每条边具有 $c(e)$ 的容量,同时还有一个下界 $l(e)$,每个节点具有需求 $d(v)$。环流是这个有向图 $G=(V,E)$ 的一个函数 f,该函数满足:

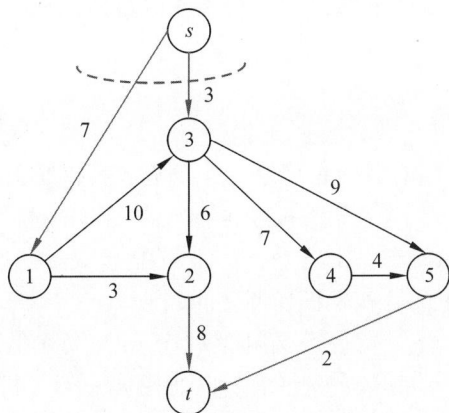

图 6-67　求解环流的流图

① 对于每个边 $e \in E$：$l(e) \leqslant f(e) \leqslant c(e)$；

② 对于每个节点 $v \in V$：$\sum\limits_{e进入节点v} f(e) - \sum\limits_{e离开节点v} f(e) = d(v)$。

具有下界的环流问题为：给定有向图 $G = (V, E, c, l, d)$，是否存在环流？可以看出，环流问题是具有下界的环流问题的特殊情况，当下界 $l(e) = 0$ 时，具有下界的环流问题就退化为环流问题。

（2）求解方法：转换。

具有下界的环流问题与普通的环流问题的区别在于，环流不但要小于容量，同时还要大于下界。以图 6-68(a) 为例，图 G 的节点 1 与节点 2 之间的容量是 9，流的下界是 2，也就是这条边的流量不能小于 2，即节点 1 至少要发出 2 的流量，而节点 2 至少要接收 2 的流量。那么就可以换个表达方式：节点 1 原来发出的流量 7 之中，其实只有 5 的流量是自由选择的，而节点 2 原来接收的流量 8，也只有 6 的自由选择流量，这样就可以把下界体现在两侧节点的需求量上，如图 6-68(b) 所示的图 G'，节点 1 的需求增加了 2，节点 2 的需求减少了 2，节点 1 和节点 2 之间容量从 9 转换为 7，因为这条边 2 的流量下界抵消了容量 2。

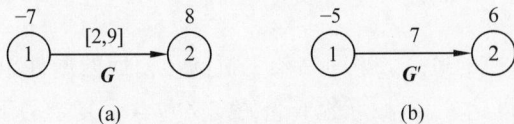

图 6-68　具有下界和容量的有向图

进一步地，如果在图 G' 中有一个 3 的环流，那么对应原图 G 中的环流就应该是 5，因为图 G' 中的环流已经抵消了下界，但到原图 G 中就要恢复下界。这样，有下界的环流问题就可以解决了。

（3）复杂度分析。

无论是环流问题还是具有下界的环流问题，核心都是图转换方法，图转换之后就可以用最大流算法求解。

时间复杂度：最大流 Ford-Fulkerson 算法在时间 $O(|E| \times |f^*|)$ 内找到最大流量，其中 $|f^*|$ 是最大流量。

空间复杂度：Ford-Fulkerson 算法需要记录增广路径，所以空间复杂度是 $O(|V|)$。

6.2.8 机场调度问题

1. 问题描述

如果你经常坐飞机的话，有没有留意到一个问题：某趟航班的飞机是不是只飞一条固定航线？事实上，为了节省成本，一架飞机经常飞行在不同航线之间，甚至可能在某个机场转场时捎带一些旅客。那么对于一个航空公司而言，需要飞行的航线是固定的，怎么用最少的飞机完成这些航线？这个问题就是机场调度问题。

把这个问题具体描述一下。假设需要调度 m 个航班，每个航班有始发地、目的地、始发时间、到达时间，对于航班 i 和航班 j，如果可以使用同一架飞机，需要满足下面两个条件之一。

① 航班 i 的目的地与航班 j 的始发地相同，且两个航班之间有足够的时间保证工作人员对飞机进行维护；

② 飞机从航班 i 的目的地飞到航班 j 的始发地，并保证工作人员有足够的时间进行维护。

条件①描述的是同一架飞机完成航班 i 后继续完成航班 j，如图 6-69(a)所示，S_i 表示始发地，T_i 表示目的地。条件②描述的是航班 i 的目的地与航班 j 的始发地不同，这时需要同一架飞机先到达航班 j 的始发地，如图 6-69(b)所示。两个条件的前提是这个飞机可以连续飞行航班 i 和航班 j。现在的问题是确定最少需要多少架飞机能满足航空公司所有航班的需求。

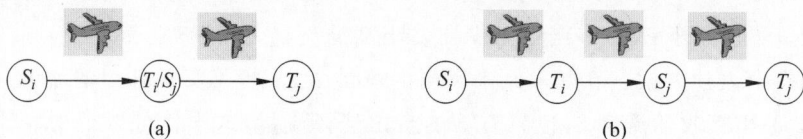

图 6-69　同一架飞机的航班情况

2. 解决方法：最大流

（1）算法原理。

先定义一个可达(i,j)的概念：当同一架飞机满足前面的条件①或条件②时，称为从航班 i 可达航班 j，表示为可达(i,j)。可达概念的定义包含了复杂的飞机维修时间，让整个问题变得更简单清晰。表 6-1 是六个航班的航班信息，根据条件①和条件②，航班 1 从波士顿出发，到达华盛顿后，可以继续从华盛顿出发到达洛杉矶，所以航班 1 和航班 3 构成一个可达$(1,3)$。根据可达构造一个航班图 G，图 G 中节点代表航班（注意不是目的地或是始发地），这样每个可达就表示为有向图 G 中的边，航班 1 和航班 3 的可达就构成一条边$(1,3)$；对于航班 2，从厄巴纳出发到达香槟市后，可以加一趟航班飞到拉斯维加斯，再开始航班 6，又得到一个可达$(2,6)$，对应图 G 中边$(2,6)$，如图 6-70 所示。表 6-1 中所有可达构成有向图 G，注意这里要求该图是无环图，因为一个可达(i,j)表示航班 i 后面接着飞航班 j，这就意味着不能有环。

表 6-1　航班表

序　　号	出发地(出发时刻)	目的地(到达时刻)
1	波士顿(6:00)	华盛顿(7:00)
2	厄巴纳(7:00)	香槟市(8:00)
3	华盛顿(8:00)	洛杉矶(11:00)
4	厄巴纳(11:00)	旧金山(14:00)
5	旧金山(14:15)	西雅图(15:15)
6	拉斯维加斯(17:00)	西雅图(18:00)

这个问题的求解需要把图 G 转换为流网络 H,在 H 中求环流。先构建一个流网络 H,将图 G 中每一个节点切分为 H 中的两个节点,例如,将 G 中节点 1 切分为 H 中两个节点 u_1 和 v_1,并且用从 u_1 到 v_1 的有向边连接,这个边的容量是 1,由于 u_1 和 v_1 是从 G 中一个节点切分出来的,两个节点要么同时出现,要么同时不出现,所以节点 u_1 到达节点 v_1 的流量下界是 1,也就是说如果有流量(代表航班已经飞行)则必须是 1,必须保证如果到达 u_1,则必然到达 v_1。

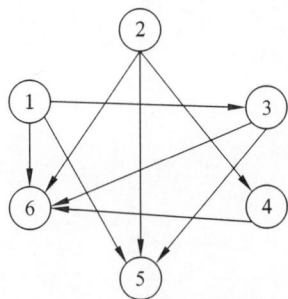

图 6-70　航班表对应的可达有向图 G

图 G 中所有节点切分为两个节点后,进一步地处理 G 中的边,由于 G 中边描述的是两个可达的航班,例如,节点 1 到节点 6 有一条边,就代表航班 1 结束后可以继续飞航班 6,而航班 1 对应 u_1 和 v_1,航班 6 对应 u_6 和 v_6,就在 H 中加一条从 v_1 到 u_6 的有向边,容量为 1,下界为 0,如图 6-71(a)所示。这里有两个问题:

① 为什么不是从 u_1 到 u_6(图 6-71(b))或是从 v_1 到 v_6(图 6-71(c))呢? 显然,如果是从 u_1 到 v_6,就无法达到 u_6,这和前面的要求(u_6 和 v_6 要么同时出现,要么同时不出现)矛盾;如果是从 v_1 到 v_6(图 6-71(c)),也无法达到 u_6,所以这两种连接都不合理;

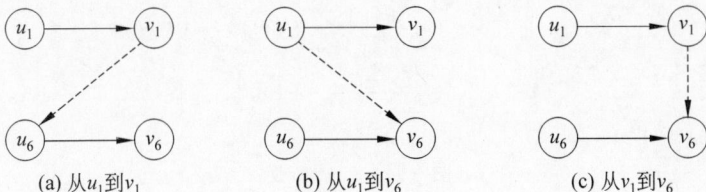

(a) 从 u_1 到 v_1　　　　(b) 从 u_1 到 v_6　　　　(c) 从 v_1 到 v_6

图 6-71　图 G 转换为图 H

② 为什么下界为 0? 下界为 0 表示这个流可以有,也可以没有,例如,飞完航班 1 后,可以不继续飞航班 6,这时这条边的流量就是 0。

通过上述转换过程,再添加源点 s 和汇点 t,从源点 s 到各 u_i 连接一条边,容量为 1。注意,这条边的流量没有下界,也就是流可以是 0,表示可以不从航班 i 始发,任何航班都可以做始发航班。各 v_i 到汇点 t 连接一条边,容量为 1,这条边的流量也没有下界,流也可以是 0,表示航班 i 可以不是结束航班,任何航班都可以是某天调度的最后一个航班。

在源点 s 设置需求 $d(s) = -k$，表示源点会发出 k 的流，也就是最多需要 k 架飞机完成所有航班；在汇点 t 设置需求 $d(t) = k$，表示汇点会接收 k 的流。为了计算环流，在源点 s 到汇点 t 之间连接一条有向边，容量是 k，这条边用来处理多余的航班。就得到了带有下界的流图 H，如图 6-72 所示。

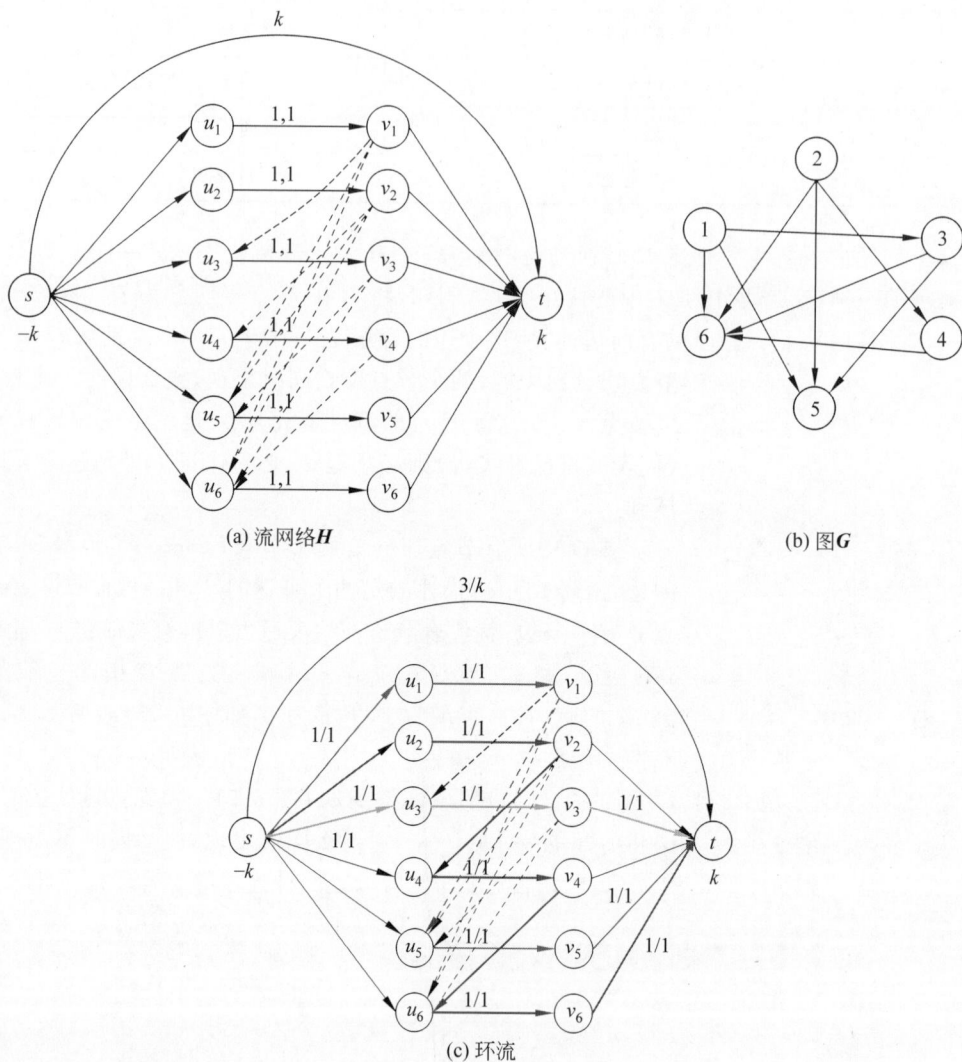

(a) 流网络 H

(b) 图 G

(c) 环流

图 6-72　流图转换

下面，在流网络 H 中求环流。源点 s 的需求 $d(s) = -k$，表示可以调动 k 架飞机，如果 k 的流能在图 H 中顺利流通，就说明 k 架飞机足以满足这些航班的调度。注意，在图 H 中，只有源点 s 和汇点 t 有需求，其他节点的需求都是 0，也就是这些节点只用于周转，不贡献新的流，也不损耗转发过来的流。例如，图 6-72 中一共有 $m = 6$ 个航班，如果假设 $k = 6$，而实际发现调度 3 架飞机就可以飞完所有航班，如图 6-72(c) 所示，此时边 (s, t) 的流量就是 $k - 3 = 3$，这个流量就分流了剩余的需求。在求环流的过程中，找到最小的 k 就是需要的最少的飞机数量。

（2）正确性分析。

引理：当且仅当流网络 H 中存在一个可行的环流时，就存在一种调度方案可以使用至多 k 架飞机执行所有航班飞行。

证明：

① 存在一种调度方案，可以使用 $k'(k'\leqslant k)$ 架飞机执行所有航班飞行⇒网络 H 中存在一个可行的环流：

假设有一种调度方案，可以使用 $k'(k'\leqslant k)$ 架飞行完成所有航班，可以调度一架飞机执行网络 H 中的一条路径 π，该路径从 s 开始，到 t 结束，在每个这样的路径上发送 1 的流量。这样调度 k' 架飞机后，把剩下的多余飞机从源点 s 到汇点 t 的边上发送出去，也就是这条边上有 $k-k'$ 的流量。由于这个调度方案是可行的，所有航段都可以飞行，也就是说，所有下界为 1 的那些航班都飞行了，其流量都是 1，满足了下界要求。因此，这个流符合图 H 中环流的要求，是一个可行的环流。

② 网络 H 中存在一个流量为 k' 的环流⇒存在一种调度方案可以使用 $k'(k'\leqslant k)$ 架飞机执行所有航班飞行：

假设 H 中有一个可行环流，这个环流满足每个节点的需求条件。假设在 s 和 t 之间发送 k' 的流量（这里先不考虑边 (s,t) 上的流量），考虑到 H 的所有边（除了边 (s,t)）的容量均为 1，根据完整性定理，所有的流都是整数，因此这些边的环流要么为零，要么为 1。找到从源点 s 到汇点 t 的一条路径，在这条路径中，必须经过边 (u_i,v_i)，如图 6-73(a) 所示，这里经过的是 (u_1,v_1)，而这条边的流下界是 1，就意味着航班 1 一定飞行了，然后通过其他航班（或是不通过其他航班）到达汇点 t，就意味着这趟飞机飞行完成。每找到一条路径，就删除这条路径中使用过的边，如图 6-73(b) 所示。这个过程类似在 k 不相交路径问题中的做法。重复这个过程 k' 次，就找到 k' 条边，由于每次的边都不重复，并且 H 是没有环的，这就意味着可以提取 k' 条路径，这些路径中的每一条都对应一架飞机，并且飞机的飞行时间是非重复的，这样，所有航段都可以被调度。

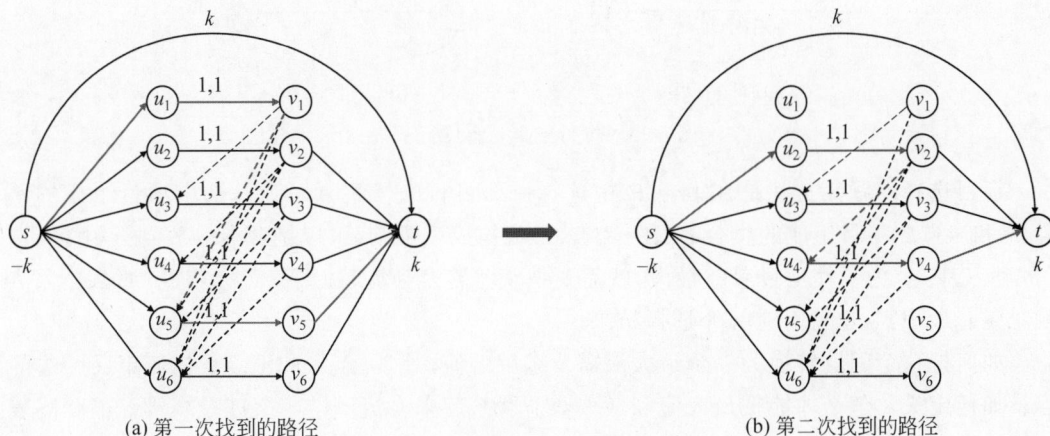

(a) 第一次找到的路径　　　　(b) 第二次找到的路径

图 6-73　环流与飞机调度的关系

6.2.9 项目选择问题

1. 问题描述

假设现在有一些项目,这些项目构成集合 P,P 中每个项目 v 都有相关的收益 P_v。注意,这些收益 P_v 有可能是正的(赚钱),也有可能是负的(赔钱)。

集合 P 中的项目 v 除了有收益 P_v 这个属性,还有一个先决条件:如果某个项目没有完成,另一个项目就做不了。例如,除非完成了加密软件项目,否则没有办法做电子商务项目。如果每个项目表示为节点,可以把这些先决条件表示为边集合 E。如果 $(v,w)\in E$,就说明如果不做项目 w,就做不了项目 v,所以加密软件项目是电子商务项目的先决条件。

一个项目子集 $A\subseteq P$ 是可行的,如果 A 中每个项目的先决条件也属于集合 A,则称子集 A 是可行的。也就是说,对于每个 $v\in A$,且 $(v,w)\in E$,则有 $w\in A$。项目选择问题(也称最大权重闭合问题)就是,如何在 P 中选择一个可行的子集 A,使得 A 中项目的收益达到最大化。

2. 解决方法:最大流

(1)算法原理。

把问题抽象成一个图,定义一个前驱图,每个项目是一个节点,如果项目 w 是项目 v 的先决条件,则有一条 v 到 w 的边(v,w)。图 6-74(a)中,子集 $A=\{v,w,x\}$ 是可行的,因为 w 是 v 的先决条件,属于集合 A,而 v 是 x 的先决条件,也属于 A,同时 x 也是 v 的先决条件,也属于 A。但是图 6-74(b)中,$A=\{x,v\}$ 是不可行的,因为 v 的先决条件 w 不属于 A 集合。

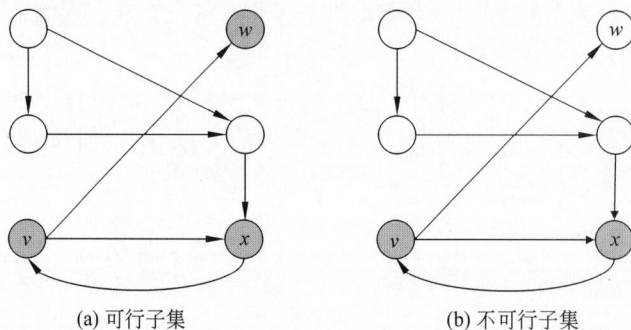

(a) 可行子集　　　　(b) 不可行子集

图 6-74　可行子集与不可行子集

项目选择问题其实就是在集合 P 中选择一个可行的子集 A,那么,选中项目组成的集合 A 和未选中项目组成的集合 $B(B=P-A)$ 就构成一个割(可以把源点 s 放到 A 中,汇点 t 放到 B 中)。为了使项目获益最大,就需要把获益转换为流,如果流对应获益,那么最大流就对应着最小割,也就对应一个选择结果。

如何把这个问题转换为一个最大流需要求解的流图?源点 s 和汇点 t 如何定义?边的容量如何定义?怎么才能把最大流和最大获益联系起来?流图的定义就是关键。前驱图表示项目的先决条件,因此要先保证满足这些条件。以图 6-75 为例,如果选择了节点 v,就一定要选中节点 w,怎么做到这一点?解决方案就是把它们之间的边容量设置为∞,也就意味着,如果选择了 v 而没有选择 w,边(v,w) 就是割边,此时割容量就会达到∞,不可能对应最小割,所以,一定会同时选择节点 v 和 w。

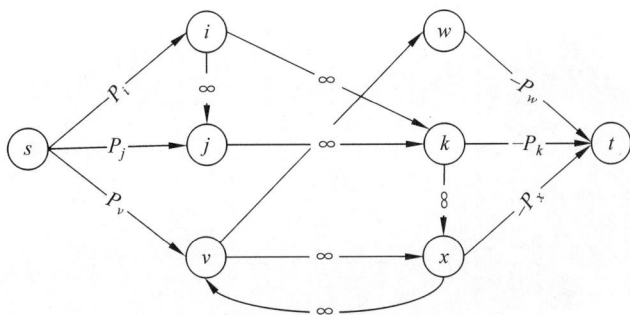

图 6-75　项目选择问题的流图

这样,通过容量设置就可以保证选择的集合是可行的。接下来需要保证选择的集合的获益最大,这就涉及源点 s 和汇点 t 与项目之间的连接。有的项目获益 $P_v > 0$,有的项目获益 $P_v < 0$,这就意味着最大获益一定来自 $P_v > 0$ 的项目,最大的流量也不可能超过所有 $P_v > 0$ 的获益之和。那么,一个自然的想法就是源点 s 只和正获益 $P_v > 0$ 的项目连接边 (s, v),这些边的容量就是正的获益 $P_v > 0$。但是,同时还要考虑到存在负增益 $P_v < 0$ 的项目,这些项目就自然和汇点 t 相连构成有向边 (v, t),这些边的容量是 $-P_v$,如图 6-75 所示。

在这个流图中确定最小割,就是确定把项目分成两个集合 (A, B) 后,这个割 $(A \cup \{s\}, B \cup \{t\})$ 的容量。如同前面解释的情况,如果 $A \cup \{s\}$ 与 $B \cup \{t\}$ 之间的边容量出现 ∞,这个割容量就会是 ∞,它一定不是最小割。所以最小割出现时,一定要避开这些 ∞ 容量的边,不要让这些边出现在 A 与 B 之间。如图 6-76(a) 所示,这个割不合理,因为这里没有项目节点;图 6-76(b) 也不合理,因为割容量达到了 ∞ (注意,从 v 到 w 的边容量是 ∞);图 6-76(c) 是可行的,$A = \{v, w, x\}$,这个割的容量为 $P_i + P_j - P_x - P_w$,是有限的,所以是可行的。这里解释一下,虽然从 i 到 k 的边容量是 ∞,但是这两个节点都属于集合 B,对割的容量也没有贡献。从 k 到 x 的边容量也是 ∞,但是 $k \in B, x \in A$,这个边的方向是从 B 到 A,对割的容量没有贡献。找到的最小割就是最大流的值,也就是可行解集合对应的最大获益。

(2) 正确性分析。

假设将项目集合分成两个集合 (A, B),其中 A 就是这里选择的子集合,这样,得到一个可行的割 $(A \cup \{s\}, B \cup \{t\})$。这个割中的边有两种类型,一种是从源点 s 发出,到达非 A 中节点的边,之所以到达非 A 中节点是因为割边横跨在两个集合 $(A \cup \{s\}, B \cup \{t\})$ 之间,这种边的容量是 $p_i > 0, i \notin A$;另一种是从 A 中节点发出,到达汇点 t 的边,这种边的容量是 $-p_i, p_i > 0, i \in A$。这个割 $\mathrm{Cap}(A \cup \{s\}, B \cup \{t\})$ 的容量为

$$
\begin{aligned}
\mathrm{Cap}(A \cup \{s\}, B \cup \{t\}) &= \sum_{i \notin A: P_i > 0} p_i + \sum_{i \in A: P_i < 0} -p_i \\
&= e - \sum_{i \in A: P_i > 0} p_i - \sum_{i \in A: P_i < 0} p_i \\
&= e - \sum_{i \in A} p_i \\
&= e - \text{获益}(A)
\end{aligned}
$$

其中,$e = \sum_{i: P_i > 0} p_i$,$\sum_{i \in A} P_i$ 就是项目集合 A(不含源点 s)的获益。这个获益最大时,就对应最

小的割容量，也就是最大流。

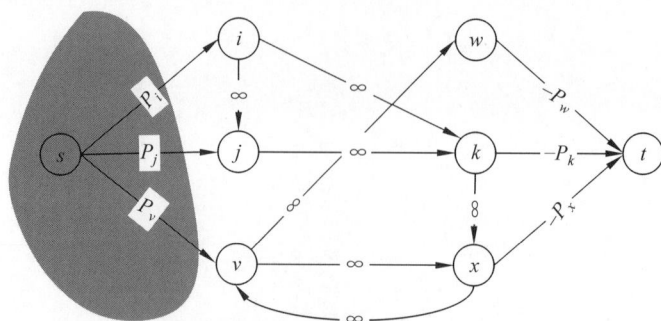

(a) 无效割

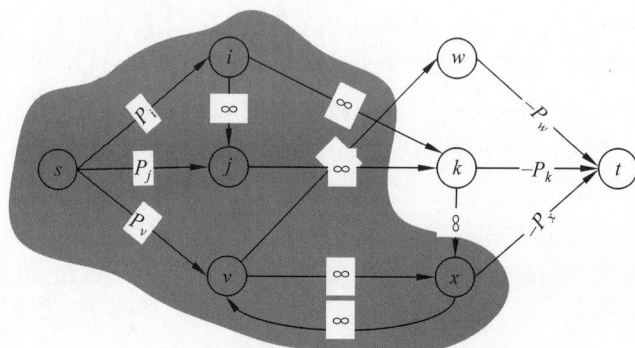

(b) 具有无限容量的割

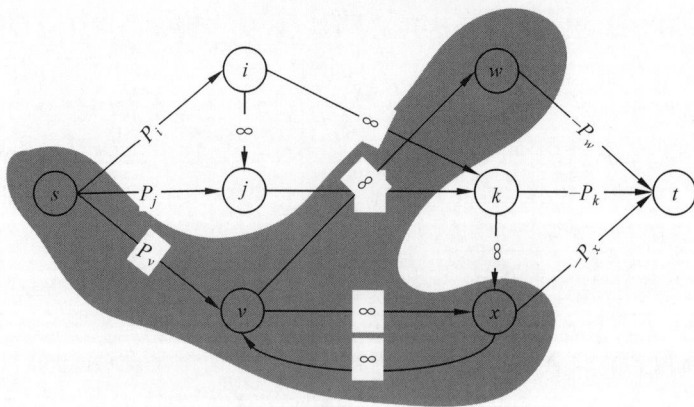

(c) 具有有限容量的割

图 6-76   流图的三个割

6.2.10   棒球比赛问题

1. 问题描述

在美国职业棒球的例行赛中，每个球队可能会和同一个对手打多场比赛。每个球队共要打 162 场比赛，所胜场数最多者为冠军；如果有并列第一的情况，则用加赛决出冠军。在比赛过程中，如果发现某支球队无论如何都已经不可能以第一名或者并列第一名的成绩结束比赛,那么这支球队就被提前淘汰了,但是这个球队还是会继续打完剩下的所有比赛。

1996 年 9 月 10 日,《旧金山纪事报》的体育版上登载了文章《巨人队正式告别 NL 西区比赛》,宣布了旧金山巨人队输掉比赛的消息。当时,圣地亚哥教士队凭借 80 场胜利暂列西区比赛第一,而旧金山巨人队只赢得了 59 场比赛,要想追上圣地亚哥教士队,至少还得再赢 21 场比赛才行。然而,根据赛程安排,巨人队只剩下 20 场比赛,因而彻底与冠军无缘。

有趣的是,报社可能没有发现,其实在两天以前,也就是 1996 年 9 月 8 日,巨人队就已经没有夺冠的可能了。那一天,圣地亚哥教士队还只有 78 场胜利,而洛杉矶道奇队也有 78 场胜利,两队暂时并列第一。此时的巨人队仍然是 59 场胜利,但还有 22 场比赛没打。因此,从理论上讲,巨人队似乎仍有夺冠的可能。然而,根据赛程安排,圣地亚哥教士队和洛杉矶道奇队互相之间还有 7 场比赛要打,其中必有一方会获得至少 4 场胜利,从而拿到 82 胜的总分;即使巨人队剩下的 22 场比赛全胜,也只能得到 81 胜。

从上面的例子中可以看出,提前发现并且证明一个球队已经不可能夺冠,有时并不是一件很容易的事。

表 6-2 是四个球队的比赛情况,w_i 是第 i 个队获胜的场次,l_i 是输掉的场次,r_i 是这个队伍的剩余比赛场次,r_{ij} 是在剩余的比赛中第 i 个队和第 j 个队对阵的场次。现在的问题是哪些球队有机会夺冠?从表 6-2 可以看出,球队 4 最多只能取得 80 场胜利,而球队 1 已经取得 83 场胜利,因此球队 4 被淘汰。球队 2 虽然可以赢 83 场,但仍然会被淘汰。如果球队 1 输掉一场比赛,那么其他球队就会赢一场。所以答案不仅取决于已经赢了多少场比赛,还取决于他们的对手是谁。

表 6-2　四个球队的比赛表

球队 i	获胜场次 w_i	输掉的场地 l_i	剩余比赛场次 r_i	对阵情况 r_{ij}			
				1	2	3	4
1	83	71	8	—	1	6	1
2	80	79	3	1	—	0	2
3	78	78	6	6	0	—	0
4	77	82	3	1	2	0	—

2. 解决方法:最大流

(1) 算法原理。

首先定义一些数学符号,描述一下棒球问题。假设每个球队是 $x_i \in X$,X 是球队集合,球队 x_i 获胜的场次是 w_i,与第 j 个球队还有 r_{ij} 场要打,把问题转换为"球队 x_i 在剩余比赛中是否可能取得最多的获胜次数(或并列最多)?"

利用最大流求解这个问题。以表 6-2 为例,$X = \{1, 2, 3, 4\}$,假设 $x_i = 3$,分析对球队 3 最有利的情况,即球队 3 能赢所有剩下的比赛。如果球队 3 在最有利的情况下都没办法夺冠,自然是会被淘汰的。那么怎么分析呢?如果球队 3 能把剩下的 6 场比赛全都赢下来,并且其他三个队在剩下比赛中全都输了,那么,球队 3 就有 84 场胜利,排名第一。但是,其他三个队不可能全输,因为它们之间互有比赛,必然有球队会获胜。但是只要这些球队的获胜场次不超过 84 场,仍然可以让球队 3 排在第一。

剩下的球队 1、2、4 要怎么保证获胜场次不超过 84 呢？这三个球队之间共有 4(1+1+2)
场比赛，在获胜场次不超过 84 的前提下，球队 1 最多可以获胜 1 场，球队 2 最多可以获胜 4
场，球队 4 最多可以获胜 7 场。只要这剩下的 4 场比赛使球队 1、2、4 所产生的胜局不超过
84 场，球队 3 就有希望排名第一(或是并列)。

那这种情况能满足吗？通过最大流来解决这个问题。先构造一个流图，如图 6-77 所
示，图中除了源点 s 和汇点 t，左侧节点表示互有比赛的球队，例如，节点 1-2 表示球队 1 和
球队 2 的比赛，右侧节点表示不考虑球队 3 的情况下剩余的球队 1、2、4。源点 s 到节点 1-2
的边容量是 1，表示球队 1 和球队 2 之间还有 1 场比赛；节点 1-2 与节点 1 之间的边容量是
∞，表示这两个球队之间的比赛必然和球队 1 有关，也和球队 2 有关，这些边容量都是∞。
节点 1 到汇点 t 之间的容量是 1，代表球队 1 最多只能再获胜 1 场。同理可得球队 2 和球队
4 与汇点连接的边容量。这样，流图就构造好了。

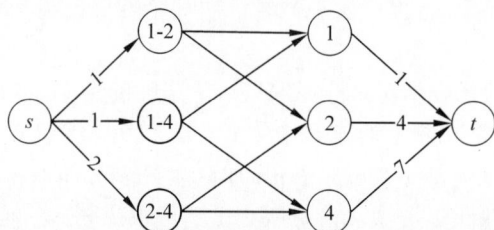

图 6-77　棒球问题构造的流图

现在要找一个分配方案，使流图中的流达到 4(剩余的所有场次数)。由于球队 1、2、4
的获胜次数被流图中各边的容量限制，保证不超过球队 3 的获胜场次的。只要能找到 4 的
流，就能保证所有比赛打完后，球队 3 排名第一；如果找不到达到 4 的流，就说明球队 3 没有
希望了。

从图 6-78 可以看出，最大流是可以达到的，也就是球队 3 是有希望夺冠的。对于其他
的球队 1、2、4，都可以用这种方法分析其是否存在夺冠可能。

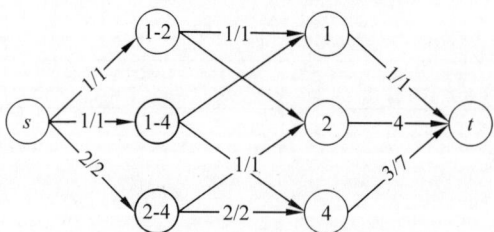

图 6-78　球队 3 获胜的方案

(2) 理论分析。

假设分析球队 x_i 获胜的可能，把其他所有球队放到子集合 $R \subseteq X$ 中。例如，分析球队
3，则 $R = \{1, 2, 4\}$。定义

$$w(R) = \sum_{i \in R} w_i, \quad r(R) = \frac{1}{2} \sum_{i, j \in R} r_{ij}$$

其中，$w(R)$ 表示其他球队已经获胜的场次之和，$r(R)$ 表示其他球队剩下的获胜场次之和，
例如，球队 1、2、4 剩下获胜的场次 $r(R) = (1+1+2+1+1+2)/2 = 4$。

如果满足

$$\frac{w(R)+r(R)}{|R|} > w_i + r_i$$

说明球队 x_i 没有希望获胜了。例如,表 6-2 的例子中,$w(R)=240$,$r(R)=4$,则

$$\frac{w(R)+r(R)}{|R|} = 81.3 < w_i + r_i = 78 + 6 = 84$$

球队 3 是有可能获胜的。$w(R)+r(R)/|R|$ 指其他球队平均每队可能获胜的平均值,按照抽屉原理,至少有一个队获胜的场次大于这个值,如果球队 x_i 全部获胜的场次 w_i+r_i 小于这个平均值,就必然不可能获胜了。

第7章 摊还分析

▌7.1 摊还分析与渐进分析

本书第 1 章介绍了渐进效率分析,它关注的是算法执行效率随着数据规模变化($n \rightarrow \infty$)的变化趋势,常用的效率符号包括 O、Ω、Θ,分别表示算法效率的上界、下界和同速的情况。渐进效率是算法效率分析中最常用的方法,但是在面对某些问题时,渐进效率会存在一些问题,下面看一个动态表的例子。

图 7-1 是一个动态表的生成过程,这里是将 $\{1,2,3,4,5,6,7,8\}$ 八个数字插入表中,当 1 插入之后,表容量仅仅是 1;当 2 插入时,表容量不足需要扩展,注意,扩展的大小和已有表容量相同,所以扩展了一个容量,然后把 2 插入;当 3 插入时,表容量不足又需要扩展,扩展了 2 个容量,然后把 3 和 4 分别插入;当 5 插入时,表容量不足需要扩展,又扩展了 4 个容量,这时就可以插入 5、6、7、8。

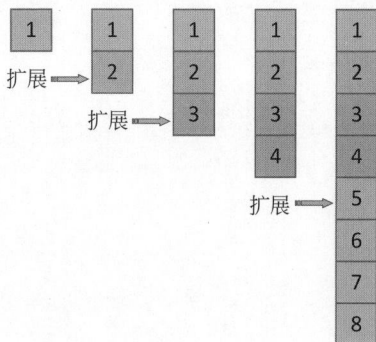

图 7-1 动态表的生成过程

这个过程就是动态表的生成过程。那么,这个生成效率如何估计呢?按照渐进效率估计,假设目前表容量是 n,新插入一个数据时有两种情况:①直接插入;②需要扩展表之后再插入,其中第二种情况因为需要扩展 n 个元素,效率就是 $O(n)$。这样,渐进效率考虑最差的插入情况。考虑到有 n 个元素插入,所以得到的动态表生成效率就是 $O(n^2)$。实际情况有这么差吗?下面详细分析一下每个元素插入的代价,如表 7-1 所示。

表 7-1 动态表插入元素的代价

i	1	2	3	4	5	6	7	8
插入代价	1	1	1	1	1	1	1	1
扩展表代价	0	1	2	0	4	0	0	0
总代价 c_i	1	2	3	1	5	1	1	1

以 8 个元素的插入为例,表 7-1 给出了各元素插入的代价,可以看到有的元素插入代价大,有的元素插入代价小。每个元素的插入代价可以表示为

$$c_i = \begin{cases} i, & i-1=2^k, k \in N \\ 1, & \text{其他} \end{cases} \tag{7-1}$$

则总代价是

$$\sum_{i=1}^{n} c_i \leqslant n + \sum_{k=0}^{\lfloor \log(n-1) \rfloor} 2^k \leqslant 3n = O(n) \tag{7-2}$$

可以看出,这样估计的代价更合理,也更准确。如果针对每次插入操作估计效率,就能看到平均每次插入操作的效率是 $O(n)/n = O(1)$,而不是渐进效率估计的效率 $O(n)$。这个示例就引出了摊还分析的初衷,它关注的是每个操作的平均代价。

摊还分析估计的是一个大数据集中所有操作的平均效率,关注的是操作;而渐进效率关注的是数据规模。如果有一个较长的工作序列,摊还分析可以给出每个操作的平均效率,即使这个过程中出现了个别效率极低的操作,摊还分析仍然可能认为平均代价并不高;而渐进效率会关注这些效率很低的处理,得到的效率可能会有比较大的误差。例如,动态表问题中,渐进效率关注了 $O(n)$ 的插入操作,而摊还分析估计的是平摊到每个操作的效率,得到的结论更有参考价值。如果在做一个可预见时间内完成的工作,平均操作的效率并不重要,这时摊还分析也就不重要。

摊还分析适用于分析一个算法中某些操作非常慢,但大多数其他操作都很更快的情况。在摊还分析中,分析操作序列并不关注某一个操作,可以保证平均操作时间低于某个低效的操作时间。摊还分析适用的数据结构包括哈希表、不相交集合和 Splay 树等。

摊还分析不涉及概率,要和平均运行时间区分开。平均运行时间是通过随机化来使其平均运行时间比最坏情况下的运行时间更快,这些算法一般采用随机分析的方法,例如随机快速排序、快速选择和散列表等。

摊还分析有三种常用的分析方法,分别是聚合方法(Aggregate)、核算法(Accounting)、势能法(Potential),下面分别用几个实例解释这三种方法的思想。先介绍栈操作和二进制计数两个实例,后面会涉及动态表、字典、2-3-4 树、笛卡儿树等问题。

7.1.1 栈操作

对于一个栈 S,可以把多个元素压栈或是弹栈,栈的初态为空,栈操作、含义及代价如表 7-2 所示。

表 7-2 栈操作、含义及代价

操 作	含 义	代 价
Push(S,x)	把元素 x 压入栈 S	$O(1)$
Pop(S)	从栈中弹出一个元素	$O(1)$
MultiPop(S,k)	从栈中连续弹出 k 个元素,如果没有 k 个元素,就清空栈	$O(\min(|S|,k))$

如果栈中元素为 n,栈操作中 MultiPop(S,k) 的代价可以达到 $O(n)$,按照渐进效率的估算方法,每个数据操作的效率就是 $O(n)$。

7.1.2 二进制计数

设计一个数组 $A[0,1,\cdots,k-1]$ 进行二进制计数,A 存储二进制数 $n(0 \leqslant n \leqslant 2^k - 1)$,其初值为 0,$A[i] = 0$,$0 \leqslant i \leqslant k-1$,$A$ 中可以进行的操作就是加 1,每次加 1 都会在 A 中产生 0/

1 的状态翻转,代价就是统计状态翻转的次数。表 7-3 给出了二进制计数的翻转情况,可以看出,有的翻转是 1 次,有的是 k 次,按照渐进效率的估计方法,每次计数操作的效率就是 $O(k)$。

表 7-3 二进制计数的翻转情况($k=3$)

x	$A[2]$	$A[1]$	$A[0]$	翻 转 次 数
0	0	0	0	0
1	0	0	1	1
2	0	1	0	2
3	0	1	1	1
4	1	0	0	3
5	1	0	1	1
6	1	1	0	2
7	1	1	1	1

7.2 聚合分析

n 个操作序列在最坏情况下消耗的总时间为 $T(n)$,聚合分析得到的摊还代价就是每个操作的平摊代价 $T(n)/n$。聚合分析的思想很直接:既然要把代价平摊到每个操作上,就把每个操作需要的代价累计起来,最后用累计结果平摊代价。

动态表的总代价计算就采用了聚合分析,然后均摊,就可以得到平摊代价,这就是聚合分析的过程。

7.2.1 栈操作

因为一个对象入栈后最多弹出一次,所以在栈 S 上调用的 Pop 次数(包括 MultiPop 中调用的 Pop 次数)最多等于 Push 次数。如果在栈 S 上操作 n 次,无论这些操作是弹栈还是压栈,操作的总时间 $T(n)=O(n)$,因此,三个操作的平摊代价就是 $O(n)/n=O(1)$。

从这个过程就可以看出,聚合分析就是把所有操作的代价累计起来,对于栈操作问题,虽然 MultiPop 的复杂度可以达到 $O(n)$,但是不可能所有的操作的复杂度都达到 $O(n)$。如果出现一个把所有对象都弹出的操作,那么就不会有其他的 Pop 操作了,所以累计的 Pop 操作不会超过 $O(n)$。虽然无法得到累计的操作次数,但是可以估计这个累计操作的上限,同样可以用于平摊代价。

7.2.2 二进制计数

假设当前已经累加了 n 次,可以统计一下 0/1 翻转的次数,通过表 7-3 可以看出,对于第 $i(i \leqslant \lfloor \log n \rfloor)$ 位,翻转次数是 $\lfloor n/2^i \rfloor$,例如,最低位 $i=0$,翻转 n 次,次低位 $i=1$,翻转 $\lfloor n/2 \rfloor$ 次;当 $i > \log n$ 时,这位的值是固定的,没有翻转。所以,总的翻转次数为

$$\sum_{i=0}^{\lfloor \log n \rfloor} \left\lfloor \frac{n}{2^i} \right\rfloor < n \sum_{i=0}^{\infty} \frac{1}{2^i} = 2n \tag{7-3}$$

得到所有翻转次数的上界后,就可以平摊到每个操作上,所以平摊代价是 $O(1)$。可以看出,虽然有的累加操作翻转次数达到 $O(k)$,但是也有某些操作翻转次数仅为 $O(1)$,平摊之后的代价仍然是 $O(1)$。

聚合分析法的优点是很直接,把所有操作的代价累计起来就可以得到结果,但是,这也限制了其应用范围,因为有很多算法的代价很难直接估计出来,累计代价难以估计,这时聚合分析就不适用了。

7.2.3 字典

字典是一种常用的数据结构,在字典中可以进行插入和查找操作。如何构建一个能快速进行插入和查找操作的字典呢?如果用排好序的线性表存储字典,可以利用折半查找,效率可以达到 $O(\log n)$,但是插入时需要遍历表,效率较低,只能达到 $O(n)$;如果采用链表存储字典,插入可以在常数时间内完成,但是查找效率较低,只能达到 $O(n)$。

下面介绍一种字典实现方法,可以使插入和查找的平摊代价都达到 $O(\log n)$。假设字典中第 i 项数组的大小是 2^i,每一项数组要么是空,要么是满的。如果是满的,这一项数组是排序好的,字典中不同项之间没有关系。根据字典中元素个数可以判断哪些项是满的,哪些项是空的。例如,字典中如果有 11 个元素,可知 $11=1+2+8$,也就是第 0、1、3 项数组是满的,第 2 项数组是空的,如表 7-4 所示。

表 7-4 字典存储

项	元　素	项	元　素
$A[0]$	$[5]$	$A[2]$	$[\ ]$
$A[1]$	$[4,8]$	$A[3]$	$[2,6,8,12,13,16,20,25]$

对于这样的字典结构,如果需要查找,可以在满的数组中进行折半查找,在最差的情况下总查找效率是 $O(\log n+\log n/2+\log n/4+\cdots+1)=O(\log^2 n)$,考虑到全部数组的个数是 $O(\log n)$,所以平摊到每个查询的效率就是 $O(\log n)$。

如果进行插入操作,可以模仿归并排序的思想处理。例如,如果要插入数字 10,先创建一个大小为 1 的数组 tmp,这个数组 tmp 中仅包含数字 10,然后检查 $A[0]$ 是否为空,如果 $A[0]$ 为空,就将 tmp 设为 $A[0]$;如果 $A[0]$ 不为空,就将数组 tmp 与 $A[0]$ 合并成一个新数组(注意保持有序),就得到 $[5,10]$ 这个新数组。然后再检查 $A[1]$ 是否为空,如果 $A[1]$ 为空,将新 tmp 设为 $A[1]$;如果 $A[1]$ 不为空,将新 tmp 与 $A[1]$ 合并成一个新数组,以此类推。因此,在上面的例子中插入 10 以后可以得到表 7-5。

表 7-5 字典插入

项	元　素	项	元　素
$A[0]$	$[\ ]$	$A[2]$	$[4,5,8,10]$
$A[1]$	$[\ ]$	$A[3]$	$[2,6,8,12,13,16,20,25]$

从上述插入操作的效率可以看到,合并两个大小为 m 的数组的代价是 $2m$,由于初始数组大小为 1,所以插入 10 的操作代价是 $1+2+4$。从字典的整体结构看,插入 $A[0]$ 的代价

是 1，插入 $A[1]$ 的代价是 2，插入 $A[2]$ 的代价是 4，所以总插入代价是 $O(\log n+\log n/2+\log n/4+\cdots+1)=O(\log^2 n)$，而插入的次数是 $O(\log n)$，所以每个插入的效率是 $O(\log n)$。

‖ 7.3 核算法

核算法的思想是为每个操作分配一个"费用"，用来支付一个操作的代价，但是每个操作的实际代价不同，这个"费用"是否够用，取决于操作的实际花销代价。如果操作的实际代价低于事先分配的"费用"，会把剩下的"费用"存起来，称为"存款"；如果操作的实际成本超过了事先分配的"费用"，可以利用"存款"来支付超出的"费用"。

举个例子解释一下核算法的思想方法。假设你正在读大学，每月你妈妈都会给你转生活费。你每个月的花销不固定，有时多、有时少，但是你妈妈并不清楚你每月的具体花销，她每月固定给你转 2000 元生活费。在某个月，你花费很少，只用了 1000 元，那剩下的 1000 元就被存起来；下一个月，你参加了很多活动，花了 2500 元，这样生活费是不够的，但是你还有存款用于支付本月费用。只要你每个月都不再问你妈妈要额外的生活费，对于你妈妈来讲，她就认为你的平摊生活费是 2000 元，这就是她对你生活花费的一个估计。那么问题来了，如果你妈妈每月给你 2 万元，也可以达到这个效果，那么 2000 元的生活费和 2 万元的生活费，对于你妈妈来讲，哪个更有参考价值？显然，2000 元更有意义。这就是核算法一个重要的思想：实现分配的"费用"要尽可能接近实际代价。

假设第 i 个操作的实际代价是 c_i，分配的费用（平摊费用）是 $\hat{c}_i$，分配费用必须满足：

$$\sum_{i=1}^{n}\hat{c}_i \geqslant \sum_{i=1}^{n}c_i \tag{7-4}$$

这个不等式表明，分配费用（平摊费用）之和是实际代价之和的上界。如果这个不等式不成立，就意味着在某个时刻，操作序列的累计分配费用不足以支付这些操作序列产生的所有代价，这种分配方式就是不可行的。

7.3.1 栈操作

对于栈操作问题，有三种不同操作，可以分别为这三种操作分配不同的平摊费用，如表 7-6 所示。

表 7-6 栈操作分配的平摊费用

操　　作	实　际　代　价	平　摊　费　用
Push	1	2
Pop	1	0
MultiPop	$Min(|s|,k)$	0

需要证明这个平摊费用是合理的，也就是平摊费用的累加是实际代价累加的上界。证明过程如下所示。

① Push：将一个元素压栈分配的平摊费用是 2，而这个操作本身的代价是 1，这样就剩余 1 的存款；

② Pop：将一个元素从栈中弹出，分配的平摊费用为 0。之所以没有费用，是利用了压栈的存款。只要有一个元素压栈，必然有 1 的存款，可以用于支付弹栈的费用，所以弹栈可以不再分配费用；

③ MultiPop：将多个元素从栈中弹出，分配的平摊费用为 0。之所以没有费用，也是利用压栈的存款，只要有一个元素压栈，必然有 1 的存款，可以用于支付一次弹栈的费用。如果能弹出多个元素，说明已经压入了多个元素，所以 MultiPop 也可以不再分配费用。

综合上述分析，可以得出结论：在任意情况下，栈中存款大于或等于 0，上述的平摊费用是正确的。

7.3.2　二进制计数

在二进制计数问题中，只有两个操作，一个是 0→1 的翻转，另一个是 1→0 的翻转，分别为这两个操作分配平摊费用，因为计数的初态是 0，所以第一个操作一定是 0→1 的翻转，为其分配 2 的费用。这个费用中，用于 0→1 的翻转本身的实际代价为 1；剩余 1 的存款，用于 1→0 的翻转，所以 1→0 的翻转分配就不用再分配费用。

上面的解释过程其实也证明了平摊费用的累加和是实际代价累加和的上界。后续不再赘述。

7.3.3　动态表

对于动态表，需要给每个操作事先分配多少费用呢？可以尝试几种策略。第一种策略给每个操作的费用是 1，表 7-7 给出了插入元素 1 的结果。可以看出，当第 1 个元素插入后，费用就不够了，所以该策略是不可行的；第二种策略给每个操作的费用是 2，表 7-8 给出了插入元素的结果，可以看出，当第 2 个元素插入后，费用就不够了，所以该策略也是不可行的；第三种策略给每个操作的费用是 3，表 7-9 给出了插入元素的结果，可以看出，每个元素插入后，存款都足以支付后面的操作费用，所以该策略是合理的。

表 7-7　平摊费用 $\hat{c}_i = 1$ 的情况

操作	动　态　表	费用 $\hat{c}_i$	实际代价 c_i	新增存款 ΔB	存款 B
插入 1	1	1	1	0	0
插入 2	1　2	1	2	−1	−1

表 7-8　平摊费用 $\hat{c}_i = 2$ 的情况

操作	动　态　表	费用 $\hat{c}_i$	实际代价 c_i	新增存款 ΔB	存款 B
插入 1	1	2	1	1	1
插入 2	1　2	2	3	−1	−1
插入 3	1　2　3	2	3	−1	0
插入 4	1　2　3　4	2	1	1	1
插入 5	1　2　3　4　5	2	5	−3	−2

表 7-9　平摊费用 $\hat{c}_i = 3$ 的情况

操作	动　态　表	费用 $\hat{c}_i$	实际代价 c_i	新增存款 ΔB	存款 B
插入 1	1	3	1	2	2
插入 2	1　2	3	2	1	3
插入 3	1　2　3	3	3	0	3
插入 4	1　2　3　4	3	1	2	5
插入 5	1　2　3　4　5	3	5	−2	3
插入 6	1　2　3　4　5　6	3	1	2	5
插入 7	1　2　3　4　5　6　7	3	1	2	7
插入 8	1　2　3　4　5　6　7　8	3	1	2	9

7.3.4　2-3-4 树

下面讨论 2-3-4 树中插入操作的核算法分析。2-3-4 树(也称为 2-4 树)是一种用于字典实现的自平衡数据结构。2-3-4 树的内部节点中,每个节点都包含排好顺序的一组键值,树中的每个节点都有两个、三个或四个子节点,如图 7-2 所示。

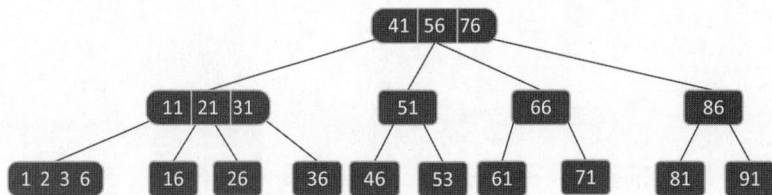

图 7-2　2-3-4 树中的节点

2-节点有一个键值,按照键值区间有两个子节点;

3-节点有两个键值,按照键值区间有三个子节点;

4-节点有三个键值,按照键值区间有四个子节点。

如图 7-2 所示,根节点有三个键值,可以产生四个区间,就对应了四个子树,其中最左边的子树节点的键值都小于或等于 41,第二棵子树节点的键值都大于 41,小于或等于 56,以此类推。

2-3-4 树是 4 阶 B 树,其中所有外部节点都处于相同的深度,它们可以在 $O(\log n)$ 时间内搜索、插入和删除。2-3-4 树与红黑树是同构的,它们是等价的数据结构。2-3-4 树上的插入和删除操作导致节点扩展、分裂和合并,相当于红黑树中的颜色翻转和旋转。2-3-4 树在概念上更简单,但是在大多数编程语言中都很难实现,而红黑树更容易实现。

2-3-4 树是有序的,每个元素都大于或等于它左边的和它的左子树中的任何其他元素,这类似二叉树中,所有关键字值比某个节点值小的节点都在这个节点的左子节点为根的子树上;所有关键字值比某个节点值大的节点都在这个节点的右子节点为根的子树上。

如果要在 2-3-4 树中插入一个新键值,就增加一个新叶子节点,并把这个键值添加到该叶子的父节点 v 中。如果父节点没有出现五个子节点,就没有问题。如果内部节点的子节点少于四个,称其为非饱和节点。但是,如果插入新叶子节点出现了五个子节点,就需要分情况处理。

情况 1:("轻"插入)节点 v 有五个子节点,并且在其左侧或右侧有一个非饱和的兄弟节点,这时将 v 的一个子节点从 v 移至其兄弟节点处,如图 7-3 所示。

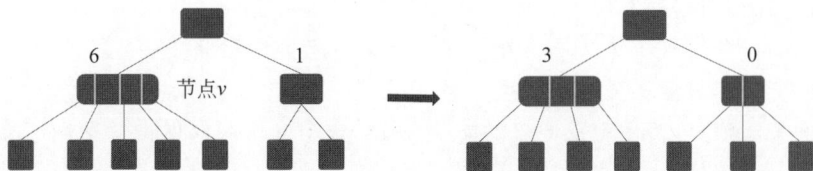

图 7-3　"轻"插入

情况 2:("重"插入)节点 v 有五个子节点,但是没有非饱和兄弟节点。这时,将节点 v 拆分为两个节点,并递归查找节点 v 的父节点,如图 7-4 所示,如果节点 v 没有父节点,则创建一个新的根节点,其子节点就是从节点 v 分裂出的两个节点。

图 7-4　"重"插入

删除一个键值的情况与插入类似,如果子节点超过两个,就直接删掉("轻"删除);如果节点 v 只有一个子节点("重"删除),这时有两种处理方式,一种是节点 v 从兄弟节点处收养一个节点(图 7-5),另一种是节点 v 与兄弟节点合并(图 7-6),如果是后面这种情况,节点 v 的父节点就会少一个子节点。经过上述处理后再删除键值。

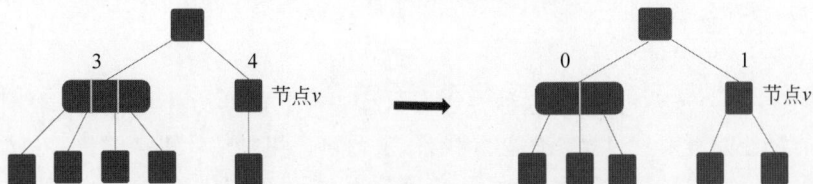

图 7-5　删除节点 v 的子节点,节点 v 从兄弟节点收养一个子节点

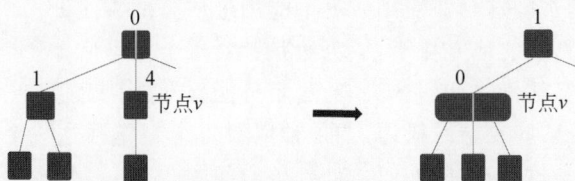

图 7-6　删除节点 v 的子节点,节点 v 与兄弟节点合并

插入新键值的最坏情况发生在所有内部节点都饱和的情况下,这时,插入操作会触发对数级别的节点切分。而删除操作的最坏情况是所有内部节点都只有两个子节点,删除操作也会引发对数级别的节点合并。尽管如此,仍然可以证明在平摊意义上,每次插入操作和删

除操作最多也只有常数次分裂和合并操作次数。

　　使用核算法来分析分裂和合并的平摊代价。在每个内部节点中都存储费用,费用最低的内部节点是 3-节点,因为这种节点在两个分裂和合并上都不需要额外操作,比较灵活,不需要费用。但是,所有其他节点(2-节点、4-节点)都会被给予一定数量的资金,以支付未来由分裂和合并操作引起的费用。

　　具体地,在每个具有 1、2、3、4、5 个子节点的内部节点中存储费用 4、1、0、3、6。如图 7-5 所示,其中收养操作只会将费用从节点 v 转移到其兄弟节点上,节点 v 收养了一个子节点后,就有了两个子节点,费用就从原来的 4 变成 1。这个操作可以保持总费用不变或是总费用降低,这都是比较好的情况。对于节点分裂操作,如图 7-4 所示,分裂后,一个节点变成两个节点,费用从一个节点 v 的 6 变成两个节点各自的 0 和 1,所以从节点 v 中释放了费用 5,同时在父节点上最多花费 3(父节点变成 5 个子节点,费用最多是 6),这样剩下的费用 2 可以用于支付分裂操作的代价。类似地,删除产生的合并操作,从受影响的两个节点中一共释放了费用 5,同时在父节点上最多花费 3(父节点最多产生 4 个子节点,费用是 3),如图 7-6 所示,也是够支付多余的操作代价的。

　　基于前面的分析,可以给插入操作投入初始资金最多为 3,用于创建新叶子节点。类似地,删除操作投入的初始资金最多也为 3,用于销毁叶子节点。如果对每次分裂和合并操作都收取费用 2,那么总存款资金足以支付费用。这意味着对于 n 次插入和删除,总投入的费用最多是 $3n$,而分裂和合并操作的费用是 2,所以最多得到总共 $3n/2$ 次分裂和合并操作。换句话说,平摊后的分裂和合并操作代价最多为 3/2。

　　核算法与聚合方法不同的地方在于,聚合法始终以相同的方式处理每个操作,每个操作平摊代价是相同的,不能为操作序列中的多种类型的操作给出不同的平摊代价。而核算法可以很容易地应用于多种不同类型的操作,为每种不同操作分配不同的平摊代价,这样有利于描述不同操作的代价差异。

7.4　势能法

　　势能法是一种摊还分析方法,这种方法根据算法或数据结构的当前状态估计一个势函数,通过势能释放能量来支付操作的实际代价,从而可以用来估计平摊代价。势能可以理解为核算法中的存款,如果势能增大,就意味着存款增多,可以支付更多代价高的操作;如果势能减小,就意味着存款减小,支付能力下降。与核算法类似,任何时候,势能不能小于 0,也就是存款不能是负数,否则这个势能函数就不能用来估算平摊代价。

　　势能法不同于核算法的地方在于,核算法是针对每个操作估算一个平摊代价,而势能法是针对问题目前的状态整体估计一个势能,这个势能并不是针对某个操作本身,而是对问题整体状态的描述,对于某些复杂的操作,如果难以对每个操作预估一个费用时,势能法的优势就体现出来了。但是,这个势能如何估计是核心问题。

　　如果用 S 表示问题的状态,势能法就用一个函数 $\Phi(S)$ 来表示目前还没有完成的状态具备的势能,$\Phi(S)$ 可以理解为一个问题的状态在无序程度与理想状态之间的分离度,其初始状态为 0。势函数定义满足下面两个条件:

　　① $\Phi(S_0)=0$,其中 S_0 是数据结构的初态;

② 对于每次操作后出现的任何数据结构状态 S_t，满足 $\Phi(S_t) \geqslant 0$。

第 i 个操作使数据结构的状态从 S_{i-1} 变到 S_i，势能法定义第 i 个操作的平摊代价为

$$\hat{c}_i = c_i + \Phi(S_i) - \Phi(S_{i-1}) \tag{7-5}$$

其中，c_i 是第 i 个操作的实际代价，$\Phi(S_i) - \Phi(S_{i-1})$ 表示状态变化前后的势能差。每个操作的平摊代价有三种情况。

① $\Phi(S_i) - \Phi(S_{i-1}) > 0$：势能上升，平摊代价大于实际代价，$\hat{c}_i > c_i$，这时实际情况是产生了更多的存款；

② $\Phi(S_i) - \Phi(S_{i-1}) < 0$：势能下降，平摊代价小于实际代价，$\hat{c}_i < c_i$，这时实际情况是存款减少；

③ $\Phi(S_i) - \Phi(S_{i-1}) = 0$：势能不变，平摊代价就是实际代价，$\hat{c}_i = c_i$，这时存款没有增加也没有减少。

类似核算法的思想，任何时刻的总平摊代价要求是实际代价的上界。

$$\begin{aligned}
\sum_{i=1}^{n} \hat{c}_i &= \sum_{i=1}^{n} c_i + \Phi(S_i) - \Phi(S_{i-1}) \\
&= \sum_{i=1}^{n} c_i + \Phi(S_n) - \Phi(S_0) \\
&= \sum_{i=1}^{n} c_i + \Phi(S_n) \geqslant \sum_{i=1}^{n} c_i
\end{aligned} \tag{7-6}$$

可以看出，只要势能函数满足前面的两个条件，就可以定义平摊代价。

7.4.1　栈操作

对于栈操作，可以定义势函数 $\Phi(S_t)$ 是当前栈中元素个数，由于元素个数大于或等于 0，所以 $\Phi(S_t) \geqslant 0$，初始栈为空，$\Phi(S_0) = 0$。这样就保证了 n 个操作的总平摊代价是总的实际代价的一个上界。

对于每个不同操作，分析一下各自的平摊代价。

① Push：由于压栈操作会使栈中多出一个元素，所以势能增长 1 个单位，$\Phi(S_i) - \Phi(S_{i-1}) = 1$，摊还代价为

$$\begin{aligned}
\hat{c}_i &= c_i + \Phi(S_i) - \Phi(S_{i-1}) \\
&= 1 + 1 = 2
\end{aligned}$$

② Pop：由于弹栈操作会使栈中少一个元素，所以势能减小 1 个单位，$\Phi(S_i) - \Phi(S_{i-1}) = -1$，摊还代价为

$$\begin{aligned}
\hat{c}_i &= c_i + \Phi(S_i) - \Phi(S_{i-1}) \\
&= c_i - 1 = 0
\end{aligned}$$

③ MultiPop(S, k)：从栈里弹出元素个数 $k' = \min(|S|, k)$，所以 $\Phi(S_i) - \Phi(S_{i-1}) = -k'$，摊还代价为

$$\begin{aligned}
\hat{c}_i &= c_i + \Phi(S_i) - \Phi(S_{i-1}) \\
&= \min(|S|, k) - \min(|S|, k) = 0
\end{aligned}$$

7.4.2 二进制计数

对于二进制计数问题,可以定义势函数 Φ 为:第 i 次加 1 操作后,计数器中 1 的个数 b_i。由于二进制计数器的初值为 0,所以 $\Phi(S_0)=0$,任意时刻计数器中 1 的个数都大于或等于 0,所以满足 $\Phi(S_t) \geqslant 0$。

假设第 i 次计数操作可以将 t_i 位置 0,也就是一共有 t_i 位从 1 翻转为 0,如图 7-7 所示,本次计数有两个位置 0,同时产生一位进位,也就是 0 到 1 的翻转,那么这个加一操作的实际代价为 $c_i(c_i \leqslant t_i+1)$,其中 t_i 是 1 翻转到 0 的个数,后面的 1 是从 0 到 1 的进位个数。需要解释一下,对于计数操作,从 0 到 1 的翻转次数最多为 1,如图 7-7(b)所示。

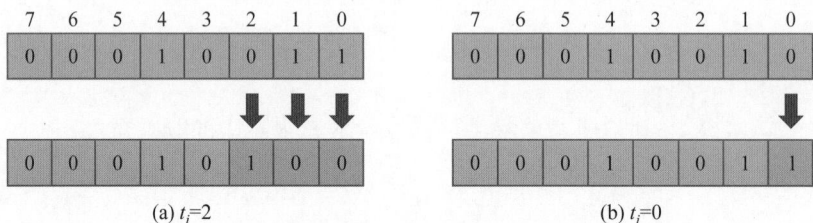

7	6	5	4	3	2	1	0
0	0	0	1	0	0	1	1

| 0 | 0 | 0 | 1 | 0 | 1 | 0 | 0 |

(a) $t_i=2$

7	6	5	4	3	2	1	0
0	0	0	1	0	0	1	0

| 0 | 0 | 0 | 1 | 0 | 0 | 1 | 1 |

(b) $t_i=0$

图 7-7　计数器状态变化

加一操作的实际代价为什么不正好是 t_i+1 而是小于或等于 t_i+1 呢?主要是考虑到溢出的情况,如果计数器所有位都是 1,加一操作会产生溢出,这时就没有进位操作了,只剩下 1 到 0 的翻转次数 t_i。

假设第 $i-1$ 次计数操作后,计数器中 1 的数目为 b_{i-1},而第 i 次计数操作后,计数器中 1 的数目为 b_i,两次操作前后的势差为

$$\Phi(S_i)-\Phi(S_{i-1})=b_i-b_{i-1}$$

下面分两种情况分析势差。

① $b_i=0$,这种情况比较特殊,如图 7-8 所示,就是计数器中全部都是 1,经过加一操作后全部置零,此时 $b_i-b_{i-1}=-t_i$;

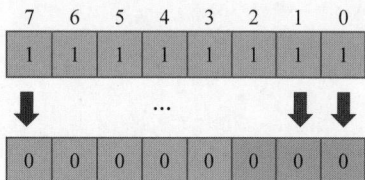

7	6	5	4	3	2	1	0
1	1	1	1	1	1	1	1

| 0 | 0 | 0 | 0 | 0 | 0 | 0 | 0 |

图 7-8　特殊的溢出情况

② $b_i>0$,这种情况比较常见,第 i 次加一操作将 t_i 位置 0,同时有一位从 0 翻转为 1。

综合上面两种情况可以得出结论:

$$b_i \leqslant b_{i-1}-t_i+1$$

势差为

$$\Phi(S_i)-\Phi(S_{i-1})=b_i-b_{i-1} \leqslant 1-t_i$$

平摊代价为

$$\begin{aligned}
\hat{c}_i &= c_i+\Phi(S_i)-\Phi(S_{i-1}) \\
&\leqslant c_i+1-t_i \\
&\leqslant t_i+1+1-t_i \\
&= 2
\end{aligned}$$

这个例子中,并不知道各个操作的实际代价,而是估计了一个实际代价的上界,通过势函数可以估计平摊代价的上界,仍然可以估计出平摊到每个操作上的代价。

7.4.3　动态表

对于动态表问题,可以定义动态表第 i 次插入元素后的势函数为

$$\Phi(S_i) = 2i - 2^{\lceil \log i \rceil}$$

例如,在图 7-9 中,插入 6 个元素的动态表的势能 $\Phi(S_6) = 2 \times 6 - 2^{\lceil \log 6 \rceil} = 4$。如果假设 $i = 0$ 时,$2^{\lceil \log i \rceil} = 0$,很显然满足以下两个条件:

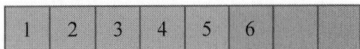

| 1 | 2 | 3 | 4 | 5 | 6 | | |

图 7-9　动态表插入 6 个元素的状态

① $\Phi(S_0) = 0$;

② $\Phi(S_i) \geqslant 0, \forall i$。

每次加入元素的平摊代价为

$$
\begin{aligned}
\hat{c}_i &= c_i + \Phi(S_i) - \Phi(S_{i-1}) \\
&= c_i + (2i - 2^{\lceil \log i \rceil}) - (2(i-1) - 2^{\lceil \log(i-1) \rceil}) \\
&= c_i + 2 - 2^{\lceil \log i \rceil} + 2^{\lceil \log(i-1) \rceil}
\end{aligned}
$$

因为

$$
c_i = \begin{cases} i, & i - 1 = 2^k, k \in N \\ 1, & \text{其他} \end{cases}
$$

所以

$$
\begin{aligned}
\hat{c}_i &= \begin{cases} i + 2 - 2^{\lceil \log i \rceil} + 2^{\lceil \log(i-1) \rceil}, & i - 1 = 2^k, k \in N \\ 1 + 2 - 2^{\lceil \log i \rceil} + 2^{\lceil \log(i-1) \rceil}, & \text{其他} \end{cases} \\
&= \begin{cases} i + 2 - 2(i-1) + (i-1), & i - 1 = 2^k, k \in N \\ 1 + 2, & \text{其他} \quad \lceil \log i \rceil = \lceil \log(i-1) \rceil \end{cases} \\
&= \begin{cases} 3, & i - 1 = 2^k, k \in N \\ 3, & \text{其他} \end{cases}
\end{aligned}
$$

从这个平摊代价可以看出,利用势能法分析得到的平摊代价也是 3,与核算法一致。

7.4.4　2-3-4 树

下面分别单独讨论 2-3-4 树仅有插入、仅有删除、插入与删除交替三种情况下分裂和合并操作的势函数定义。

(1) 仅有插入。

定义 2-3-4 树中的势函数 Φ 为 4-节点的个数。

① "轻"插入:不需要节点分裂,但是有可能引入一个新的 4-节点,导致势能增加 1 个单位,因为一个操作最多产生一个势能 1 的增加,所以平摊代价是 1。

② "重"插入:如图 7-10 所示,插入元素是 6,导致可能出现 5 个子节点,需要对其父节点进行分裂,这个分裂会导致随后的 2 个 4-节点分裂,分裂结果如图 7-10(c)所示。此时,势能减小 2 个单位,但是又进行了 2 次分裂,所以平摊代价仍是 $O(1)$。重插入会引起 k 个 4-节点分裂,导致 4-节点个数减少,势能减小 k 个单位,所以平摊代价仍是 $O(1)$。

(2) 仅有删除。

先定义一个"微三角形"的概念:将具有两个子节点的 2-节点称为一个"微三角形"。定义势函数 Φ 为 2-3-4 树中 2-节点的个数。

①"轻"删除：可能会引入两个微三角形，一个在删除的节点处，另一个在它的父节点处，势能增加2，平摊代价为$O(1)$；

②"重"删除：将合并k个微三角形，并将势能减少k，平摊代价为$O(1)$。如图7-11所示，如果删除左侧虚框元素，就会产生"重"删除，"重"删除仅发生在一个节点有两个子节点，而每个子节点仅有一个键值的情况下。

（3）插入与删除交替。

这种情况比较复杂，并不能简单地把前两种情况合并起来。给树中每个4-节点两种不同的代价作为势函数：插入的最大代价和未来可能的删除的最大代价。图7-12示意了两种势函数的情况。

$$\Phi = 2 \times (4 - 节点个数) + 微三角形个数$$

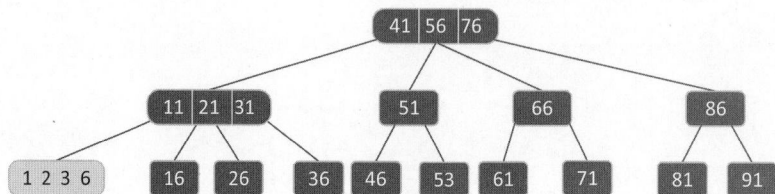

(a) 插入元素6

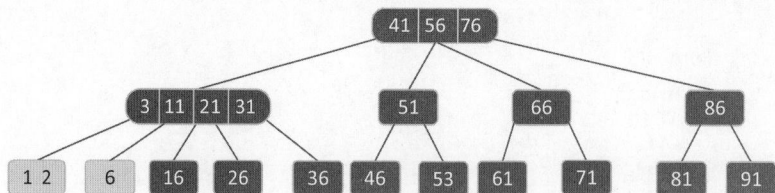

(b) 第一次调整，元素3放到父节点，分裂出两个子节点{1,2}和{6}

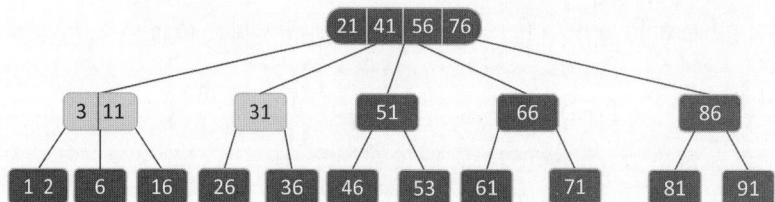

(c) 第二次调整，元素21放到父节点，分裂出两个节点{3,11}和{31}

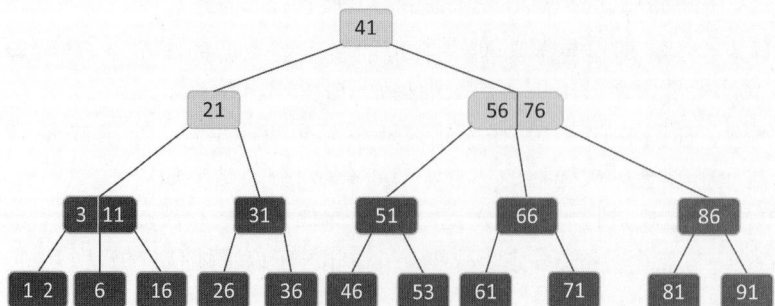

(d) 第三次调整，41放到父节点，分裂出两个节点{21}和{56,76}

图7-10　重插入

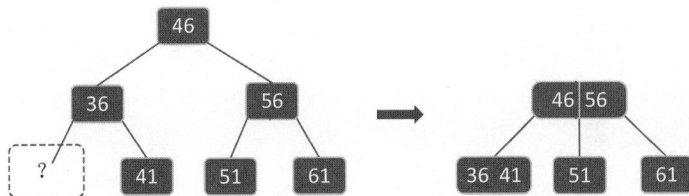
图 7-11 "重"删除

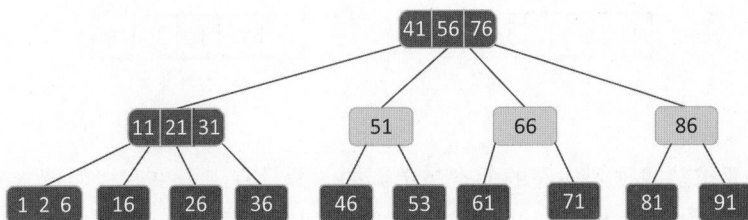
(a) 有3个4-节点，3个微三角形，$\Phi=2\times(4-节点个数)+微三角形个数=9$

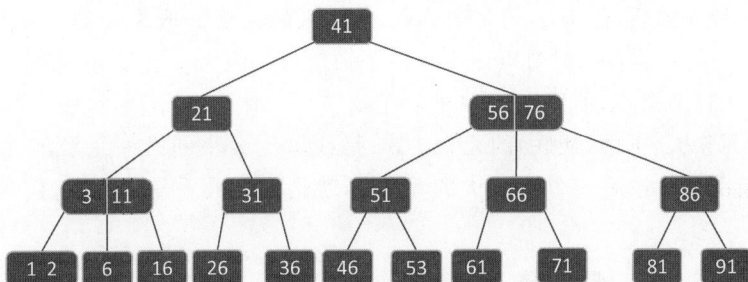
(b) 有5个微三角形，$\Phi=2\times(4-节点个数)+微三角形个数=5$

图 7-12 势函数

7.4.5 笛卡儿树

笛卡儿树（Cartesian Tree）是从一个数字序列派生出来的二叉树。笛卡儿树的根节点是序列中的最小数字，根的左子树是这个最小数在原序列中左侧子序列构成的笛卡儿树，右子树是这个最小数右侧子序列构成的笛卡儿树。图 7-13 是两个笛卡儿树的例子，这棵树中存储的是元素下标，第一棵笛卡儿树基于的数字序列中 10 最小，所以根节点存储其下标 2，10 左侧的子序列是 20、30，其中 20 最小，20 就是左子树的根，20 的右侧是 30，所以 30 是 20 的右子树，如图 7-13（a）所示；10 的右侧是类似的处理方式。第二棵笛卡儿树基于的数字序列中 5 最小，所以根节点是其下标，由于所有数字在 5 的左侧，所以笛卡儿树只有左子树，如图 7-13（b）所示。注意，最后构造的笛卡儿树的节点存储的下标是有规律的，符合最小堆的性质：左子树的键值都小于根节点，右子树的键值都大于根节点。

笛卡儿树是唯一一个可以通过对称（中序）遍历返回原始序列的最小堆。笛卡儿树可以用于二分搜索问题，当输入序列排好序之后，也可以用于比较排序算法，同时也是模式匹配算法的基础。

摊还分析证明了：可以在线性时间内构造序列的笛卡儿树。

笛卡儿树的构造需要利用单调栈（Monotone Stack）的数据结构。单调栈是在栈的"先进

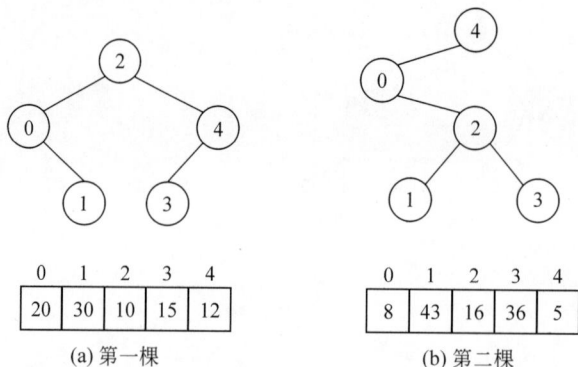

图 7-13　笛卡儿树

后出"基础上,要求从栈顶到栈底的元素是单调的。假设有一个单调栈如图 7-14 所示,栈中元素要求自上而下(栈顶)而下(栈底)、从大到小单调排列。下面遍历数组中的元素,构造笛卡儿树。在构造的过程中,遵循一个原则:当加入一个新元素 x 时,将栈中自上而下第一个比它小的元素 y(如果有的话)作为 x 的父亲节点,使加入的元素 x 成为它父亲节点 y 的右子树节点。为什么 x 是 y 的右子树节点而不是左子树节点?因为 y 比 x 小,笛卡儿树要求树中任何根比其右子树节点小,所以 x 是 y 的右子树节点。注意,这里用的栈是单调栈,也就是上面(栈顶)的元素大,下面(栈底)的元素小,y 是栈里比 x 小的第一元素,后面的元素都小于 x;另一种情况是找最后一个比 x 大的元素 z,就是栈中最后一个元素,作为 x 的左子树节点。

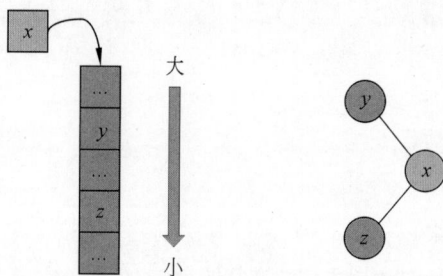

图 7-14　单调栈

图 7-15 给出了一个笛卡儿树的构造过程。

第一个元素 271:入栈;

第二个元素 137:在栈中查找比 137 小的第一个元素,没有找到,接着找最后一个比 137 大的元素,就是 271,所以 271 弹栈,137 入栈,271 成为 137 的左子树节点;

第三个元素 159:在栈中查找比 159 小的第一个元素,就是 137,159 入栈,159 成为 137 的右子树节点;

第四个元素 314:在栈中查找比 314 小的第一个元素,就是 159,314 入栈,314 成为 159 的右子树节点;

第五个元素 42:在栈中查找比 42 小的第一个元素,没有找到,所以栈中所有元素弹出,发现最后一个比 42 大的元素是最后一个弹出的 137,所以 137 成为 42 的左子树节点。

构造完成。

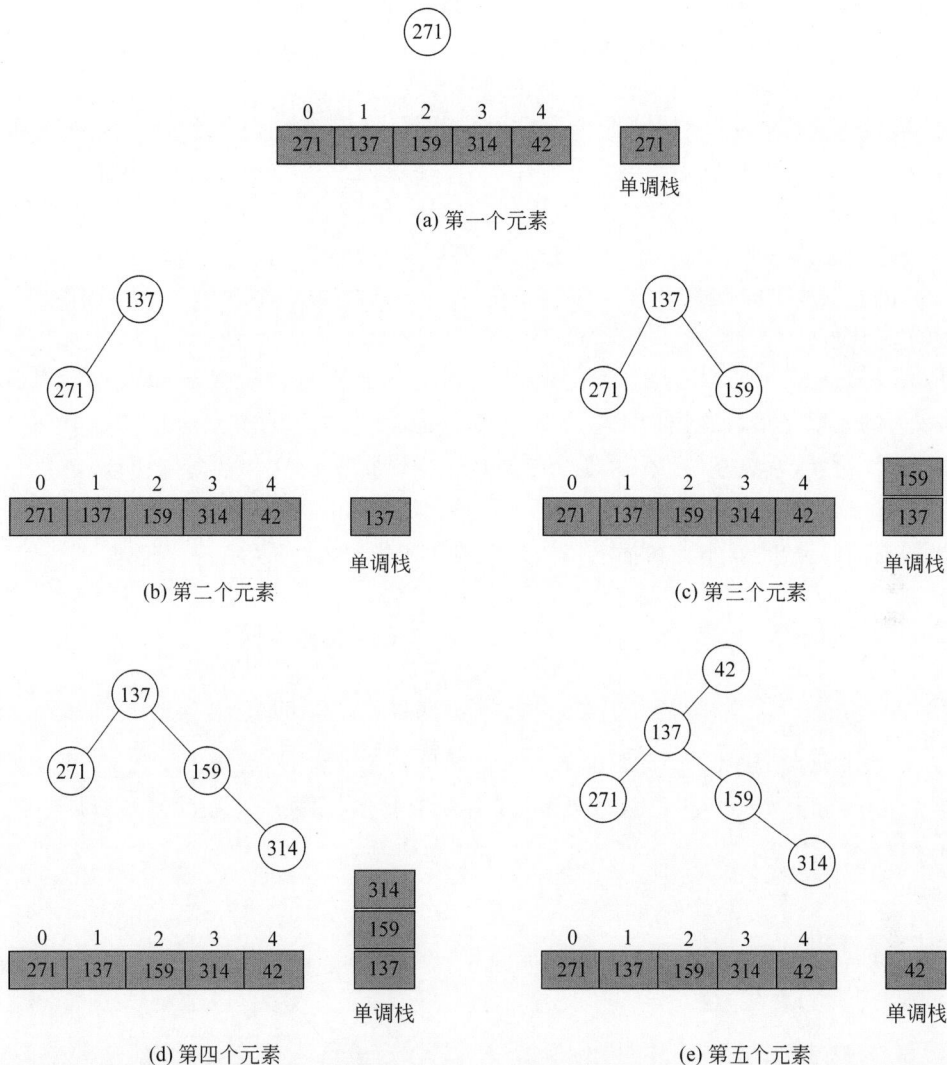

图 7-15　笛卡儿树构造过程

从笛卡儿树的构造过程可以看出,在树中增加一个元素的代价可以达到 $O(n)$,这种情况发生在所有元素都需要从栈中弹出时,但是构造一个笛卡儿树的总代价也是 $O(n)$,原因类似栈操作的平摊代价,一个节点的压栈最多对应一个弹出,所以总代价是 $O(n)$。下面用势能法分析一下笛卡儿树的平摊代价。

与栈操作的势能法类似,定义构造笛卡儿树的栈中元素个数为势能,观察笛卡儿树构造过程中势能的变化。

① 空栈:$\Phi(S_0) = 0$;

② 第一个元素 271 入栈:$\Phi(S_1) = 1$;平摊代价 $\hat{c}_1 = 1 + \Phi(S_1) - \Phi(S_0) = 2$,其中第一个 1 是入栈的实际代价;

③ 第二个元素 137:在栈中自上而下查找比 137 小的第一个元素,这个查找是通过弹栈完成的,每弹出一个就比较一次。这里弹出了 271,由于是单调栈,所以没有比 137 小的元

素；通过不断弹栈，找到最后一个比 137 大的元素，就是 271，所以 271 成为 137 的左子树节点。然后 137 入栈；$\varPhi(S_2)=1$；平摊代价 $\hat{c}_2=2+\varPhi(S_2)-\varPhi(S_1)=2$，其中第一个 2 是一个入栈加上一个弹栈操作。注意，目前的势能没有变化；

④ 第三个元素 159：在栈中查找比 159 小的第一个元素，就是 137，159 直接入栈，159 成为 137 的右子树节点；$\varPhi(S_2)=2$；平摊代价 $\hat{c}_2=1+\varPhi(S_2)-\varPhi(S_1)=2$，其中第一个 1 是入栈的实际代价；

⑤ 第四个元素 314：在栈中查找比 314 小的第一个元素，就是 159，314 直接入栈，314 成为 159 的右子树节点；$\varPhi(S_3)=3$；平摊代价 $\hat{c}_2=1+\varPhi(S_3)-\varPhi(S_2)=2$，其中第一个 1 是入栈的实际代价；

⑥ 第五个元素 42：在栈中查找比 42 小的第一个元素，栈中所有元素弹出，发现最后一个比 42 大的元素是最后弹出的 137，所以 137 成为 42 的左子树节点，42 入栈；$\varPhi(S_4)=1$；平摊代价 $\hat{c}_2=1+3+\varPhi(S_4)-\varPhi(S_3)=2$，其中第一个 1 是 42 入栈的实际代价，第二个 3 是栈中三个元素弹出的实际代价。

根据前面的分析，笛卡儿树插入一个元素的平摊代价为

$$\hat{c}_i=c_i+\varPhi(S_i)-\varPhi(S_{i-1})$$
$$=1+k+O(1)\times(1-k)$$
$$=1+k+1-k$$
$$=2$$

其中，k 是栈中元素个数，一个元素插入最多会弹出 k 个元素，然后压入新元素，所以实际代价最多为 $1+k$，$1-k$ 是产生的最大势差（弹出 k 个元素，压入一个新元素），所以平摊代价就是 $O(1)$。

参 考 文 献

[1]　Cormen T H，Leiserson C E，Rivest R L，et al. Introduction to Algorithms[M]. 3rd ed. Cambridge：The MIT Press，2009.

[2]　Kleinberg J，Tardos E. Algorithm Design[M]. Boston：Addison-Wesley，2006.

[3]　Dasgupta S，Papadimitriou C，Vazirani U.Algoritmos[M].New York：McGraw-Hill Education，2006.

[4]　斯基恩纳. 算法设计手册[M]. 北京：清华大学出版社，2009.

[5]　Robert Sedgewick，Kevin Wayne. 算法[M]. 4 版. 北京：人民邮电出版社，2012.

[6]　Baase S，Gelder A. Computer Algorithms-Introduction to Design and Analysis[M]. 3rd edition. Boston：Addison-Wesley，1999.

[7]　Halim S，Halim F，Skiena S S，et al. Competitive Programming 3[M]. Morrisville：Lulu Independent Publish，2013.

[8]　De Berg M，Cheong O，Van Kreveld M，et al. Computational Geometry：Algorithms and Applications[M]. Berlin：Springer Berlin Heidelberg，2008.

图书资源支持

感谢您一直以来对清华版图书的支持和爱护。为了配合本书的使用，本书提供配套的资源，有需求的读者请扫描下方的"书圈"微信公众号二维码，在图书专区下载，也可以拨打电话或发送电子邮件咨询。

如果您在使用本书的过程中遇到了什么问题，或者有相关图书出版计划，也请您发邮件告诉我们，以便我们更好地为您服务。

我们的联系方式：

清华大学出版社计算机与信息分社网站：https://www.shuimushuhui.com/

地   址：北京市海淀区双清路学研大厦 A 座 714

邮   编：100084

电   话：010-83470236   010-83470237

客服邮箱：2301891038@qq.com

QQ：2301891038（请写明您的单位和姓名）

资源下载：关注公众号"书圈"下载配套资源。

资源下载、样书申请	图书案例	
书圈	清华计算机学堂	观看课程直播